VOM JAGEN
IN DEN BERGEN

Der Autor im Frühjahr 1985 nach einem Gemälde von Rudolph Distler

LUDWIG B. FREIHERR VON CRAMER-KLETT

VOM JAGEN IN DEN BERGEN

DIE HEURAFFLER

KOSMOS

Zweien, die gegeben
Immer mir im Leben,
Sei aufs Grab ein Reis
Junger Zeiten Preis.

Wie der Ahn mich lehrte,
Wie der Vater wehrte,
Richtung ward und Rat
Meinem grünen Pfad.

Neu erblühten Knaben
Formen reiche Gaben,
Bleibenden Gewinn
Ahn und Vaters Sinn.

Neue Kettenglieder
Schmiedet immer wieder
Schon ergraut der Sohn
Vorderen zum Lohn.

Ludwig Freiherrn von Würtzburg
Theodor Freiherrn von Cramer-Klett
zum Gedächtnis

Ludwig Benedikt Freiherr von
Cramer-Klett
Hohenaschau, im Oktober 1950

Inhalt

Vorwort zur letzten Auflage

Die Titelgeschichte dieses Buches hat mich vor etwa einem halben Jahrhundert in die Jagdliteratur eingeführt. Damals war Otto Freiherr von Dungern Schriftleiter der »Deutschen Jäger-Zeitung«. Er war als ritterlicher Mann und Offizier eine Idealgestalt seiner Zeit, vor allem der Jahrzehnte vor dem Ersten Weltkrieg. Mit ihm verband die Familie meiner Mutter eine alte, enge Freundschaft. Meine Hemmungen überwindend, brachte ich ihm in Berlin einmal ein paar Jagdgeschichten, die ich während meiner ersten Studienjahre geschrieben hatte. Sie fanden seine Zustimmung. Er hat die »Heuraffler« damals in der zur »Grünen Woche« erscheinenden Ausgabe der »Deutschen Jäger-Zeitung« veröffentlicht, deren Umfang er sogar erweitern mußte, weil er die Erzählung nicht kürzen mochte. Nach manchen Enttäuschungen mit meinen schriftstellerischen Arbeiten auf anderen, nichtjagdlichen Gebieten war dieser Erfolg in der Jagdpresse für mich richtunggebend und ein Anlaß, weiter bei Stoffen zu bleiben, die meinem Herzen näherstanden als andere aus dem täglichen Leben.

Auch das viel später unter dem Titel »Die Heuraffler« entstandene Jagdbuch war erfolgreich und hat mir manche wohlwollende Beurteilung eingebracht. Auf dieser Basis baute ich dann weiter, wobei nicht zuletzt das stete Entgegenkommen des Verlages Paul Parey und die besondere Anteilnahme von Dr. phil. Arthur Georgi dazu beitrugen, daß im Verlauf von fünfundzwanzig Jahren sechs weitere Bücher von mir veröffentlicht und fast durchweg in mehreren Auflagen verbreitet wurden.

Das »Heuraffler«-Buch, als einziges in einem anderen Verlag erschienen, sollte dort, obwohl es nach wie vor mit der Sympathie und dem Interesse der Leser rechnen durfte, nicht wieder aufgelegt werden. Und wieder ist es dem Verlag Paul Parey zu danken, wenn »Die Heuraffler« jetzt eine Wiedererweckung gefunden und die Reihe meiner Bücher geschlossen haben. Mein Dank für diese Entwicklung gilt aber auch vielen meiner Leser, die sich im Lauf der letzten Jahre immer wieder mit Anfragen an mich gewandt und die Wiederkehr der »Heuraffler« gewünscht haben.

Mit ihr ist die heilige Sieben meiner Jägerbücher erreicht bzw. bewahrt worden, was für mich nicht nur eine Autorengenugtuung, sondern weit mehr noch im Rückblick auf meine jungen Jahre eine Freude ist, denn nur der Jugend scheint eine so vorbehaltlose Hingegebenheit an die von ihr ergriffenen Stoffe, hier also an das jagdliche Erleben und das Leben der Wälder, vergönnt zu sein.

Wahrscheinlich hat es Jahre gedauert, bis die Erzählung von den »Heurafflern« sich langsam und unbewußt immer wieder von neuen Begebnissen befeuert, in mir aufgebaut hat. Vielleicht bringt sie jetzt nach so vielen verändernden, zerstörenden, auslöschenden und von schlimmem Erleben gezeichneten Jahren denen, die mit mir alt geworden sind, Stunden erfreulicher Rückschau und den Jungen, die trotz aller bösen Eingriffe des Schicksals und Anfeindungen von der Umwelt her noch mit Liebe am Waidwerk hängen, eine Belebung ihres guten Bemühens, Verbliebenes zu erhalten und möglichst viel des guten Alten neu aufleben zu lassen.

Neben dem Verlag, der die »Heuraffler« und alle anderen Geschichten dieses Buches vor der Vergessenheit gerettet hat, danke ich allen, die durch Jahrzehnte den »Heurafflern« ihr Wohlwollen bewahrt haben.

Danken möchte ich auch in alter Verbundenheit dem verehrten Freund und Mitkämpfer für die Schönheiten unserer Landschaft, dem Fotografen Max Baur, von dem die in diesem Buch wiedergegebenen Aufnahmen stammen.

Hohenaschau, 1982 *Ludwig Benedikt Frhr. von Cramer-Klett*

Die Heuraffler

Eine Jagderzählung

»Heuraffel ...« Wenn ich mir dieses Wort vorsage, dann taucht die Gestalt eines breitspurig dasitzenden Riesen vor mir auf. Eine unförmige Felsspitze ragt in den herbstlich lichtblauen Himmel, auf der einen Seite schroff und felsig abstürzend, auf der anderen bis zum Scheitel hinauf von Lahnern und Laublatschen überzogen. Das ist der Kopf des Riesen, »Heuraffelkopf« nennt ihn der Volksmund. Zu seiner Rechten fällt die Linie der Schulter und des Armes bis zum Knie in einem zerklüfteten Felsgrat ab, den alte Rauhfichten krönen. Das Bein verschwindet in vielen herbstbunt leuchtenden Buchenkronen. Sein linker Arm verliert sich auf der Schneid zwischen der Grubalm in seinem Rücken und der ihm zu Füßen liegenden Elandalm, während sein linkes Knie sich in einem breiten Streifen Fichtenwaldes darstellt und den südlichen Rand der eben genannten Elandalm bildet. Zwischen diesen beiden Heuraffel-Knien, die in kraftvollem Behagen weit auseinanderstehen, fällt, wie der Lederschurz eines ausruhenden Schmiedes, eine steile, ziemlich breite Mulde zur Elandalm ab.

Jedem erfahrenen Bergjäger schlägt beim Anblick des Heuraffel das Herz höher, denn gerade in dieser Mulde, die von der undurchdringlichsten Buchenjugend bestockt und von unzähligen Rillen und Rinnen, Wänden, Felsköpfen und Geröllfeldern durchzogen ist, hat alles Wild, Gams, Reh und insbesondere das Rotwild, einen kaum je gestörten, einen ganz sicheren Einstand. Zu sicher nur! Die Hirsche im Heuraffel sterben steinalt den Schneetod, ohne daß je ein menschliches Auge ihren Hauptschmuck geschaut hat.

Kein Steig quert die Mulde oder dringt auch nur ein Stück weit in die Buchendickung ein zu irgendeiner der kleinen Blößen oder einem der Ausblick gewährenden Felsköpfe. Es widerstrebt dem Waidmann, durch seine stillsten, heimlichsten Revierteile noch so versteckte Menschenpfade und damit Unruhe und Unbehagen zu leiten. Irgendwo auf dieser, Gott sei's geklagt, so bevölkerten Erde muß doch ein bißchen Wildnis, ein bißchen unentweihtes Gebiet erhalten werden! Ob außerdem so ein Steig drei Jahre, nachdem er angelegt wurde, noch gangbar wäre, ist sehr zweifelhaft, denn in dem unerforschten Buchenhang steinelt es in einem fort, bald leise rieselnd und klappernd, bald mit lautem Knall und schwerem Krachen, wenn ein Felsbrocken von den Wänden niederstürzt, eine steinerne Träne aus dem Antlitz des Heuraffel-Riesen, geweint über aller Dinge, auch des härtesten Felsens Vergänglichkeit.

Die Elandalm ist wohl der beste Brunftplatz des Reviers. Rings Dickungen und Hochwälder. Das Rotwild zieht am Abend von allen Seiten in den langgestreckten, ernst anmutenden Almkessel herunter, nach allen Richtungen am Morgen in die umliegenden Wälder hinauf. Weither kommen alljährlich im Oktober die Hirsche, um auf Eland Brautschau zu halten. Da wird es nachts lebendig in dem sonst so stillen Kessel, überall tönt sehnsüchtig, verliebt oder zornig der Hirschschrei. Geröll rieselt, Steine poltern, harte Fluchten trommeln über den Almgrund hin, bis es gegen Morgen stiller wird, der Harem verteilt ist und auf getrennten Wechseln kleine Rudel mit ihren Gebietern ins Waldesdunkel einziehen. Fünf, sechs, sogar sieben

Hälse habe ich in manchen Nächten schon unterschieden auf der Alm, die kaum hundert Tagwerk Fläche hat.

Der Heuraffel bietet wenig Äsung in seinem felsigen Teil, nur Lahnergras, das im Herbst schon dürr ist und modrig riecht, »stinkt«, wie der Bergler sagt. So muß im Oktober das Heuraffel-Wild auf die Alm herunter, und wo das Wildbret hinzieht, dahin zieht in der Brunft auch der Hirsch. Aber so oft es auch gelingen mag, an einem der vielen anderen Aus- und Einwechsel den verfrühten oder verspäteten Hirsch zu erwarten oder abzufangen, an den zahlreichen Wechseln des Heuraffels gelingt dies fast nie. Weshalb, darüber hat sich schon mancher hirschgerechte Waidmann in langen Hüttennächten den Kopf zerbrochen, darüber ward mancher Kriegsrat am verglimmenden Herdfeuer gehalten, herausgebracht haben wir's nie. Teilweise läßt sich's ja erklären: Der Almboden reicht weit hinein unter den Gürtel alter Fichten, der als breiter, dunkelbrandender Wipfelwall die Buchenjugend umgürtet, weshalb das Wild, obwohl schon eingezogen, noch lange ruhig sich fortäsen kann. Auch ist die Alm am Rand der Heuraffel-Dickung besonders schmal, so daß ein Rudel, wenn es in der Mitte des Kessels steht, bei Anbruch der Dämmerung kaum einen Büchsenschuß weit bis zum schützenden Wald zu ziehen hat. Aber es ist dies an den übrigen Seiten nicht viel anders, und das Wild zieht auch nicht nur der Äsung halber auf die Alm, sondern weil es einmal am Tag eine freie Fläche betreten will. Jedes Schalenwild sucht des Nachts freie Flächen auf, wohl des weiteren Ausblicks und der größeren Sicherheit wegen, vielleicht auch, weil ein natürlicher Drang es veranlaßt, die Beengung des geschlossenen Waldes zu verlassen. Und wie gern erwartet es so im Freien die ersten Sonnenstrahlen!

Es wurden gewiß ab und zu Hirsche an jenen Wechseln geschossen, doch – man wird mich auslachen – es waren dies keine echten »Heuraffler«, wie sie, lange bevor ich den ersten Schuß getan, schon mein Großvater taufte. Das waren andere Hirsche von irgendwoher, vom Weißenberg, von den Zeller Wänden, vom Schoßbachgraben, die, einer Laune ihres Kahlwildes folgend, gerade einmal eine kurze Gastrolle im Heuraffel gaben oder durch seine weiten Buchenjugenden hindurchzogen, fernen Brunftplänen zu oder von solchen her. Auch das waren gute Hirsche, andere schoß man nicht, mit oft sehr ansehnlichem Hauptschmuck. Aber »Heuraffler« waren es nicht, Söhne des steinernen Riesen mit gewaltigen, knorrigen Geweihen, so wie der Großvater eines in seinem Zimmer hängen hatte von einem Zwölfer, stark zurückgesetzt, doch astig und schwarz bis in die Spitzen der knuffigen Enden.

Von den meisten Hirschen, die in seinen Zimmern hingen, hatte mir der Großvater die Geschichte erzählt. Von dem Vierzehnender in der Schreck, den er bei Schnee und Mondschein aus dem Hüttenfenster geschossen, von dem alten Sechser und dem Zwölfer, die in der Grub miteinander gekämpft hatten, von dem kapitalen Kronenzehner am Hochboden, der plötzlich auf dem Steig vor ihm stand und mit den rauhen Stangen zornig in einen Ameisenhaufen schlug. So hatte jedes Geweih seine mehr oder minder eigenartige Legende, die ich mit eiserner Beharrlichkeit dem Großvater abrang, und deren Erzählung ich dann mit angehaltenem Atem lauschte. Die Geschichte jenes Heuraffel-Zwölfers aber habe ich nie aus ihm herausgebracht, obwohl er einer seiner allerbesten Hirsche war. Stets, wenn ich ihn danach fragte, ging er darüber hinweg – »ein andermal«, und nur einmal hat er ein wenig mehr darüber angedeutet.

Das erste Revier, in dem ich auf den Brunfthirsch waidwerken durfte, lag weitab vom Heuraffel und der Elandalm. An diesen Hauptplätzen jagten zu der Zeit nur würdige alte Waidgenossen des Großvaters oder er selbst. Es war auch gut so, denn wo der Tisch nicht so reich gedeckt, da ist die Birscharbeit härter, und dabei lernt ein junger Jäger mehr. Erst als die Zahl guter Geweihe die Wände meiner kleinen Turmzimmer beinahe schon ausfüllte, durfte ich den Großvater zum erstenmal auf die Elandhütte begleiten. Zwei seiner alten Freunde waren gestorben, den dritten hielt die Gicht auf dem Krankenlager. Ein sonniger Michaelitag stand über der dunstigen Berglandschaft. Auf die Flanken der Buchenhänge hatte der Herbst das erste gilbende Rot gehaucht, da und dort flammte schon in eitlem Gold ein Ahorn. Am Morgen war das Vieh von den Almen heruntergekommen. Wirr durcheinander klangen die vielen Glocken und die Rufe der Knechte und Sennerinnen das Tal entlang. Die Laute drangen durch die kleinen Fenster in meine Turmstube, in der ich gerade zusammenpackte für den Aufstieg in mein gewohntes Revier. Da ließ der Großvater mich rufen. Als wäre es gestern gewesen, seh' ich ihn noch vor mir inmitten seines langgestreckten Arbeitszimmers, ein Telegramm in Händen: »Clemens hat abgesagt, wenn du willst, kannst du auf Eland mitkommen.«

Besonders still und nachdenklich stieg der hochgewachsene, sehnige Mann, dem man nicht ansah, daß er über Siebzig war, an dem Tag vor mir her, den steinigen Viehweg erst steil hinauf und dann, links abbiegend, fast eben zur Alm hinüber. Schon lugte unter rauhzottigen Fichtenarmen der Giebel der Jagdhütte hervor, in der uns Balthasar, der Förster, der wohl schon zur fünfundzwanzigsten Hirschbrunft hier heraufgestiegen war, erwartete. Da blieben wir beide stehen und horchten auf. Der erste Brunftschrei! Tief, ernst, beinah traurig kam das kurze Knören aus dem Heuraffel-Dickicht. Der Großvater nickte hinauf, als habe ihn ein alter Freund begrüßt: »Er ist wieder da heuer.«

Es folgten glückliche Tage. Ich schoß bald einen guten Hirsch, kurz darauf der Großvater einen noch besseren, dann wanderte auf Eland ein alter Sechser zu, ein Raufbold, wie er in den Wäldern zwar selten vorkommt, dafür aber in den meisten Jagdromanen beschrieben wird. Dem opferte von da ab der Großvater seine Birschen, während ich mit dem wackeren Balthasar entferntere Plätze aufsuchte. Hirsche gab's zu jener Zeit noch überall.

Des Heuraffiers ward selten Erwähnung getan. Hie und da, wenn wir uns vor der Hütte sonnten und ein kurzer Brummer aus dem lohenden Buchendickicht ertönte, sahen der Großvater und der Balthasar sich wie in bedeutungsvollem Einverständnis an, und ich wagte längere Zeit nicht zu fragen. Wenn sie aber beide vormittags schliefen, saß ich hinter der Hütte, brachte das Glas nicht mehr von den Augen und suchte jede winzige Lücke, jede Rinne, jeden Graben immer und immer wieder ab, ob ich des geheimnisvollen Hirsches nicht ansichtig werden könnte. Kaum ein Stuck bekam ich zu Gesicht. Aber etwas brachte ich doch heraus – *zwei* Hirsche schrieen im Heuraffel! Der eine ganz oben unter den Wänden, wo die Dickung in die Latschen überging, der andere in aller Mitte der Buchenjugend. Der obere war wohl der jüngere, sein Hals war tief genug, aber dennoch heller als der des anderen, ein wenig markiger, wilder, doch auch er gab selten an. Der untere brummte nur abgrundtief und rostig. Ein Heldenbariton und ein dramatischer Baß, Kurwenal und Marke im Wagnerischen Tristan, das bezeichnet am besten den Unterschied dieser beiden Hälse. Sie schrieen sich niemals gegenseitig an, keiner kam dem andern je zu nahe, und selbst wenn es geschehen wäre, so glaubte ich, hätten sie es beide vornehm übergangen. Wie zwei alte Bekannte waren sie, die durch viele Jahre einander achten gelernt. Vielleicht zogen sie während der Feistzeit gemeinsam ihre Wechsel. Das alles schloß ich aus ihrem seltenen Brummen, das fast nie zu einem offenen Schrei wurde. Jeder Nichtjäger wird lachen und mich für einen Narren erklären. Aber trotzdem: Arm ist, wer sich nicht in die Geheimnisse der Wälder hineinzuträumen vermag.

Wenn es auf den anderen Hängen noch so lebhaft zuging, im Heuraffel herrschte stets so etwas wie Zurückhaltung. Um die Mittagszeit gab der obere kurz und rauh an, eine halbe Minute später brummte der untere seinen Gruß zurück. Dann störte bis gegen Abend kein Ton mehr die herbstlich sonnige Stille über dem Heuraffel-Dickicht.

Einmal ertappte mich der Balthasar bei meinem heimlichen Spekulieren.

»Da derseh'n S' koan …«, ertönte es plötzlich ein wenig spöttisch hinter mir. Er setzte sich neben mich. »Was i da scho spekuliert hab und gangen drauf, der Exlenz und i!«

»Warum geht Ihr denn heuer nicht drauf?«

»Bedeut't nix«, gab er gleichmütig zur Antwort. »Die Heuraffler san net zum krieg'n.«

»Warum nicht, sind doch auch nicht verhext?!«

»Ja, mei, was kann mer sag'n? Alt san s' halt, ganz alt und ganz guate Hirsch, und die san halt fast net zum derschau'n. An oanzigen hat der Exlenz g'schossen, und da war i noch net da.«

»Achtzehnhunderteinundachtzig!« ergänzte ich. Das stand auf der graugelben Hirnschale des Zwölfers. »13. Oktober 1881, im Heuraffel.« Auswendig wußte ich es. »Im Heuraffel«, merkwürdig, also nicht auf der Alm?

»Heuraffel«, wenn ich mir dieses Wort vorsage…

»Und sonst ist nie einer geschossen worden?« fragte ich den Balthasar weiter.

»An oanzigen woaß i, vor viele Jahr …« Er erzählte mir die Geschichte. Ein alter Sechser war's gewesen mit enggestellten endshohen Stangen, der hatte – etwas Seltenes bei den Heurafflern – einen Abstecher zum Weißenberg hinübergemacht, gut zwei Wegstunden von hier. Als er nach dreitägiger Abwesenheit und gehörigem Umtreiben auf allen Schlägen und Almlichten dort im ersten trüben Morgenschummer wohlverrichteter Dinge heimwechselte, verriet ihn sein tiefes, befriedigtes Brummen dem Adolf, dem Jagdgehilfen des dortigen Revierteils. Ende der Brunft, der Adolf hatte einen Deputathirsch frei. »Werd z' guat sein für mi, aber nachschau'n kost't nix«, dachte er. Er erriet die Richtung, in welcher der Hirsch zog und – rennen konnte er ja wie ein Bergesel – schnitt ihm an der Rafenschneid den Wechsel ab. – Dunkel war's noch, verflucht dunkel, aber der Hirsch mußte über die kahle Schneid, und dabei sah der Adolf die erschreckend hohen Sechserstangen, nur einen Augenblick, aber doch genau genug, um das Herz bis in die Hand, bis in den Kolbenhals und den Lauf hinein schlagen zu fühlen. Als endlich der Schuß brach, machte der Hirsch eine riesige Flucht, schlug um über die Schneid zurück, und dabei sah der Adolf, daß ein Vorderlauf nicht mittat. Hoher Laufschuß! Die Dickungen des Weißenbergs schlugen über dem Hochgeweihten zusammen. Es kam der Tag, und aus den Tiefen kroch langsam der Nebel herauf. Der Adolf rannte ins Tal und meldete sehr betreten dem gestrengen Forstverwalter sein Mißgeschick.

Der hatte auf laufkranke Hirsche seine eigene Methode. »A solcher laßt si zum Teufel hetzen, wann mer'n net glei scharf anpackt«, pflegte er zu sagen. Und so trommelte er zunächst sämtliche verfügbaren Jäger und Hunde zusammen, stellte, so gut sich's machen ließ, die Hauptwechsel ab, und setzte eine der roten Schweißbracken nach der andern nebst einigen Dackeln vom Anschuß weg auf die dünne Rotfährte. Bald war der Hirsch hoch, die Hunde, hitzig durch Neid und Ehrgeiz, hinter ihm her. Aber da wogte auch der Nebel wieder empor, und als die wilde Jagd mit Jiff und Jaff auf dreißig

Schritt ausgerechnet am Adolf vorbeikam, fehlte der, wegen des Nebels wohl und vielleicht auch wegen des einem bedächtigen Gebirgsschützen ungewohnten Tempos. Das Geläut der Hunde hielt aber jetzt stichgerade auf Eland zu, auf das Leibgehege des »Exlenz«. Der Forstverwalter fluchte, der Adolf zitterte im Innersten, und die anderen hatten lange Gesichter. Aber nach mußte man jetzt, sonst war alles vergebens.

Vor der Elandhütte, die am Morgen der letzte Gast verlassen hatte, spülte der Balthasar gerade die Kaffeetassen am Brunnen, da meinte er plötzlich weit unten Hunde jagen zu hören. Er horchte genauer hin. Richtig, das war mehrstimmiger Hetzlaut! Aber was tun? Gleich unter der Alm, die in strahlender Herbstsonne dalag, begann der Nebel. Es war zwecklos, hinunterzusteigen! Jedenfalls holte er seinen Stutzen aus der Hütte, und als er, um besseren Ausblick zu haben, ein kleines Köpferl oberhalb der Rauhfichten erklommen hatte, kam das helle Geläut schon direkt auf ihn zu, und dann preschte plötzlich der kranke Kapitalhirsch auf die freie, mittagssonnige Alm heraus, gefolgt von fünf gierig halsgebenden roten und schwarzen Hunden. Der Balthasar war ganz starr, meinte zu träumen. So was gab's doch heutzutag gar nicht mehr! Schon hatte die Hetzjagd die Alm beinah überquert, da stellte sich der Hirsch, vom steinernen Almzaun aufgehalten. Die wehrhaften Sechserstangen dräuten den Verfolgern böse entgegen. Im selben Moment krachte es, der Heuraffler sank lautlos in sich zusammen, und über ihn her fiel in rotschwarzem Knäuel die Meute. Zu Füßen des steinernen Heuraffel-Riesen, kaum zehn Schritt vor der alten Heimat, welcher der Hirsch in Todesangst und höchster Not zugestrebt, lag er nun, von Balthasars Kugel gefällt.

»Hat mi g'reut der«, schloß er seine Geschichte »mit samt sein'n Mörderg'weih. Und des is der oanzige Heuraffel-Hirsch, wo g'schossen is word'n, seitdem, daß i da bin.«

Nun war ich natürlich erst recht darauf erpicht, die Geschichte von des Großvaters Zwölfer zu erfahren. Doch am Abend war der Großvater sehr ernst. Er war wiederum vergeblich auf seinen Schadhirsch gegangen. In solchen Fällen war er nie verstimmt, auch diesmal war er's nicht, aber doch ernster als gewöhnlich.

»Ich hätte noch rasch zur oberen Mulde hinauflaufen sollen, um auch dort hineinzuschauen, aber da hinauf ist's steil«, sagte er, und nach einer Weile mit einem schwachen Lächeln: »So wie vor zwanzig Jahren geht es halt jetzt auch nimmer.«

»Ah«, meinte der Balthasar, der dem Großvater viel sagen durfte, »wenn a jeder Jager mit Siebazge noch a so beinand war wie der Exlenz, nachan wurden d' Hirsch bald weniger auf der Welt.«

»Schon recht, Balthasar, sogar wenn's wahr wäre, was du sagst. Altwerden ist eine traurige Geschichte!«

Am nächsten Morgen ließ ich einen recht guten ungeraden Zehner ziehen, der mir auf dem Heimweg zur Hütte faul brummend über einen freien Schlag kam, denn es hatte auf der Alm in der Früh wieder nicht gekracht. Der Großvater schlief schon, als ich ankam.

»Wieder nix«, brummte der Balthasar, als er die große Kaffeetasse vor mich hinstellte, »heut war's überhaupt's ganz stad. Und hätt si soviel plagt, der Exlenz.«

Ich saß den Vormittag wieder hinter der Hütte und suchte mit dem Glas den Heuraffel ab. Es war wirklich merkwürdig still heute. Der sechste Jagdtag, die Sonne meinte es gut, kein Wunder, daß ich einschlief. Ich träumte von den Hirschen, wildes, unzusammenhängendes Zeug: Kapitale Geweihe, darunter weit aufgerissene Äser, die mir ins Gesicht schrieen, laut und immer lauter, so daß ich plötzlich ganz benommen auffuhr. Die Hirsche hörten aber nicht auf zu schreien. Unter den Zeller Wänden war ein wildes Konzert im Gang, zwei oder drei Hirsche schienen da aneinandergeraten zu sein. Trotz der Mittagsstunde röhrten sie aus vollem Hals.

Ich kannte mich noch gar nicht recht aus, da stand auf einmal der Förster neben mir. Er hatte sein messingnes Spektiv ausgezogen in der Hand: »Schau'n S' umi auf d' Ries!« Ich riß das Glas an die Augen: Da stand in einem breiten Lawinenfeld des Großvaters Sechser ganz frei und von der

Sonne voll beschienen, daß die dunklen Lichter bei jeder Wendung des Hauptes blitzten. Das Geweih war niedrig, nicht gut, nur die Augsprossen waren ungewöhnlich lang.

»An Zehner hat er ausg'holzt, der scho seit a halben Stund s' Stuck trieben hat da drüben«, raunte mir Balthasar zu. Die Stimme des Vertriebenen ward immer ferner und in immer längeren Pausen hörbar, während der Sechser unaufhörlich tief und zornig orgelte. Er schlug ingrimmig an einem Fichtenbusch, trat unruhig hin und her, voll reizbarer Kampfeslust, und tat sich endlich, immer noch grollend, in einer Mulde nieder, so daß nur noch das schwere Haupt sichtbar war. – Von uns weg betrug die Entfernung an die fünfhundert Meter. Es war unmöglich, über die freie Alm ungesehen an den jenseitigen Waldrand zu gelangen, also ließen wir den Großvater schlafen.

Es mußte gerade Mittag sein, denn im Heuraffel, wo bis dahin alles still gewesen, brummte der obere Hirsch träg seinen Mittagsschrei, eine halbe Minute später antwortete der untere abgrundtief.

Da war der Sechser drüben plötzlich wieder auf den Läufen. Die faulen Brummer schien er, gereizt wie er nun einmal war, für eine Herausforderung zu halten, mit einem kurzen, wütenden Schrei setzte er sich in jenen eigentümlichen schnellen Troll, der an alten Hirschen stets etwas befremdend wirkt, weil er nicht zu der Majestät ihrer Erscheinung paßt, und verschwand im Wald gegen den Heuraffel zu.

»Der geht in 'n Heuraffel«, sagte jetzt sehr aufgeregt der Balthasar, »da wird er glei wieder herausd sein.« Und mit einigen Sätzen war er in der Hütte, den Großvater zu wecken. Ich blieb und beobachtete. Nach wenigen Minuten erschien der Sechser am Rand der Almlichte, verhielt überlegend ein wenig, brummte drohend und überquerte die Alm blitzschnell an der schmälsten Stelle, dann tauchte er in die schwarzen Randfichten des Heuraffels, der in stiller Sonnenruhe dalag.

Wenn nur der Großvater käme! – Da kam er endlich.

»Dort oben, Großvater, dort am Wassertrog ist er hinüber, an der schmalen Stelle!« Der Großvater sah kurz hinauf, dann ging er schnell über die

Alm und stieg den steilen Hang hinauf. Wir blieben, damit kein unnützer Lärm entstünde.

Wird's gelingen? Wird's gelingen? Mir schlug das Herz wie selten auf der Jagd. Wenn die Heuraffler den Sechser ausjagten, dann kehrte er wohl auf demselben Wechsel zurück, und war der Großvater dann schon bei dem alten Ahorn oben, zweihundert Schritt vom Wassertrog, vierhundert Schritt von uns, dann war des alten Schadhirsches Schicksal besiegelt.

Zunächst war noch alles still. Nur der Balthasar an meiner Seite redete.

»Wie der Moo steigt, mit siabazg Jahr, schau'n S' nur grad auffi. Beten kannt i, beten, daß er den Hirsch kriegt.«

Ich schaute schon hinauf, hätt's auch ohne Balthasars Worte getan, kein Auge ließ ich von der lieben hohen Gestalt, die überlegt und berggewandt dem Ahorn immer näherkam.

Jetzt tat der Sechser schon ziemlich tief im Heuraffel einen herrischen kampfgelaunten Schrei. Unheimliche Stille folgte, abermals schrie der Eindringling, diesmal in voller, dumpfgrollender Wut, aber an derselben Stelle, wie es schien. Lange Stille, da endlich ein kaum hörbarer, sehr tiefer Brummer des unteren Heuraffel-Hirsches. Fast verächtlich klang es.

Mit rasselndem Sprengruf, jegliche Fassung vor Zorn verlierend, stürmte der Sechser darauf zu. Steine polterten und krachten, deutlich hörte man's herunter, aber dann war es plötzlich ganz still. Einmal vermeinte ich, einen fahlgelben, mächtigen Wildkörper sich über eine Rinne schieben zu sehen. Stille, lautlose Stille.

Was, zum Teufel, war denn los?!

Inzwischen hatte der Großvater den Ahorn wirklich erreicht und saß, vom Stamm gedeckt, schußfertig da. Jetzt kam es nur darauf an, wer der Stärkere war da drinnen! Da stieß mich der Förster schon in die Seite: Oben am Wassertrog tauchte ein Hirsch aus den Fichten, der Sechser. Er zog langsam ein paar Schritte auf die Lichte heraus, dann drehte er sich plötzlich wieder gegen den Heuraffel hin, blieb stehen und senkte das Haupt. Da erklang dicht am Waldrand, höchstens sechzig Schritt von ihm entfernt, ein sonderbar böser, langgezogener Schrei und zweihundert Schritt höher stieß rauh und mächtig ein anderer Hals an. Es war, als drücke eine unsichtbare Kraft dem Sechser das Haupt zur Seite. Er wendete und zog ohne einen Laut langsam weiter zu den Zeller Wänden zurück. Plötzlich aber schnellte er mit allen Vieren empor, raste ein Stück bergab, da hörten wir erst des Großvaters Schuß, und gleich danach wankte der Hirsch über die steile Lehne herunter, bis er in einer Sinke liegenblieb.

»Eine rätselhafte Sippe, die Heuraffler, das haben sie heute wieder bewiesen«, sagte der Großvater, als wir wenige Stunden später den Kaffee auf der kleinen Hüttenterrasse tranken. »Und sie haben sich nicht geändert seit mehr als dreißig Jahren, die ältesten, die vorsichtigsten und wohl auch die besten Hirsche, die wir haben. Ich habe mich an sie gewöhnt wie an alte Freunde, habe ihnen jedes Jahr Birschen gewidmet, kenne ihre Eigenschaften, ihre Gewohnheiten, habe sie oft zum Teufel gewünscht und möchte sie doch in der Erinnerung meines Jägerlebens nicht missen. Bekommen habe ich nur einen, den Zwölfer, weißt du, dessen Geschichte ich dir nie erzählt habe. Ich erzähl sie dir auch heute nicht.«

Er lächelte belustigt über mein gespanntes Gesicht. »Du wirst nicht glücklicher dadurch. Weißt du, es gibt Erfahrungen, die immer wieder nur durch Erfahrung gewonnen werden können, die kein noch so kluger Erfahrener einem noch so gutgewillten Unerfahrenen übermitteln kann. Ich bin durch jenen Zwölfer damals nicht glücklicher geworden, als er endlich vor mir lag. Im Gegenteil, ärmer war ich, wie man's so oft wird durch Erfüllung. Die Heuraffler sind der größte Reichtum dieser schönen Elandalm, weil sie ihr Geheimnis sind, das Verborgene, Unerreichte. Und um dieses Geheimnis würde ich dich ärmer machen, wenn ich dir verriete, wie ich zu meinem einzigen Heuraffler kam. Ich kann dich, der du mir in vielem so ähnlich bist, nicht davor schützen, einmal auf eigene Faust die Erfahrung zu machen, die ich gemacht habe. Das Leben würde sehr langweilig werden, könnte man das. Aber dir den Weg weisen, den ich vor dreißig Jahren schon einmal gegangen bin und den ich – für mich – als falsch erkannte, das will ich auch wieder nicht. Ich sage dir das alles, nicht weil ich im großen Rahmen des Lebens die Heuraffler, so sehr ich sie respektiere, für etwas allzu Gewichtiges halte, sondern weil ich dich doch schließlich auch auf anderen Gebieten als auf dem der Jagd erzogen habe und stets davon absah, dir meine Meinung aufzunötigen. Denk später nicht, ich hätte versäumt, dir Erfahrungen mitzuteilen, die dir nützen konnten. Ich habe das oft mit vollem Bewußtsein unterlassen, aber nur aus der Erwägung heraus, daß du, wenn du einmal dieselben bitteren oder schönen Dinge erfährst, sie allein und auf dich gestellt erleben sollst. Das gilt vor allem dann, wenn du unterlassen solltest. Die Jugend unterläßt nichts, weil das Alter es ihr abrät, und wie ich schon sagte, es ist gut so, das Leben würde ärmer dadurch an Schmerz, an Enttäuschung, aber auch an Freude, an Hoffnung und Gläubigkeit. Salomo hatte recht, als er im reifen Mannesalter sagte: ›Vanitas‹, und er war deshalb nicht bedauernswert. Hätte er es als Jüngling gesagt, dann hätte er ebenso recht gehabt, er wäre aber bedauernswert gewesen, bedauernswert, weil arm. – Du bist sehr eigenwillig und selbständig. Ich war früher genau so. Lebe, wie du willst und mußt, mach deine Erfahrungen, jeder muß sie machen! Du wirst irren und enttäuscht werden und als warmherziger Mensch darunter leiden, aber du sollst dann nicht noch das beschämende Gefühl haben: Der alte Großvater hatte doch recht, als er mich warnte. Warum habe ich ihm nicht gefolgt!? Und ich bin froh, dir zu keiner Enttäuschung warnend den Weg gewiesen zu haben, und lege – alle Eitelkeit in Ehren – wahrhaftig keinen Wert auf solch ein Zugeständnis, ob ich's noch höre oder nicht.«

Der Großvater schwieg lange und sah, ein wenig bewegt, wollte mir scheinen, dem Rauch seiner Zigarre nach, der wie ein leichter, blauer Schleier über dem Almgrund talab zog, bis er sich in schwarzgrünen Fichtenästen verfing und verlor.

Von fern her klang das Röhren eines Hirsches, der wohl eben aus nachmittäglichem Hindämmern erwacht war, und in der Hütte begannen des Balthasars schwer benagelte Sohlen zu poltern.

»Wir müssen uns fertig machen«, sagte der Großvater, »diesen guten Abend wollen wir nicht versäumen. Die schöne Zeit, in der die Hirsche schreien, geht ohnedies so schnell vorbei.«

Einen Monat später traf den Großvater der Herzschlag, als er mit dem Balthasar nach erfolgreicher Gamsbirsch talwärts stieg. Am Rand der Hofalm rasteten die beiden nochmals. Balthasar legte den Rucksack mit dem guten Gamsbock vor den Großvater hin, wie dieser es immer haben wollte. Im rotgoldenen Licht der sinkenden Novembersonne saßen sie da.

»Schön war's«, sagte der alte Mann, »trotz aller Plage schön …!«

Als der Förster nach einer Weile zum Weitergehen mahnen wollte, sah er, daß sein Herr zur Seite gesunken war. In den halboffenen Augen glitzerte der letzte Sonnenstrahl, so lange, bis die derben Finger des Jägers sie behutsam schlossen.

Einsam und voll wehmütigen Erinnerns hielt ich im Oktober des folgenden Jahres Einzug auf Eland. Ein ernster, langgezogener Schrei kam vom Heuraffel herunter, dessen Felsenhaupt in dichten Nebeln lag. Ich zog den Hut und grüßte hinauf.

Die Brunft war flau in jenem Jahr. Viel Nebel, und die Hirsche schrieen schlecht. Nur die Heuraffler waren manchmal ein wenig lebhafter. Es waren ihrer wieder zwei. An manchen Tagen schrie auch ein dritter, der sich aber nicht weit in die Dickung hineinwagte und seinen Tageseinstand im Schatten des südlichen Geschröffs etwa da hatte, wo Wald und Laublatschen sich berührten. Sein Hals war markig, aber doch etwas jugendfrisch im Vergleich zu den alterstiefen Stimmen der beiden anderen. Merkwürdig war, daß er, auch wenn er gut meldete, von den Alten ruhig geduldet oder, besser gesagt, vollkommen wie Luft behandelt wurde.

Obwohl mir's nicht ganz leicht fiel, beschloß ich, im Gedenken an den Großvater, den Heurafflern ein Jahr vollkommener Ruhe zu lassen. Ich birschte und schoß an anderen Plätzen, wenn kein Nebel war. Nebel aber war oft und zwang uns, den rotbärtigen Balthasar und mich, zu tagelangem Herumsitzen in der Hütte. Da packte ich nun gar bald einen dicken Band aus, der in dunkles Pergament gebunden war und das Superexlibris des Großvaters trug. »Elandhüttenbuch« stand auf der ersten Seite in hohen gotischen Schriftzügen, darunter, zierlich wie von Mönchshand, Umstände und Jahrzahl seines Beginnens. Dann folgte ein Bild der Hütte, von einem längst verstorbenen Freund des Großvaters gemalt. Als ich ein Knabe war, hatte ich ihn noch gekannt. Er muß ein großer Meister gewesen sein in seinem Reich, das nicht allzu vielen Menschen zugänglich war. Immer wieder schaue ich das kleine Bild im Hüttenbuch an, seh' den zarten Silberhauch auf den Schindeln, seh' die Kupferpfanne am Brunnen blinken und den blauen Rauchschleier über dem Dach, der sich im satten, tiefen Grün der alten Fichten verliert. Wär' man weit weg und wär' es tiefster Winter, beim Anblick dieses Bildes glaubte man sonnenwarmen Waldesduft zu verspüren. Mehr Glück, Dankbarkeit und Erhobenheit hab ich vor dieser kleinen Seite Büttenpapier empfunden als vor mancher Leinwandriesenfläche, die irgendwo in internationaler Berühmtheit thront. Was sind die Ursprünge, was die nährenden Quellen und was die Aufgaben der Kunst? Darüber dachte ich manchmal nach beim Genießen dieses Titelbildes in der rauchdurchsponnenen Stube der alten Elandhütte, wenn der Nebel vor ihren Fenstern lagerte, aber schließlich kehrten meine Gedanken immer wieder zu den Heurafflern zurück.

»Heuraffel« stand fast auf jeder Seite der Hüttenchronik, in je nach Veranlagung knappen oder ausführlichen, spannenden oder recht nüchternen Berichten: »Der alte Herr im Heuraffel«, »Die Geheimräte oben im Heuraffel« oder romantischer »Der Niegeschaute vom Heuraffel«, »Der Sagenhirsch« und dergleichen mehr. Nur einer wußte etwas Genaueres, er berichtete in einem jener mir recht unlieben dilettantisch-humoristischen Gästebuch-Gedichte von einer »Vierzehnspitze«, auf die sich »Felsenritze«, »schlechte Witze« und noch manches andere reimte. Immerhin mußte dieser Dichter einmal einen zu Gesicht bekommen haben. Wie man die Hirsche des Heuraffels aber auch benamt und besungen haben mochte, Endergebnis blieb immer: »Leider nicht bekommen.«

Trotzdem entnahm ich dem alten Buch manche dienliche Neuigkeit, deren aufregendste wohl die war, daß die Hirsche vom Heuraffel zu später Nachtzeit häufig in nächster Nähe der Hütte meldeten. Als ich das zum zweiten Mal las, und zwar von einem sehr ernst zu nehmenden Jäger, befragte ich prompt den Balthasar.

»Dees stimmt scho«, sagte der, »jede Nacht brummt er um d' Hütten umma und ganz nah', weil's Heuraffel-Wildbret allweil im Almgartl drin is.«

»Almgartl«, auch »Anger« genannt, das ist ein von einer Mauer umfriedeter Fleck Almgrund, den kein Vieh betreten und abweiden soll, weil die Sennen darauf heuen, um bei etwaigen sommerlichen Schneefällen ein wenig Trockenfutter auf der Alm zu haben. Da dort auch gut gedüngt wird, und eine kaum meterhoch aus losen Steinen geschichtete Mauer den Hirschläufen kein Hindernis bedeutet, so ist auf allen Almen das »Gartl« ein Hauptanziehungspunkt für das so genäschige Rotwild.

Daß des Nachts Hirsche um die Hütte schreien, das wußte ich natürlich. Oft hatte ich sie im Vorjahr in meine Träume hinein gehört, oder wenn wir am Abend noch beisammen saßen, klang durch die Hüttenwand gedämpft ein dunkler Grohner an unser Ohr, so daß wir eine Weile das halblaute Gespräch stocken ließen und, uns bedeutungsvoll ansehend, in die Stille hineinlauschten. Aber daß ausgerechnet die Heuraffler das Almgartl und seine Umgebung zum Brunftplan erkoren hätten, das wagte ich selbst in den Oktobernächten auf Eland nach ausgiebigstem Schlaftrunk nicht zu träumen.

In der folgenden Nacht regnete es schwer und kalt. Ich erwachte oft, drehte mich auf der rostig ächzenden Matratze um und horchte viertelstundenlang in die Schwärze der kleinen Stube hinein, in die kaum sichtbar die mattgrauen Quadrate der Fenster geschnitten waren. Aber kein Laut störte die Stille, außer dem Klatschen und Klopfen des Regens, dem Rieseln der Dachrinnen und dem Sprudeln des angeschwollenen Brunnens draußen.

Endlich, es mochte schon gegen drei Uhr sein, fuhr ich aus unruhigem Traum empor. Das war der Hirsch! Herrgott ja, keine zwanzig Gänge von der Hütte mußte er stehen, und so abgrundtief, mürrisch und kurz gab nur der Heuraffler an. Alle zehn Minuten grollte der Hals des alten Hirsches irgendwo ganz nahe vor den kleinen Fenstern. Ich hatte lautlos das eine, welches zum Almanger hinschaute, geöffnet, die kühle Luft schlug mir ins Gesicht, und ich stand da mit einem ganz eigentümlich heimlichen Gefühl, lauschte und lauschte dem Heuraffler, der mir zum erstenmal so nahe war.

Gegen Morgen verloren sich die wunderbaren Laute nach der oberen Alm.

Es war gut, daß diese Brunft nicht mehr lange dauerte, sonst wäre ich noch, wie ein chinesischer Sträfling, an Schlaflosigkeit zugrunde gegangen. Denn Nacht für Nacht lag ich wach oder saß am Fenster, um die Stimme des Hirsches zu hören, der stets um zwei, drei Uhr früh in nächster Nähe der Hütte sein geheimnisvolles Wesen trieb. Es wurde mir auch täglich schwerer, die den Heurafflern zugesicherte Waffenruhe zu halten, aber ich hielt sie treu bis zum vorletzten Tag der Schußzeit, an dem mich die Umstände allzu stark nötigten, sie zwar nicht im vollen Umfang, aber dennoch zu brechen.

Es mochte gegen zwei Uhr nachmittags sein, da stand plötzlich der Balthasar an meinem Feldbett, auf dem ich rauchend und lesend lag, machte mir ein Zeichen, schnell nachzukommen, und verschwand alsogleich wieder lautlos durch die Hüttentür. In einem Hui hatte ich Schuhe und Joppe an und folgte, ebenso lautlos wie er, seinen Spuren. Noch eh' ich die Hütte richtig verlassen hatte, hörte ich die Buchenhänge von mächtigen Schreien erhallen, und als ich endlich neben dem Jäger stand, merkte ich, daß im Heuraffel hellichter Aufruhr war. Der schon erwähnte dritte und neue Heuraffel-Hirsch, der tagsüber stets am Rand der großen Buchenjugend gemeldet hatte, schien in wildester Empörung zu sein. Unablässig schrie er vom selben Fleck aus; wütend, ja haßerfüllt klang es. Der untere Heuraffler, derselbe, der nachts bei der Hütte schrie, brummte in seiner nächsten Nähe gefährlich und böse. Er schien erregt, denn auch er meldete gegen seine Gewohnheit beinah' unausgesetzt. Von diesem Lärm roglig gemacht, kam auch der obere Hirsch langsam abwärts gezogen und tat hie und da einen rauhen, gereizten Schrei.

»Passen S' auf, da gibt's noch was heut'«, prophezeite erregt der Förster und er hatte recht. Etwa fünf Minuten noch dauerte der grollende Lärm. Ich suchte mir die Lage klarzumachen: Der Alte hatte dem Neuling wohl die Braut geraubt, und dieser wollte nicht gutwillig das Feld räumen. Anzugreifen wagte er zwar nicht, aber auch dem Alten schien ein Kampf unerwünscht. Deshalb dies böse, oft wutentbrannte gegenseitige Anschreien aus nächster Nähe, ohne daß sich ein Waffengang daraus entwickelte.

Aber einmal mußte das doch ein Ende haben, und so kam es, daß der schnöd Beraubte und Verlassene allmählich heuraffeleinwärts zu ziehen begann. Immerfort Drohungen hervorstoßend, räumte er das Feld. Der Alte unten brummte eine Weile ingrimmig weiter, und nach einiger Zeit ward es wieder still in der großen Dickung.

Da stupste mich der Balthasar plötzlich und deutete zu den Wänden am Heuraffelkopf hinauf:

»Seh'n S'n am Bändl oben?«

Ich schaute durchs Zeißglas hinauf und erkannte sofort einen sehr guten Hirsch, der verdrossen und ziemlich schnell in die Wände einstieg.

»Den schau'n S' amal g'nau an«, sagte der Förster und reichte mir sein großes Spektiv.

»Heiliger Hubertus!« Zum erstenmal rief ich damals beim Anblick eines Hirsches des grünen Heiligen Namen an. Ich sah ein ziemlich enges, aber ungeheuer hohes Geweih von vierzehn Enden mit Kronen, die so lang waren, daß man, wenn man ihre weißen Spitzen zuweilen bei raschen Wendungen anderthalb Hand hoch über den dicken Becheransätzen aufblitzen sah, immer wieder an eine Täuschung glaubte. Der Hirsch zog ohne Aufenthalt, ab und zu röhrend, immer höher in die Wände hinauf, auf einem uns lang bekannten Zwangswechsel, der einem recht guten, aber schwer zu bejagenden Brunftplatz, der Abergalm zuführte. Jetzt verschwand er in einer tiefen Rinne und ward bald darauf an der Schneid noch einmal gegen den lichtgrauen Himmel sichtbar. Die ganze Herrlichkeit seines Geweihs zeigend, blieb er stehen, äugte eine Weile in den Heuraffel-Kessel zurück und tauchte dann über die Schneid.

Benommen gab ich dem Balthasar das Spektiv zurück. Der lächelte sonderbar feierlich, als wollte er sagen: »Ja, so was gibt's!«

Das also war ein Heuraffler gewesen, ein Erbprinz des ehrwürdigen Geschlechts, der vor der Willkür des regierenden Herrn trotz prachtvoller Veranlagung nicht aufzukommen vermochte. Es war so ziemlich der beste Hirsch, den ich bis dahin in unseren Bergen gesehen hatte. Jedenfalls war mir solche Höhe der Stangen noch nie begegnet. – Ich schaute wieder zu dem Sattel hinauf, über den der Erbprinz das Reich seiner Väter soeben verlassen hatte und baute fieberhaft an einem Plan.

»Balthasar, wenn der Hirsch da oben nicht auf brunftiges Kahlwild stößt und darüber seinen Kummer vergißt, dann steigt er morgen früh durch denselben Sattel wieder herein, durch den er gerade ausgewechselt ist. Und wenn wir ums Tagwerden am Sattel sitzen, dann kommt er uns.«

»War' net ausg'schlossen«, meinte der Wackere, »aber wenn S' morgen früh da oben sitzen wollen, nachher müss' mer heut noch auf d' Laubenstoahütten, da ham mer den halben Weg in der Früh und verderben uns da herunt' nix beim Weggeh'n.«

Zwei Stunden später saß ich, an den rauhen Stamm einer Wetterfichte gelehnt, am Rand der Abergalm. Es war still, nirgends ein Hirschschrei zu hören, der Himmel wie von angelaufenem Zinn, und außer dem Pfeifen der Bergfinken war kein Laut ringsum. Ein toter Abend, wie er in jeder Brunft ein paarmal vorkommt. Ich schaute zu den zwei Almkasern hinunter, die auf etwa vierzig Schritt Tür gegen Tür einander anschauen. Vor ein paar Jahren saß ich einmal im Sommer auf einen Rehbock hier oben an und war Zeuge eines für mich sehr ergötzlichen Streites der beiden alten Abergsennerinnen. Seit vielen Sommern stehen sie bei den zwei Almbauern im Dienst und teilen den einsamen, ein wenig düsteren Almkessel bald in Freundschaft, bald in bitterster Fehde. Beide tragen sie blaue Pumphosen, beide rauchen sie lange Pfeifen und spucken den braunen Sudel in weitem Bogen von sich. Beide nähen sie ihre eisengrauen Zöpfe in schwarzes Tuch ein, wenn sie Anfang Juni auftreiben und belassen den Schmuck ihrer Weiblichkeit in dieser sonderbaren, allmählich ein wenig spiegelnden Umhüllung, bis sie an St. Michael mit hochgeschürzten Feiertagskleidern über roten Unterröcken, Stöcke schwingend und mit viel Geschrei talwärts ziehen, wo sie den Winter über durch die selten gewordene Kunst des Spinnens bei den Großbauern ihren Unterhalt verdienen. Beide sind sie allem Mannsvolk abhold, es sei denn, es verstehe sich einer darauf, sie durch allerhand schnurrige Geschichten zu erheitern oder gar ihrer Vorliebe für Nikotin mit häufigen Spenden aus der »Tabaksbladern« freigebig Rechnung zu tragen.

Selten hat mich etwas so erheitert wie damals das Gefecht jener beiden Almhexen: Jede, wie verteidigend, breitspurig vor der Schwelle ihrer Hütte stehend, die Fäuste in die Seiten gestemmt, in ihrer vielfach geflickten männlichen Almkluft geradezu malerisch wirkend, versuchte die andere an Geschrei zu überbieten. Teils geordnet in Rede und Widerrede, teils ineinander übergehend und sich überschlagend, hob und senkte sich das Wortgefecht aus entrüsteter, heiserer Tiefe in empörten, aufkreischenden Diskant. Ab und zu ein hohnvolles Auflachen oder ein Nachäffen der Gegnerin, und dazu bogen sich die Oberkörper bald vor, bald zurück und bald zur Seite, bis endlich die Geschlagene weinerlich keifend in die Hütte flüchtete und die niedere Tür dumpf knallend hinter sich zuwarf, welchem Beispiel nach einigen, der Feindin triumphierend nachgeschleuderten Schmähungen auch die Siegerin folgte.

Ob die darauf eintretende sommerliche Stille lange gewährt hätte, weiß ich nicht. Ich vermute, die Abergerinnen schöpften nur neuen Kampfesatem hinter den Toren ihrer Burgen, und es hätte nach kurzer Pause wieder ein fröhliches Duett die Hänge erhallen machen, wenn nicht gerade in diese Stille hinein mein Bock, kaum dreihundert Schritt oberhalb des Schlachtfeldes, auf die Almlichte ausgezogen wäre, ganz vertraut mit den Lauschern den Fliegen wehrend und mit den weitgestellten, sehr guten Sechserstangen im Abendsonnenschein nickend und prahlend. Er schien an solche Zwischenfälle so sehr gewöhnt, daß er gar keine Notiz davon nahm. Mein Schuß rollte durch den Kessel, und ein halbes Stündchen später tauchte ich mit meiner Beute zwischen den beiden einander anglotzenden Almhütten auf, aus denen alsogleich hie die Gretin und dort die Waben neugierig erschien, des Jägers Beute zu begaffen. Beide machten sie einen etwas betretenen Eindruck: Ich hatte, da es so schnell darauf »getuscht«, wohl einen Teil ihrer erregten Debatte mit angehört, und das war den beiden, die sich unbelauscht geglaubt und wie Unbelauschte ausgesprochen hatten, nicht recht. Sie hatten im Lauf der Jahre das Gespött der Täler fürchten gelernt. Ich aber erzählte, ich wäre gerade über die Schneid hereingekommen, da sei der Bock vor mir gestanden. Ein Meisterschuß, da lag er – und so weiter. Da hellten sich die beiden Runzelgesichter auf, ich bot Tabak an nach beiden Seiten, und dann stiegen die blauen Wolken aus drei Friedenspfeifen in den klaren Abendhimmel hinauf. Dieses Geschichtchen zog mir durch den Sinn, während ich so dasaß und wartete, was wohl heute auf die Alm herausziehen werde.

Noch bevor es zu dämmern begann, kamen zwei einzelne Stuck aus dem Hochwald unterhalb der Hütten auf die Alm gezogen, denen alsbald ein leidlicher Gabelzehner folgte mit auffallend schön gestellten hellbraunen, also spät verschlagenen Stangen. Nichts für die Kugel. Ohne einen Laut zog er den beiden Tieren nach, deren eines mit lässiger Flucht über die Steinmauer des Almangers setzte und dort in dem kurzen, frühlingsgrünen Gras zu äsen anfing. Das andere begann der Zehner nach einer Weile ohne sonderlichen Eifer zu treiben. Er brummte dazu kaum hörbar und verhielt gleich seiner Umworbenen zur rechten Zeit, um rasch ein paar Kräuter zu rupfen. In meiner nächsten Nähe meldete mehrmals ein Schneider, wagte sich aber nicht auf die Lichte heraus, und als es schon recht dunkel geworden war, traten am oberen Almrand, mir schräg gegenüber, einige Stück Wildbret aus den Randfichten eines Alpenwaldbestandes, und noch später, man hätte Stuck und Hirsch nicht mehr voneinander unterscheiden können, meldete in dieser Richtung auch eine recht gute Stimme. War das der Erbprinz?

Vorsichtig schlich ich zur Laubensteinhütte zurück, wo mich der Förster erwartete. Auch er hatte nichts von dem Vierzehnender wahrgenommen. Wohin er nur gezogen sein mochte? Voll tiefsten Ingrimms weiter und immer weiter, bis nach Tirol hinüber? Oder gar gegen den Inn zu, von dem sich unsere Jäger erzählen, daß ihn zu Beginn und Ende der Brunft so mancher gute Hirsch durchrinnt? Von Stätten beschaulicher Feiste in undurchdringlicher Auwildnis herüber zu den heißbewegten Nächten unserer Brunftpläne und von diesen wieder weg nach irgendwelchen entlegenen Wäldern der Vorberge, wo kein Weibergezücht mit Unrast und Nachbrunft die wohlverdiente so notwendige Wintervorruhe stört. Und überall lauern um diese Zeit dem Wanderhirsch gierige Mündungen auf, von rostigen Bauernflinten angefangen bis hinauf zu den mehr oder minder gepflegten Repetiergewehren der Staatsförster. Ernste Sorgen um unseren Kapitalen waren Gegenstand des spärlichen Gesprächs unter Teetrinken und Herumsäbeln an Speck und Brot. Ernste Sorgen ließen unsere Dämmerpfeifen in mächtigen Dampfwolken aufgehen und verzögerten um ein paar Minuten das Einschlafen zweier Hirschjäger, die schon seit vierzehn Tagen keine Birschzeit ungenutzt hatten verstreichen lassen. Der Kundige mag daraus ermessen, wie ernst die Sorgen gewesen sind.

In der Nacht kam Südwind, und am Morgen war der Himmel voller Sterne. Noch vor dem ersten Frühdämmer saßen wir wohlgedeckt am bewußten Sattel, entschlossen, wenn es sein müßte, bis zum Nachmittag da hocken zu bleiben. Weshalb der zurückwechselnde Hirsch vom Talwärtsziehen des Windes ab kaum mehr zu erwarten war, darüber möge der Waidgenosse sich nur selbst den Kopf zerbrechen.

Die Dämmerung kam, es kam der Morgen, es kam eine strahlende Sonne herauf. Auf Eland – tief unter uns – schrieen die Hirsche lebhaft, bei uns blieb es totenstill, und kein Wild zeigte sich auf dem Wechsel, der sehr gut betreten schien, denn er zog sich, von vielen Schalen wie aufgeackert, schwarz durch das vergoldete Grün des Almgrundes.

Es wurde acht Uhr, neun Uhr, halb zehn Uhr, die Sonne schien warm wie im Sommer, durch die Luft sirrten und summten Insekten, und als einziges Lebewesen zeigte sich zweimal ein Wanderfalk vor dem uns plötzlich so nahegerückten Felsenantlitz des Heuraffel-Riesen. – Da plötzlich tauchte wie ein Sonnengespenst ein Hirsch aus den Wetterfichten an der Schneid und zog langsam auf dem Wechsel in die Mulde herein. Am ganzen Körper klebte ihm der lehmige Schmutz der Suhle, und schwer trug das Haupt an der Last des hohen Geweihs. Es war der Vierzehnender. Ich erkannte ihn

Mit dem Großvater

sogleich auf die knappen dreißig Schritt. Jetzt verhielt er, sicherte ein wenig mißtrauisch zu uns her, ich konnte mir genau den Todesfleck mit dem Silberkorn suchen, und im Knall brach der Hirsch jäh zusammen. Zwei-, dreimal noch hob und senkte sich das schwere Haupt mit eigentümlichem Schütteln, dann war's zu Ende. Der erste Sohn des Heuraffels war mein.

»Sohn des Heuraffels« – so durfte man ihn getrost nennen, aber als ein eigentlicher Heuraffler im Sinn des Großvaters, als ein richtiger Altkapitaler konnte dieser sehr gute Hirsch, der wohl der beste unter meinen bis dahin Erlegten war, nicht angesprochen werden.

Vom achten Kopf etwa trug er eines jener Vollkraftgeweihe, bei denen der Überschuß an Säften in die Kronen geht, während die untere Partie der Stangen, insbesondere die Augsprossen, über solch wildem Inskrautschießen ein wenig zu kurz kommt. Es waren denn auch die sehr gleichmäßig gewachsenen vierfachen Kronen meines Erbprinzen, man kann ruhig sagen, kapital. Sehr stark auch die dichtgeperlten Stangen bis zum prachtvoll ausladenden langen Mittelsproß. Von da weg wurden die Ausmaße durchschnittlich, die Perlung lückig; nur mittelstarke Augsprossen bildeten einen zweifellos zu schwachen Unterbau. Im ganzen betrachtet, war dies Geweih durch seine Höhe und die mächtigen Kronen immer noch etwas Ungewöhnliches und besonders Gutes, aber »Heuraffler« – den Titel bekam dieser Hirsch nicht verliehen. Er hatte das Alter nicht.

Immerhin, er hatte unter Heurafflern sein Wesen getrieben, er hätte erzählen können vom Hauptschmuck, vom Alter und von der Lebensführung seiner Oheime, die da unten der rotlohende Buchenhang barg. Irgendwie kam durch seine Erlegung ein wenig Licht in dieses undurchdringliche Dickicht.

Der ganzen Stellung und dem Aufbau der Stangen nach schien dieser Hirsch ein Abkömmling des alten Sechsers zu sein – ich hatte mir inzwischen sein Geweih sehr genau angeschaut –, dem vor zwölf Jahren der Jagdgehilfe Adolf einen Vorderlauf abgeschossen hatte. Nur mochte der damals etwa sein fünfzehntes Geweih getragen haben, während mein Vierzehnender sein achtes, höchstens sein zehntes trug. Beide hatten sie die gleichen, ziemlich engen und ungewöhnlich hohen Stangen, und zeigten beide besonders gute Perlung. Mit dem weit ausgelegten, zapfenendigen Heuraffel-Zwölfer des Großvaters, bei dem die Breite der Stangen auffallend war, hatte er dagegen nichts gemein.

Diese der Wahrscheinlichkeit sehr nahekommende Vermutung einer direkten Heuraffel-Abstammung meines Vierzehnenders verlieh seiner Erlegung noch einen ganz eigenartigen Reiz. Wer weiß, in drei, vier Jahren, wenn einer der jetzigen Machthaber von Altersschwäche beseitigt gewesen, ob nicht er, ohne daß man es merkte, tief brummend an dessen Stelle getreten und durch ein Jahrzehnt Ziel ungestillter Jägersehnsucht geworden wäre! Und, weiß der Teufel, sein Geweih, wenn ihm nur zwei, drei Jahre noch die gehörige Basis verliehen hätten, wäre würdigster Preis jahrelangen jägerischen Mühens geworden.

Als wir den Hirsch aufbrachen, war der Pansen fast leer. Wahrscheinlich war der Vertriebene die ganze Zeit über suchend umhergezogen und hatte an fremden Platzhirschen seinen Mut kühlen wollen – da es aber eine stille Nacht war, fand er keine Gelegenheit dazu. So suchte er denn Lehte in der Suhle, vergebens. Jetzt kehrte er zurück, zur äußersten Rache entschlossen, und da erreichte ihn das allmächtige Schicksal.

Ganz ähnlich hatte ich es mir gestern vorgestellt, als ich meinen Plan baute. Wie tückisch der Jäger doch manchmal ist, mit welcher Berechnung er seine Netze spannt! Und dabei empört er selbst sich gegen das Schicksal, wenn es ihm auflauert, wo immer er am wehrlosesten, am wenigsten gefaßt, am sichersten zu treffen ist.

Wir stiegen stolz und zufrieden gen Eland ab, während am Tore zur Heuraffel-Heimat in mittäglicher Sonnenruhe der Hirsch, von leichtem Südwind gestreichelt, im letzten Schlaf lag.

Am andern Tag um die Mittagszeit rollte der Hirschkarren, jener sonderbare Hörnerschlitten, durch dessen Kufen eine Radachse läuft, so daß man ihn nach Belieben als Schlitten oder als Karren benutzen kann, klappernd und in den schlecht geölten Rädern gleichmäßig quiekend, durch Eland talwärts. Der Rieder Lenz, ein kleiner, eisensehniger Holzarbeiter, der aussah, als sei er aus lauter Wurzeln zusammengesetzt, hing ziehend in den Schlittenhörnern mit einer Art von Leidenschaft vorwärtsstrebend, das schwarzbebartete Kinn gegen die offene, schwarzzottige Brust gestemmt. Auf dem Karren lag der Hirsch. Das Haupt war derart festgebunden, daß es wie rückwärts äugend auf dem Blatt ruhte. Im Äser steckte ein breiter Fichtenbruch, und das stolze Geweih nickte mit den prachtvollen Kronen immer und immer wieder gegen den Heuraffel hin einen ergreifenden, unerbittlichen Abschied.

Um diese Zeit gab bei den Wänden der obere Hirsch kurz und mürrisch an, und einige Sekunden später brummte abgrundtief der untere zurück. Wie ein ernster Gegengruß klang es herunter. Der Balthasar und ich hörten es, während wir langsam dem Rieder Lenz ins Tal folgten.

Und abermals ward es Herbst. Abermals begannen die Buchenkronen rot aufzuglimmen, und unter ihrem Schatten in der feuchtschwarzen Erde kreuzten sich die Fährten der starken Hirsche, die in beginnender Brunftunruhe, noch von keinem gesehen, mehr geahnt als bestätigt, in langsamer und bedächtiger Suche die alten Brunftpläne betraten.

Die Hirsche begannen in diesem Jahr so früh zu schreien, daß ich die Almbauern veranlaßte, drei Tage eher abzutreiben, und schon zwei Tage vor »Micheli« meinen Einzug auf Eland hielt, diesmal fest entschlossen, einen erbitterten Birschkrieg gegen die Heuraffler zu führen und auf keinen anderen Hirsch das Rohr zu heben, geschweige denn einen anderen Brunftplatz aufzusuchen, eh' einer der alten Recken gefällt wäre.

Zunächst regnete und schneite es lustig durcheinander, als ich die Alm betrat. Aus dem nebelumwallten Heuraffel-Kessel drang das tiefe Brummen lebhafter als sonst, und trotz Sturm und angeschwollenen Wassern hörte man klappernd und knallend die Steine gehen. In der Nacht begann es leise und dicht zu schneien, ganz nah um die Hütte schrie der Hirsch in langen

Pausen bis gegen Morgen. Als ich zur Birsch aufbrechen wollte, braute dichtester Nebel, und eine Hand hoch lag nasser Schnee.

An eine Frühbirsch war nicht zu denken, und so begnügte ich mich damit, ein wenig abzuspüren, als es heller Tag geworden war. Im Almgartl waren verschiedentlich grüne Flecke freigeschlagen. Nach den frischen Betten schätzte ich das Heuraffel-Rudel auf etwa sieben Stück, was mich ein wenig enttäuschte. Ganz alte Hirsche pflegen selten mehr als zwei bis drei Tiere mit sich zu führen. Je stärker das Rudel, desto zeugungsfähiger, desto vollkräftiger ist der Hirsch. Hirsche in der Vollkraft aber sind nicht das, was abzuschießen man erstreben soll. Sie mögen jagdbar sein, richtig reif für die Kugel sind sie nicht.

Dann aber stieß ich auf die Fährte des Hirsches. Der Anblick beruhigte mich. Dieser nicht allzu lange, mächtig breite Tritt, der beim Sprengen stellenweise durch die handhohe Schneeschicht hindurch noch den Almgrund aufgerissen hatte, gehörte, dazu brauchte man kein Meister der Fährtenkunde zu sein, einem Hirsch, der sein zwölftes Geweih sicher schon abgeworfen hatte. Bei einem Berghirsch, und es war ein ganz echter – nur ein Berghirsch hat so kurze, vom scharfen Gestein rundgeschliffene Schalen –, konnte man diese Fährte kapital nennen. Daß er sich beim Treiben in der Hauptsache nicht übereilt hatte, sondern größtenteils gezogen war, sprach auch für die hohe Zahl seiner Jahre. Und das Weibsvolk ist gar eigen und manchmal haufenweise hinter einem Alten her, dessen gewaltige Kräfte es erprobt und dessen Zorn es fürchten gelernt.

Das winterliche Wetter hielt drei Tage an, alles Wild nahm in tieferen Lagen seinen Einstand. Auf der Elandalm ward es ganz still, nur die Fährten guter Hirsche, die am Morgen sich vom Rudel trennten, um oben unter den Wänden den Tag der Äsung und einsamer Ruhe zu widmen, und am Abend sich wieder dem Kahlwild zugesellten, kreuzten in gerader Doppelschnur die weiße Almfläche. Sehr aussichtsreich wäre der Ansitz an diesen verräterischen Wechseln gewesen, doch die beiden Heuraffler waren oben geblieben. Sie brummten und trenzten Tag und Nacht in langen Pausen inmitten der schneeverhangenen Buchendickung, ohne die Alm mehr zu betreten, und somit gingen mich die Wechsel zu den unteren Regionen nichts an.

Fluchend und der Aussichtslosigkeit meines Beginnens wohl bewußt, birschte ich früh und abends rund um den Bezirk des Heuraffels herum, erregt und andächtig jedem Brunftlaut lauschend, der daraus zu mir drang. Einmal stieg ich sogar über gefährlich glitschige Lahner auf den Heuraffelkopf hinauf, um vielleicht von den Wänden herunter des oberen Hirsches ansichtig zu werden. Aber ich schaute nur drei Stunden lang in beschneites Buchendickicht, aus dem immer wieder tiefrauher Brunfthals erklang, bis mir die Augen flimmerten und der umschlagende Wind mich zum Abzug zwang. Es wäre auch ein arg zäher Schuß geworden bis da hinunter in die Laublatschen.

Bei diesem Abstieg fand meine Beharrlichkeit in ganz unerwarteter Weise eine Belohnung. Ich schoß einen sehr guten, abnormen Gamsbock, der in sorgloser Abendsiesta grauschwarz auf der freien Schneefläche der Abergalm niedergetan war. Der linke Schlauch seiner Krücke war früher einmal in der Mitte abgebrochen, und der »Hackel« stand deshalb wie die Spielhahnfeder auf dem Hut eines rauflustigen Berglers waagerecht nach vorn.

Dieser hocherfreulichen Beute, die ich, ohne meinen Kriegseid zu verletzen, mit gutem Gewissen und nicht ganz einfachem Schuß machen konnte, gesellte sich zwei Tage darauf eine weitere, auch nicht zu verachtende hinzu. – Ich hatte mich zu einem Daueransitz an einer Suhle entschlossen, die mehrere hundert Meter unterhalb der Stelle lag, an der ich im Vorjahr den Vierzehnender geschossen hatte. Ein Wechsel nach den Baumgartenalmen führte an ihr vorüber, und bei einer meiner ziemlich hoffnungslosen Birschen hatte ich gesehen, daß sie stark angenommen war. Von neun Uhr früh bis viereinhalb Uhr nachmittags saß ich, wohlgedeckt und mit Speise, Tee und Tabak versehen, geduldig im knorrigen Wurzelnest einer Jahrhundertfichte, von wo aus ich die Suhle und einen schmalen, sich den Berg hinabziehenden Schlag gut übersehen konnte. Drei Gamsmütter kamen mit vier Kindern und machten sich längere Zeit an einem der eingesalzenen Stöcke neben der Suhle zu schaffen. Zwei graue Stücke betraten mittags den Schlag und ästen eine Weile, dann zogen sie langsam in den Heuraffel zurück.

Endlich um ein Uhr erschien ein Hirsch lautlos aus der entgegengesetzten Richtung, ein Zwölfer; er trug mit sichtlichem Selbstbewußtsein ein hübsches, blutjunges Geweih, ganz regelmäßig und blitzblank bis auf die ein wenig brandigen Enden in den kleinen Kronen. Vorsichtig, ab und zu nässend, untersuchte er die nächste Umgebung der Suhle, trat dann bis an die Knie in das rotbraune Naß, rieb eine Stange heftig am lehmigen Ufer und verließ rückwärts tretend die Suhle wieder. Mit leisem Brummen und Knören zog er schließlich, das reine Weiß bei jedem Schritt beschmutzend, aufwärts an mir vorüber gen Aberg.

Eine Stunde herrschte dann große, herzerleichternde Einsamkeit. Aus den Tälern klangen, schwach vernehmbar, die Glocken von weidendem Vieh herauf. In wunderbar frischem Grün lagen dort in der Tiefe die Wiesenmatten. In dem grauen Himmel, durch den nur ab und zu mattes Blau sich schlug, vollführten mit hellen Zwitscherpfiffen die Bergdohlen ihr jauchzendes Flugspiel. Da sah ich auf einmal unten am Schlag eine Bewegung zwischen Wurfböden und Dürrästen. Sieh da – ein starker Fuchs schnürte prachtvoll rot über die weiße Fläche, suchte eine Weile mit wenig Erfolg zwischen den Wurzeln nach Mäusen, kletterte plötzlich auf einen Stock und setzte sich auf die Keulen. Nicht genug damit, er rollte sich auf der bequemen Schnittfläche wie eine Katze zusammen und schien alsbald eingeschlafen zu sein.

Dann war wieder Ruhe, wieder Stille, wieder jenes ergebene Warten und Schauen und Rauchen, ab und zu unterbrochen von einem tiefen, beschäftigungslosen Atemholen.

Nichts kam mehr, bis das erste Kesseln des talwärts umschlagenden Windes mir im Nacken spielte und das Zeichen zu allmählichem Aufbruch und Abstieg gab. Da fiel mir der Fuchs wieder ein. Immer noch schlief er sorglos auf seinem Stock. Unfern von meiner Fichte balzt Jahr für Jahr der Auerhahn, der wunderbare Urvogel, den zu erlegen Kaiserkrone allen Waidwerks ist, und seine Hennen brüten unweit von hier. Ein rechter Bergrüde trägt zu Anfang Oktober schon einen leidlich guten Balg, und der rote Fuchs ist eine prächtige herbstliche Beute, die so schön weich in den graugrün verwetterten Rucksack gleitet. Verderben würde der einzelne Schuß an der winterlich verödeten Lehne nicht viel. Warum also nicht?

Das Schloß des Repetierers knirschte leise zurück, ein Vollmantelgeschoß tauschte Platz mit dem kampfbereiten Vorposten der fünf teilmantelhäuptigen Krieger im Magazin, dann breitete die Rechte liebevoll und kundig eine Wolljacke über den Felsblock vor mir, der ganze Körper rückte und schob sich zurecht, und langsam, ohne Aufenthalt, stieg in schnurgerader Linie das Fadenkreuz am Wurzelstock empor, fand den roten Körper, tastete eine Weile nach dem tödlichsten Fleck zwischen Rumpf und Diebsschädel und hielt endlich, ganz leise zitternd, still – es hatte gefunden! Wieder kesselte der Wind und hauchte mir in den Nacken; nur jetzt nicht unruhig werden! Halb unbewußter Fingerdruck am Abzug, winzige endlose Pause, letzte Gnadenfrist, letztes Atemholen des Todes. – Krach! Und endlich darf man wieder atmen. Unten schnellte und zuckte es rot hinter dem Stock, auf dessen Schnittfläche das schlanke Geschoß eine Flocke weißer Kehlwolle genagelt hatte.

Auf der Abendbirsch lief mir ein recht guter, suchender Zwölfer an, den ich schweren Herzens ziehen ließ. Als ich dann beim Schein der Petroleumlampe den schweren Rüden vor Balthasars neugierigen Augen auspackte, lachte er gutmütig und sagte: »Recht ham S' g'habt, allweil leer geh'n, des bedeut't nix!«

Das war ja richtig, und die Zufallsbeute bereichert die Jagd auf ganz besondere Art, aber bei uns ist der Gamsbock Preis verschneiter Novemberbirsch oder vorsichtigen Riegelns im Spätoktober oder sommerlichen Ansitzens an krautüberwucherten Hochschlägen und grasigen Lahnern. Den Fuchs schießt man bei den kleinen Stöberjagden zwischen Hirsch- und

Gamsbrunft oder um Weihnachten beim letzten Hasen- oder Kahlwildriegeln oder in den Mondnächten der Wintermonate und an deren späten Nachmittagen auf die Hasenklage. Alles zu seiner Zeit: Und jetzt im hohen Mond der Hirsche sollte man Hirsche schießen.

Es war ein Glück, daß in dieser Nacht der Südwind kam. Das Wetter schlug um, und die Natur, die zuweilen größte Gegensätze liebt, ließ auf Schneefall und Kälte ungewöhnliche Hitze folgen. Der Schnee verschwand so schnell, wie er gekommen, das Wildbret bevölkerte bald wieder Eland. Von der weißen Last befreit, leuchteten und brannten die Wälder in seltener Pracht unter südlich lachendem Himmel, aber die Hirsche reagierten auf das launische Wetter mit flauem Schreien, und unter der heißen Sonne ward das Fallaub zunderdürr. Die Aussichten für den Birschjäger wurden schlecht. Hinzu kam noch der Mond, der Nacht für Nacht sein Silberlicht über Felswände, Waldhänge und Almen fließen ließ. Unter seinem berauschenden Zauber spielte sich die Brunft hauptsächlich ab, so daß am Morgen der Tanz schon vorbei und am Abend die Müdigkeit noch nicht ausgeschlafen war.

Eine Möglichkeit erwuchs mir zwar aus dem Mondschein, die mir die Erlegung des Heurafflers in ganz unerwartete Nähe rückte – die »Mondscheinjägerei« von der Hütte aus. Man hat schon oft, und wie das unter Fachleuten so üblich ist, meist in etwas überhitzter Weise, das Für und Wider des Jagens bei Mondlicht auf den Hirsch diskutiert. Bei uns im Alpenland, wo freie Weideflächen und Almhütten sich dafür anbieten, ist diese Jagdart zur Brunftzeit altes Herkommen und reicht weit vor die Zeit der Zielfernrohre zurück. Deshalb, und weil mir kein Gegengrund einleuchtet, singe ich mit dem Propheten: »Es ist genug, ich will nicht besser sein, als meine Väter sind …«

Ich schoß schon manchen guten Hirsch unter dem Antlitz der Luna, habe bei Mondschein noch keinen gefehlt oder krankgeschossen und auch keinen schwachen versehentlich erwischt. Ich habe unter des Mondes liebem Lichte wunderschöne Stunden meines Jägerlebens verbracht, gerade wenn es dem edlen Hirsch galt. Und ich werde mit Sankt Huberti Hilfe, so hoffe ich, noch an den einen oder anderen Hochgeweihten auf mondbeglitzerter Rauhreifalm herantreten, werde es schwarz sickern sehen aus schwarzer Wunde und es silbern sich spiegeln sehen im gebrochenen Licht und selig in die schattenschwarzen Stangen greifen. Oder ich werde nach banger Nacht, die dem Schuß im Mondschein gefolgt, auf dünnem Schnee der Rotfährte des Todwunden folgen und ihn irgendwo am Waldrand verendet finden oder ihn gar schon beim ersten Blick durchs Hüttenfenster wenige Fluchten vom Anschuß in gewaltiger Starre liegen sehen.

Ich muß zugeben, daß ich an den Geweihen solcher Mondscheinhirsche das eine oder andere Mal einen Eissproß oder ein Kronenende entdeckte, das ich vorher am lebenden Wild nicht gesehen hatte, oder feststellen mußte, daß die Stangen ein wenig schwächer, ein wenig glatter oder rauher waren, als ich vor dem Schuß vermeint. Aber es sind mir bei blendendem Sonnenschein, bei beginnender Dämmerung, bei strömendem Regen, Schneegestöber und Nebel schon die gleichen, ja manchmal ärgere Irrtümer unterlaufen. Der nächtliche Ansitz bietet für das Ansprechen vor allem einen Vorteil, den man zu anderen Tageszeiten nur selten genießt: Wenn man es richtig anpackt, hat man Zeit! Man kann abwarten, zuschauen, prüfen. Und schließlich und endlich: Der ruhige und ernste, der verantwortungsbewußte, mit einem Wort, der gute Jäger wird bei Mondlicht weniger Fehler begehen als der schlechte bei hellem Tag. Damit will ich's genug sein lassen; denn der Erzähler hüte sich vor aller Theorie, wie der Philosoph vor den Abhandlungen über Frauen!

Jedenfalls hob es mich nur so von meinem Lager, als nach einer schon vergeblich im Halbschlaf durchhofften Mondnacht um die Mitte der zweiten vor dem Hüttenfenster des Heuraffiers unverkennbare tiefrasselnde Stimme nahe, ganz nahe erklang. Mit einem tastenden Griff fand ich den Repetierer, mit ganz leisem Klirren öffnete sich das kleine Fenster, der nur angelehnte Laden drehte sich unhörbar in wohlgeölten Angeln und entrollte vor mir zollweise das beinahe blendende Bild der mondbeglänzten Alm.

Vier, fünf dunkle Wildkörper entdeckte ich sofort im Almgarten und vernahm gleichzeitig das sonderbare Geräusch, welches äsendes Wild beim Abrupfen der Grasbüschel verursacht. Ich erkannte mit dem Glas vier Stück, die in friedlicher Gemeinschaft sich des silberglänzenden, dicht sprossenden Grases erfreuten, während ein fünftes, fahl leuchtend, im Schatten des Steinzaunes im Bett saß. Da ertönte erschreckend nah, die Schallwellen gaben mir einen Schlag aufs Herz, das kurze, finster begehrende Trenzen des Hirsches. Meine Knie begannen zu zittern, das Glas schwankte mir vor den Augen. Ein Stuck warf unruhig auf und äugte in die Richtung, aus der der Hirsch gemeldet hatte; riesengroß erschienen die gespitzten Lauscher.

Jetzt glitt ein Schatten über eine Lücke zwischen den Rauhfichten jenseits des Zauns. Ein zweiter, größerer folgte langsam, war verschwunden. Und abermals ein dumpfer Grohner, dann war's sehr lange still. Nur das Rupfen vernahm ich und das leise Geplätscher des Brunnens. Mehr als eine Viertelstunde verging, da endlich ertönte wieder ein zorniger Schrei, auch diesmal fast von der gleichen Stelle hinter den Fichten. Gleichzeitig tauchte aus ihrem Schatten ein Stuck, trollte am Steinzaun des Almgartens entlang bis auf dreißig Schritt auf mich zu, überfiel dann die Mauer und begann unter den es starr anäugenden Schwestern hastig zu äsen.

Da war auch auf einmal ein fahlgelbgrauer Fleck vor dem dunklen Hintergrund einer Schirmfichte zu sehen, und es erscholl genau aus dieser Richtung die erzürnte Stimme des Hirsches. Das Weibsvolk äste aufgeregt oder hob hastig die Köpfe. Ich preßte mit der Rechten den Kolben gegen die Brust, hob mit der Linken das Glas vor die Augen und starrte auf jenen Fleck, konnte aber nicht mehr erkennen, als den schweren Rumpf eines Stückes Hochwild. Jetzt war der Fleck verschwunden, und gleichzeitig sah ich den Hirsch mit riesiger Flucht wie ein Rennpferd über die Steinmauer setzen. Nach allen Seiten spritzte das Kahlwild auseinander, und blitzschnell, mit weit zurückgelegtem Haupt, sprengte er sein Stuck zurück in den schützenden Schatten der Wetterfichten. Ich sah nur noch die hellen Keulen hoch über die Mauer fliegen, dann war die Bildfläche leer.

Ich hatte nicht mehr erkennen können, als daß der Hirsch sehr stark gewesen war. Gewaltig hatte sein Schatten neben dem der Tiere ausgesehen. Enttäuscht und frierend wartete ich weiter. Der Hirsch meldete jetzt etwas ferner und in großen, endlos erscheinenden Pausen. Drei Stücke kamen alsbald wieder in den Anger gezogen, während die zwei anderen seitlich auf der Alm weiterästen. Dicht neben dem Fenster stand ein Holunderbusch, dessen Blätter mir dorthin die Aussicht erschwerten. Da ich nun damit rechnen mußte, daß der Hirsch auch einmal bei diesen beiden Frauen seines Harems auftauchen würde, versuchte ich, einen der Holunderzweige behutsam zur Seite zu biegen. Aber der Teufel wollte, daß ein Stuck vor mir im Almgarten die Bewegung meines weißen Ärmels eräugte, obwohl das vorspringende Hüttendach mein Tun schützend überschattete. Ich machte nicht die leiseste Bewegung mehr, als ich sein Haupt in die Höhe fliegen sah, und trotzdem starrte es gewiß fünf Minuten lang auf den verdächtigen weißen Fleck, welchem Beispiel nach und nach die beiden anderen Tiere folgten.

Plötzlich, ich traute meinen Augen nicht, wandte sich das zuerst aufmerksam gewordene Stück mit zurückgelegten Lauschern um, verhielt noch zögernd eine Weile, trollte dann, von den anderen gefolgt, davon und verschwand im Schatten der Rauhfichten. Angstvoll lauschte ich, ob es nicht schrecken würde, aber alles blieb still, bis endlich wieder die Stimme des Hirsches nicht allzu fern aufgrollte. Nach einer Stunde schloß ich das Fenster und fiel todmüde auf mein Lager.

Kein Wild, ausgenommen der alte Rehbock, der starke Feisthirsch und vielleicht die grobe Sau, ist scheuer und leichter zu vergrämen als das Kahlwild in der Brunft. Von dem Tag ab kamen höchstens noch ein oder zwei Stücke in den Almgarten, der Hirsch jedoch hielt sich von der näheren Umgebung der Hütte fern und ließ sich nur auf etwa zweihundert Meter von der oberen Alm her vernehmen. Trieb er nun gerade das Stück, dessen Verdacht mein Ärmel erweckt hatte, oder waren hier geheime Mitteilungen im Spiel, Dinge, von denen unsere Schulweisheit sich nichts träumen läßt. Wer kann das wissen! Jedenfalls bot die Mondscheinjägerei von nun an wenig

Aussichten mehr. Dafür hockte ich jeden Morgen, eh' es tagte, am sogenannten oberen Wassertrog, wo einer der altbekannten Auswechsel aus dem Heuraffel mündet. Denn dort hatte ich die unverkennbare Fährte des unteren Heuraffel-Hirsches, auf den allein ich es jetzt noch absah, wiederholt ganz frisch gefunden. Jeden Abend saß ich aber schon um vier Uhr bei jenem Ahorn, von dem aus einst der Großvater den alten Sechser geschossen hatte.

Es war ein geradezu heldenhaftes Beginnen, denn an manchem Morgen vernahm ich schon beim Aufstieg zu meinem Stand, daß der Hirsch bereits im Fichtengürtel schrie, also kaum noch Aussicht bestand, ihn auf der Alm zu Gesicht zu bekommen. Und am Abend, wenn schon mehrere Stücke Hochwild aus dem Dunkel der Fichten getaucht waren, brummte er meist noch tief drinnen in der Buchenjugend. Tagsüber paßte ich an den Suhlen herum, versuchte es da und dort mit dem Ruf, ward bleich und hager und bekam täglich vom Balthasar eine Standpredigt, daß es »umasonst« und »ganz narrisch« sei, sich so auf einen einzelnen Hirsch zu versteifen. Dieses ständige Gebohre ging mir schließlich auf die Nerven, und so verbat ich mir seine wohlgemeinten Ratschläge. An solche Antworten nicht gewöhnt, war er gekränkt; unsere alte Freundschaft kam ins Wanken. Fünf gute Hirsche ließ ich unbeschossen, darunter einen Zwölfer, der nicht von schlechten Ahnen war. Täglich taten sich an anderen Plätzen die besten Möglichkeiten auf, zu Schuß zu kommen, aber ich gab nicht nach.

Ein paar Schmaltiere, ein paar Kälberstücke, ein paar Sechser und Spießer kamen mir auf dem bewährten Wechsel, einmal ein älterer, schlecht veranlagter Achter auf der Suche und zweimal ein sehr junger, aber sehr guter Kronenzehner, der mit merkwürdig vorsichtigem Knören toll verliebt seinem Stuck folgte.

Einmal noch sah ich den Schatten meines Heuraffiers. Einer trüben Nacht war ein trüber Morgen gefolgt. Die Nacht über hatte der Hirsch ziemlich nahe bei der Hütte geschrieen. Als ich reichlich früh ins Freie trat, war nichts mehr von ihm zu hören, nur auf dem unteren Teil der Alm meldeten zwei gute Hälse. Ich birschte – im Schlaf hätte ich keinen Fehltritt getan – mein Steiglein am Rand der alten Heuraffel-Fichten hinauf, und als ich den von Balthasar kundig bereiteten Sitz erreichte, bemerkte ich, daß vier Stück Rotwild – als unklare Schatten nur erkennbar – dicht am Waldrand ästen.

Die Elandalm

Der Platz, den man den »oberen Wassertrog« nennt, unterbricht als treppenartiges Plateau eine steile Matte der Elandalm und bildet eines der in unseren Bergen häufigen Miniaturhochmoore. In seiner Mitte ist dem Vieh, ähnlich einem Einbaum, ein Brunnentrog errichtet, den eine in ein träges Rinnsal gegrabene Holzrinne mit dünnem, lautlosem Silberfaden nährt. Die ganze, etwa tausend Quadratmeter fassende Fläche ist eine große Suhle, naß, schlammig und lehmig, stellenweise dicht mit Binsen, Zinnkraut und Lattich bewachsen und von einer altzottigen, gipfelsplittrigen Weißtanne düster beherrscht.

Etwas oberhalb dieses kleinen Moores, wo wieder trockener Almboden war, ästen die vier Stück Rotwild, die ich endlich als Kahlwild ansprechen konnte. Es wurde heller, es wurde ziemlich hell, fast ohne sich von der Stelle zu bewegen, ästen die vier Stücke. Plötzlich ward unterhalb des Rudels aus einer kleinen Mulde ein fünftes Stück hoch, ein Hirsch, wie ich sofort erkannte, tat einen ärgerlichen Brummer und fuhr gewalttätig auf die unachtsame Schar los, die, langweilig und verfressen, wie das Weibsvolk nun einmal ist, es mit lauter Äsen hatte Tag werden lassen. Drei Sekunden später war die Alm leer, und ich hatte wieder keinen Schatten vom Geweih, sondern nur einen mächtigen Rumpf ansprechen können.

Zum Glück war der Balthasar bei mir gewesen, und da er ein rechter Jäger war, dachte er jetzt weniger apodiktisch über die Aussichtslosigkeit meines verbohrten Beginnens. Aber auf den vier folgenden Birschen blieben der obere Wassertrog und ein Kälberstuck der einzige Anblick, der sich meinem begehrlichen Jägerauge darbot. Nur ein seltenes, allmählich heiser werdendes Brummen tief drinnen im Wald verriet mir, daß der Hirsch noch da war.

Wir schrieben den 9. Oktober; da sah ich vom Ahorn aus nachmittags viereinhalb Uhr einen Hirsch über die Schoßbachschneid in die Alm einwechseln. Die Entfernung betrug etwa 500 Meter, aber was ich da durchs dreißigfache Perspektiv ansprach, erschreckte mich beinahe. Ein Zehnender war es, soviel ich erkennen konnte, mit prachtvoll ausgelegten, starken

Stangen. Das Geweih war gut, sehr gut sogar, aber es wurde mehr als sehr gut, wirkte geradezu kapital durch die stumpfwinkeligen Gabeln, die blitzend beide Stangen krönten. Legt man zwei gut um ihre Hälfte verlängerte Männerhände mit den Pulsen aneinander, als wolle man damit eine flache Schale opfernd gen Himmel heben und übersetzt das Ganze in elfenbeinfarbene Geweihmasse, so bekommt man einen Begriff von den Gabeln dieses Geweihs.

Sorglos stand der Hirsch, den ich vorher schon ein paarmal hatte melden hören, etwa fünf Minuten lang mitten auf der freien Alm. Zum Greifen nah zogen ihn die scharfen Linsen des Spektivs heran. Seine Decke hatte jene lehmrote Farbe, die man bei uns als Kennzeichen älterer Hirsche betrachtet. Sein Brunfthals war auffallend dunkel, beinahe schwarz waren seine Läufe und der anscheinend kleine Brunftfleck. Nachdenklich, wie es vor allem Gamsböcke in der Brunft gern tun, schaute er sich den Almkessel an und zog dann mit waagerecht gehaltenem, schwertragendem Hals langsam über die freie Fläche gegen den Heuraffel zu. Von der Hütte aus hätte ich bequem schießen können.

Ich war baß erstaunt und völlig ratlos. Dieses Geweih, dieses Benehmen, bei noch scheinender Sonne über die blanke Almlichte zu wechseln, und überhaupt dieser Hirsch?! War's ein Heuraffler? Gesehen hatte ich ihn oder ein ihm verwandtes Geweih in unseren Bergen noch nie. Wenn es der Heuraffler wäre, der von einem Bummel zur Suhle zurückkehrte?! Gerade die schlauesten Hirsche sind ja ein-, zweimal im Jahr von einer geradezu lächerlichen Sorglosigkeit.

»Er ist es nicht!« brummte es da faul und tief aus dem lohnenden Jungbuchenhang. Der Heuraffler war zu Hause, und der Fremdling unten verhoffte kurz, zog dann, immer schneller werdend, weiter, kam ins Trollen und war im Nu vom Fichtengürtel des Heuraffels aufgenommen.

Was jetzt geschah, war noch rätselhafter. Etwa eine Stunde blieb alles still, bis auf das nicht verkennbare, seltene und keineswegs erregte Brummen des Heuraffiers, dann begann der Fremde, ganz nah dem mir gegenüber liegenden Waldrand, zu melden. Er hatte wohl ein brunftiges Stück angetroffen, vielleicht auch war er schon vom Schoßbach her seiner Fährte gefolgt, und trieb es jetzt.

Seine Stimme paßte zu ihm. Ich habe, es ist vielleicht Zufall, mehrmals bemerkt, daß Hirsche mit weiter Auslage besonders kräftige Stimmen haben. Ich glaube ja überhaupt, daß das Geweih das Wesen seines Trägers zum Ausdruck bringt, und die Hirsche mit weitausladenden, kräftigen Geweihen lernte ich stets als ehrlich grimmige Gesellen kennen, an denen keine Tücke war. Jener Hirsch hatte einen nicht allzu tiefen, aber sehr vollen und rauhen Hals. Das dröhnte nur so aus den dunklen Fichten heraus und hallte mächtig von den Zeller Wänden in meinem Rücken wider. Sehr eigentümlich war, daß der Hirsch unter dem Schreien plötzlich ganz unvermittelt schreckte, ein-, zwei-, dreimal nacheinander. Dies war mir so neu, daß ich anfangs erschrak und glaubte, der Wind habe umgeschlagen und das Kahlwild gehe flüchtig; aber sehr bald merkte ich, daß es ein Brunftlaut des sonderbaren Fremdlings war.

Wäre er auf die Alm herausgekommen, ich glaube, ich hätte ihn geschossen, trotz Kriegsschwur und Heurafflern. Den Träger dieses Geweihes hätte ich nach so vielem Entsagen nimmermehr ziehen lassen. Aber er trat nicht aus, nicht einmal Kahlwild tauchte am Rand des Hochwaldes auf. Der erste Stern kam, es kam die Nacht, und ich stieg zur Hütte ab. Aber noch während ich mir meinen Weg zwischen Steinblöcken und Fichtenstämmen behutsam suchte, hörte ich, daß er sein Tier schon über die Alm sprengte.

Balthasar, der um halb fünf Uhr noch bei der Hütte gewesen, war bei meiner Heimkehr ganz aufgeregt: »Ham S'n g'sehn, Herrgott, a Stündl, wann S' spater fortgeh'n, nachher derschieß'n S'n von der Hütten weg. Ham S' die Gabeln g'sehn? Koa solcher Hirsch is mir noch nia net unterkommen. Und die Stimm! Als ob er schrecken tat! Aber gel, den derschiaß'n S' scho morgen früh?! An solchen derf ma net laufen lassen, war g'frevelt.«

In dieser Nacht wachte ich plötzlich auf. Irgendwo auf der Alm schienen die Hirsche besonders wild zu schreien. Durch die Mauer der Hütte gedämpft, vernahm ich die grollenden Laute. Dann war es auf einmal still, ich lauschte noch eine Weile, ohne etwas vernehmen zu können.

Endlich stand ich auf, öffnete ganz leise die Tür und schlich in Pantoffeln hinter die Hütte. Aber alles blieb still. Da hörte ich plötzlich das Klappern abgehender Steine, jetzt nochmals, doch das waren keine Steine, denn man vernahm das sonderbare Knallen und Krachen vom selben Fleck her immer und immer wieder in unregelmäßigen Zeitabständen. Endlich ward es mir klar, daß da Geweihe aufeinanderschlugen. Gewiß zehn Minuten währte der Kampf, dann plötzlich schreckte ein Stück, nochmals, nochmals. Aber das war ja der Zehner! Voll und rauh ließ er jetzt einen Sprengruf erschallen. Gleichzeitig ein böser, rostiger, abgrundtiefer Schrei. Das war der Heuraffler; der Heuraffler geschlagen?! Ein paar Minuten erfüllte jetzt wutentbranntes, bis aufs äußerste gereiztes, beinah unentwirrbares Durcheinanderröhren die Nacht. Dann trat eine kurze Stille ein, und wieder knallten sonderbar hart und hell die Geweihe aneinander. Unentschieden!

Dann ließ sich lange Zeit überhaupt kein Laut mehr vernehmen. Es war so kalt, daß es mich am ganzen Körper schüttelte, ich mußte in die Hütte zurück. Aber ich fand keinen Schlaf mehr, bis aus Balthasars Kammer ein schmaler Lichtstreifen fiel und sein leises Klopfen das Zeichen zum Aufstehen gab.

Eisig kalt war der Morgen; unter unseren Sohlen knisterte dicker Reif, während wir zum oberen Wassertrog hinaufstiegen. Im Tal und sogar in einzelnen Mulden der Alm lag Nebel als weißer, unbewegter Rauch. Zwischen den dunklen Wedeln der Fichtenkronen blitzten und flimmerten Sterne, und überall schrieen die Hirsche. Als wir – es war vom Tag noch wenig zu bemerken – den Ansitz erreichten, meldete vor uns, etwa hundert Meter oberhalb des Moores, ein Hirsch. In kurzen Pausen folgte vom selben Fleck aus tief und heiser Schrei auf Schrei. Das konnte nur der Heuraffler sein.

»Hat er'n Zehner jetzt doch austeufelt, der Sakra«, raunte Balthasar mir zu. Er hatte wohl recht, der Heuraffler schien Sieger geblieben zu sein, denn von des Zehners rauhschreckender Stimme war weit und breit nichts zu hören. Ich schaute mir durchs Glas die Augen aus dem Kopf nach dem vor uns röhrenden Hirsch, konnte aber nichts von ihm ersehen, bis er schließlich, der Richtung nach, aus der sein Schreien kam, eingezogen war.

Dicht am Waldrand meldete er unausgesetzt weiter. Endlich tagte es. Ich hoffte nun brennend, daß das eine oder andere Stück Kahlwild auf der Alm zurückgeblieben wäre. Achtzigmal von hundert kommt der schon eingezogene Platzhirsch in solchem Fall, wenn man ihn anschreit, noch einmal auf die Lichtung heraus, keinem anderen Hirsch ein Stuck aus seinem Rudel gönnend. Aber die Alm war leer und kein Wild mehr zu sehen, als es Schußlicht geworden war.

Höchstens fünfzig Schritt vom Almrand brummte im Fichtendüster unausgesetzt der Heuraffler, böse klang es und merkwürdig erregt. Ich griff nach einer Weile doch zum Ruf und schrie ihn zornmütig an. Ein paar Sekunden war es still, dann kam drohende Antwort, aber statt näher zu kommen, entfernte sich die Stimme des Hirsches. Einmal vermeinte ich sogar, den dumpfen Schlag seiner Stange zu vernehmen, mit dem er ein Stuck zu schnellerem Ziehen antrieb. Wieder setzte ich den Ruf an, da stieß mich Balthasar in die Seite: »Schau'n S', schaun' S' bei der Tann!«

Ja, da saß auf kaum neunzig Gänge ein Stück Rotwild im Bett, aber das war kein Mutterwild, das war ein Hirsch, darüber gab es auf den ersten Blick schon keinen Zweifel. Gerade im tiefsten Schatten, unter den Schirmästen der alten Weißtanne, hatte er sich niedergetan. Vom Haupt war nichts zu erkennen, nur der dunkle Ansatz des Brunfthalses war sichtbar. Ich dachte erst an einen Beihirsch, der, des vergeblichen Begehrens müde, hier den tiefen Schlaf des Enttäuschten schlief. Aber als ich – inzwischen war es heller Tag geworden – mir den schwer ruhenden Rumpf genauer ansah, wollte er mir nur zu einem guten Hirsch gehörend erscheinen.

Da der Heuraffler noch immer in ziemlicher Nähe meldete, ward meine Aufmerksamkeit wieder von dem rätselhaften Stück abgezogen, und ich schrie einige recht zornige Töne durch den Ruf. Es war merkwürdig, daß der Hirsch bei der Tanne nicht die leiseste Notiz von meinem Rufen nahm. Ein paarmal ahmte ich dann ziemlich laut das Mahnen eines Tieres nach. Der Hirsch vor mir rührte sich nicht. Endlich kam die Sonne. Die Hirsche, auch der Heuraffler, verschwiegen allmählich. Im rötlichen Morgenlicht lag die Alm, und auf den Binsen beim Wassertrog glitzerte der Reif, bis er in blitzende Tauperlen zerrann. Jetzt fiel der erste Strahl auf den Hirsch unter den Tannenwedeln. Ich hatte ihn gerade im Glas und erkannte einen etwa fingerbreiten siegellackroten Streifen auf seiner Decke, der vom Blatt bis in die Weiche verlief, und fast im selben Augenblick leuchtete hoch über dem Rumpf des Hirsches eine mächtige hellgelbe Gabel durchs düstere Tannengezweig. – Der Zehner!

Jetzt erkannte ich auch das schwere fahlgraue Haupt über dem schwarzen Mähnenhals. Es war sehr lang und wirkte durch das stark ausgeprägte, nach abwärts gebogene Kinn besonders ernst und mächtig. Darüber erhob sich wie schwarzes Astwerk das Geweih. Was bedeutete nur der rote Streifen? Da ging mir plötzlich ein Licht auf! Blitzschnell reihten sich die Wahrnehmungen zur Erkenntnis. Den Balthasar, der bisher mit seitlich gebogenem Oberkörper durch sein Spektiv geschaut hatte, packte fast gleichzeitig eine heftige Aufregung: »Der is g'forkelt«, entfuhr es ihm, »den hat er g'forkelt, sehen S' net den roten Riß, wo er in der Deck'n hat?«

Ich lag schon im Anschlag, und das metallische Schnappen des einspringenden Stechers gab die Antwort. Halsansatz – dann krachte der Schuß. Man hörte einen Laut, als schlügen schwere Geweihstangen auf Stein. Die Schirmäste der Weißtanne zitterten und schwankten, als wäre ein Auerhahn von ihnen abgeritten, sonst veränderte sich nichts …

Das war ein Vollhirsch, der da vor uns lag mit untergezogenen Läufen, ganz wie er im Wundbett geruht hatte. Nur das schwere, schwergekrönte Haupt war zur Seite gesunken, und am Hals sickerte es dunkelrot aus dunkler Mähne.

Unsere guten Hirsche wiegen zur Feistzeit selten mehr als zweieinhalb Zentner, dieser Hirsch wog aufgebrochen 147,5 kg, sein Geweih – es hatte keine Kronen! – nach einem Jahr noch knapp 5,5 kg. Unter des Großvaters besten Hirschen hätte er sich gut behaupten können, und er schlug den Vierzehnender des Vorjahres, dessen Geweih um 0,75 kg leichter gewesen war, durch die gleichmäßige Wucht seiner machtvoll ausladenden Stangen einfach tot, wenn beide Geweihe nebeneinander standen. Im ganzen ein Hirsch auf der Höhe seiner Entwicklung; er mochte etwa vom zwölften Haupt sein, war noch auffallend feist und hatte, dem kleinen Brunftfleck nach zu schließen, sich heuer erst ganz wenig auf dem Felde der Liebe betätigt. Er schien überhaupt nicht aus unserer Gegend zu stammen.

Der Hirsch war kein Berghirsch, seine Schalen waren lang, und sein Anblick im ganzen hatte etwas Neues, Ungewohntes. Eine andere Rotwildrasse steckte drinnen. Ein Wanderhirsch war es, ein Fremdling von weiß Gott woher.

Schade, daß er in unserem Revier so wenig, vielleicht gar nicht zum Beschlag gekommen war. Dieses neue und doch stammverwandte Blut hätte gewiß Gutes gewirkt. Aber die Natur nimmt keine Rücksicht auf solche Einzelfälle. Das hatte ihr starker Sohn, der Heuraffler bewiesen, der mit einer Sprosse seines Geweihs dem fremden Eindringling die Decke vom Blatt bis zur Weiche aufgerissen hatte. Hinter den Rippen war seine Waffe sogar in die Bauchhöhle gedrungen, allerdings ohne das Gescheide selbst zu verletzen. Wahrscheinlich wäre der Hirsch nach tagelangem Kranksein eingegangen.

Deutlich sah man dem Edlen die Spuren des Kampfes an. Die Spitzen zweier Enden waren frisch abgesprengt, an den Augsprossen klebten Erde und Gras, beide Knie waren voller Lehm, eines sogar aufgeschunden. Sonst aber war der Hirsch vollkommen unversehrt. Abgesehen von dem bösen Riß in der Seite und dem offenen Knie war seine Decke heil geblieben. Der Heuraffler hatte sicher auch etwas abbekommen, denn an einer der mächtigen Gabeln haftete Schweiß.

»A Innhirsch«, mutmaßte Balthasar; er konnte recht haben. Dort unten in den wilden Auen hatte er vielleicht über geruhsamem Hindämmern an versteckten Flußarmen, über nächtlichen Einfällen in Kartoffel- und Rübenäcker und saftige Wiesen der Inntaler Bauern und über vereinzelten Rotwildschönen der Tiefe den rechten Zeitpunkt verpaßt, seine altgewohnten Brunftpläne irgendwo im Tirolerischen oder in den Schlierseer Bergen aufzusuchen. Kann sein, daß dann ein »Druckjagdl« der Bauern hinzukam, die nicht ahnten, welch köstlichen Schatz das Weiden- und Schilfgestrüpp vor ihnen barg, als sie ihre Dackel von den Spagatschnüren lösten. Die wahrscheinlich auch nichts gemerkt hatten von dem großen lichtroten Schatten, der irgendwo am »Ruckwechsel« an der schmalsten Stelle über eine Lücke im Audickicht glitt, durch den nächsten Flußarm planschte und dahin war auf Nimmerwieder – Nichtahnen. Dann kamen viele Stunden der Wanderung, und als er das Trockenbachtal durchzog in unaufhaltsamem, unruhegetriebenem Hinschreiten über Fallholz, Gefels, Latschen und vergilbende Schlagflächen, da drang weither aus Südosten ein dumpfer Ton an seine Lauscher, so daß er jäh aufwarf, eine drängende Eile ihn befiel und ihn dorthin abbiegen ließ. – Und also kam der Fremdling zur Elandalm, zu minnen und zu sterben unter dem Schatten des steinernen Riesen.

So oder auch ganz anders mag es zugegangen sein. Mancher wird lächeln ob des fruchtlosen Träumens. Doch was wäre solch Knochengeäst von Geweih, umwitterte es nicht der Atem von Geheimnis, von Verborgenem, der nicht zu enträtselnde Zauber einer ganz eigenen Poesie, ähnlich der, die das Einhorn und den Märchenvogel umgab? Solange noch solches Nachtasten und Sinnen den Jäger glücklich erschauern macht, solange mag er auch davon singen, daß das Waidwerk »hohe Lust und alle Tage neu« ist. Unsere Höhen, Gott weiß, wie lange noch in diesen Tagen, da alles schmierig abgegriffenes Allgemeingut werden soll, bergen ein paar letzte Reiche des Geheimnisvollen. Aus versteckten Gräben, aus unerforschten Latschenfeldern, aus nie betretenen Dickungen und felsdurchsetzten Alpenwäldern steigt wie herbstlicher Nebel sein Zauber auf und rührt den einsamen Bergjäger an.

Wir stiegen ab, ich nach so viel Enthaltsamkeit mit einem Hochgefühl, als sei es der Heuraffler selbst, der da unter der Tanne lag, um den Preis aller Unrast, allen Kampfes seiner Wanderfahrt schnöd betrogen. Diesmal – es war ein Zufall – nicht durch mich, sondern durch den großen Jäger, dem wir alle Wild sind und gegen den unsere Chancen noch weit schlechter sind als die eines guten Hirsches mit drei scharfen, stets wachen Hauptsinnen, flinken Läufen und nicht zu knappem, durch Erfahrung geschärftem Verstand gegen die des Zweibeins mit sechsfachem Prismenglas, Dreihundertmeter-Büchse, nicht gar zu lauten Sohlen und manchmal sogar etwas Verstand, plus dem Chancenminusfaktor Waidgerechtigkeit.

Traurig war das Ende dieses fahrenden Helden gewesen. Wäre er gestern abend auf die Alm herausgekommen, ich hätte ihm ein würdigeres und, ohne Heuchelei und Überhebung darf ich's sagen, schöneres Ende bereitet. Hätte ich zu wählen, ich zöge einen raschen Tod mit guter Kernkugel mitten im Werben, mitten im überschäumenden Leben ohne Besinnen dem fiebernden, vom Wundbrand durchquälten Hinüberdämmern vor, während hundert Schritt über mir ein gehaßter Nebenbuhler in brünstiger Siegerlust aufröhrt und die starke Brunftwittrung des Kahlwildes von dort herabweht.

Etwa zweihundert Meter unterhalb des Wassertrogs fanden wir beim Abstieg den Kampfplatz. Auf der freien Alm war ein kleiner Boden, der ganz zerrissen war von den weitgespreizten Ausrissen der im Kampf sich hin und her schiebenden Hirsche. Daneben fand man lange schwarze Striche im Almgrund, wo die Augsprossen der ineinander verasteten Geweihe den Boden durchfurcht hatten. Es mußte ein erbittertes Aufeinanderprallen gewesen sein, denn hie und da war einer der Kämpfenden in die Knie gesunken und darauf meterweit fortgerutscht. Da und dort lagen Büschel von Schnitthaar, an der borkigen Rinde einer Fichte hing eine ganze Menge davon, da und dort lag ein wenig Schweiß. Drei solcher Plätze fand ich. Also war der Kampf mehrmals wieder aufgenommen worden. Zwei sehr ebenbürtige Helden hatten da auf Leben und Tod sich gemessen. Sonderbar sind die Wege des Schicksals! Weshalb mußtest du, armer Zehnender, der du Stärkster unter Starken warst, dich mit dem Heuraffler treffen, der als einziger im weiten Umkreis dir gewachsen war?

Von dem Tag an ward meine Begier nach dem Heuraffler, ihn und sein Geweih wenigstens einmal im vollen Licht zu schauen, geradezu quälend. Obwohl ich schon reichlich ausgepumpt war, verdoppelte ich meinen Birscheifer, so daß der alte Balthasar bedenklich den stark übersilberten Rotkopf wiegte, wenn ich nach der Frühbirsch noch einmal wegrannte oder den Mittagsschlaf schon um zwei Uhr abbrach, um zu irgendeiner Suhle, einem versteckten Wechsel, wie ich es mir gerade einbildete, zu eilen.

Aber drei Tage lang blieb der Heuraffler stumm. Der Schuß, der da in seiner Nähe gefallen war, hatte ihn und sein Kahlwild vergrämt. Ich setzte meine Birschen um seinen Einstand mit hohlen Wangen und müden Augen wie ein Schlafwandler fort. Keinen Schatten sah ich mehr von ihm, und auch der Obere war äußerst still und heiser geworden.

Die Brunft ging zu Ende, darüber blieb kein Zweifel, denn auch an allen anderen Plätzen ward es still. Geringe Hirsche taten groß, blökten noch am hellen Tag mitten auf der Alm, überall traf man schon Kahlwild ohne Hirsche an, und trieb irgendwo einer, so war es ein Mittelhirsch. Die Guten waren abgewandert oder ruhten hoch in den Latschenfeldern den warmen Tag über aus und kamen nur des Nachts zum »Nachschau'n«, wie Balthasar sich ausdrückte, auf die Alm. Da suchten sie ein wenig herum und waren vor Tagesgrauen meist schon wieder oben unter den Wänden, was sie mit einem heiseren, erleichterten Brummen zu erkennen gaben. Es erging ihnen wie einem meiner Bekannten, der mir, als er in reifere Jahre kam, einmal sagte: »Wenn ich einer Frau begegne und sie ist nicht hübsch, so fühle ich mich erleichtert.« Nur muß man bei den doch weniger differenzierten Hirschen statt hübsch brunftig sagen. Mein armer Freund wäre wohl selten zu einem Gefühl der Erleichterung gekommen, wenn man umgekehrt – aber wozu solche Witze! Mir war damals wenig humorvoll zumut. Die letzten Tage der Schußzeit, wenn die Brunft früh eingesetzt hat, also um diese Zeit zu Ende geht, haben stets in mir einen gelinden Katzenjammer gezeitigt. Man hat das Gefühl, in einem Ballsaal zu sitzen, nachdem alle Gäste schon, in Pelze gehüllt, davongefahren sind, und aus irgendeinem Winkel heraus zuzusehen, wie die Dienstboten das Büffet abräumen und, durch das Beispiel der Herrschaften angeregt, miteinander schäkern.

Just um die Zeit nahten die Versucher wieder, die mir schon einmal einen Besuch abgestattet hatten. Drei Männer mit Bergstock und Büchse, Rucksack und Wettermantel, Pfeife in der Joppentasche und lederumkapseltem Spektiv an der Seite. Der eine mittelgroß, schwarzschnauzbärtig, der andere untersetzt, grauvollbärtig, der dritte baumlang, bartlos, kurz geschoren und eisengrau von Haupthaar, Hans, Toni und Adolf mit Vornamen. Die beiden ersten jagdliche und forstliche Hüter der gegenüberliegenden Talseite, letzterer Jagdgehilfe im südwestlich anstoßenden Revierteil. Um die Mittagszeit, als wir vor der Hütte ziemlich schweigsam unsere Suppe löffelten, erschienen sie und stellten sich vor mich hin. Der erste verhieß mir mit Bestimmtheit zwei Zehner, die alle Tage – heute früh noch – fast am selben Platz mit ihrem Kahlwild eingezogen waren. Der zweite einen »scho sehr an guaten« Achter, mit ganz weiter Auslage, der gestern abend am breiten Lahner aufgetaucht war und dort »leicht zum derschiaß'n« wäre, der dritte einen ungeraden Vierzehnender, der »eigentli« keine Kronen hätte, sondern nur auf jeder Seite ein paar Gabeln, und der mit zwei Stück hoch oben in einem Latschenkessel die Brunft in beschaulicher Doppelehe beschlösse, auch »ganz leicht zum hab'n«.

Ich hörte erst gelassen zu, ward dann ein wenig unruhig und zuckte sichtlich zusammen bei der Kunde vom Vierzehnender mit den zwei paar Gabeln, den ich nämlich, und sogar als sehr respektabel, kannte.

Vierzehn Tage ein Ziel verfolgen, vierzehn Tage ohne irgendeinen greifbaren Erfolg – die Freude über das Kapitalgeweih des Zehners zählte ja hier nicht – und jetzt sah man dieses Ziel mit der Unaufhaltsamkeit und Sicherheit aller Naturvorgänge entgleiten. Und gerade da solche Kunden, die

Möglichkeit, in letzter Stunde aus dem Heuraffel-Wahn wie aus einem bösen Traum zu erwachen, einen versöhnlichen Schlußpunkt hinter diese zwei Wochen vergebener Mühen zu setzen, auf daß sie irgendwie fruchtbar würden. (Wie fruchtbar solch vergebene Mühen in Wirklichkeit sind, das erkennt man erst viel später.) Dazu kam die Erwägung, daß die Jagd doch schließlich ein Vergnügen sei, was allerdings nicht recht verfing, denn mir war sie zeitlebens mehr.

Auch Balthasar drängte, er meinte es gut mit mir. Ich schwankte, überlegte lange, aber schließlich sagte ich doch nein. Nein zu dem schwarzen Schnauzbart, nein zu dem grauen Vollbart und nein zu dem bartlosen Eisengrauen. Eine Stunde später verschwanden die Spitzen dreier Bergstöcke hinter einer Welle des Almbodens, und ich blieb schweren Herzens mit dem kopfschüttelnden Balthasar zurück.

Der Heuraffler aber schwieg, nur oben unter den Wänden ertönte ein paarmal faules Grohnen. Den Abend verbrachte ich am Wassertrog. Es war so trostlos still und tot, daß ich beschloß, am anderen Morgen abzusteigen, in die Stadt zu fahren und dort ein paar Tage ein tolles Leben zu führen. Aber in dieser Nacht fing der Heuraffler wieder an zu schreien. Er trieb die ganze Nacht ein Stück weit drinnen in der Dickung. Balthasar schlief längst, als ich noch hinter der Hütte stand und den tiefrauhen Tönen lauschte.

Alternde Hirsche schreien ganz anders beim Treiben als vollkräftige oder gar junge. Die Jungen plärren in gequälter Verliebtheit und geben allerhand unzusammenhängende Töne von sich, einmal bittend, einmal ungeduldig, einmal zornig und dann wieder beinahe flehend. Die Hirsche in der Vollkraft lieben solches Werben nicht. Ihr Schrei ist gewalttätig, bedrängend, voll des Willens, jeden Widerstand zu überrennen. Sie kennen die Lust, die ihnen trotz aller Geziertheit der Weiber am Ende doch gewährt wird, zu genau, um sie sich lange vorenthalten zu lassen. Und die Alten wissen recht gut, daß sie der flinken Jugend der von ihnen bevorzugten Schmaltiere – wie weise ist doch diese Teufelin Natur! – nicht mehr gewachsen wären, wenn sie vor ihrer Gewalttätigkeit flüchtete. Deshalb ist ihr Brunftlaut väterlich zärtlich und sonderbar gütig, etwas Einlullendes liegt in diesen tiefen, halblauten, oft sogar leisen Tönen; langsam und feierlich schreiten sie hinter dem unruhig ziehenden Stuck drein.

Die Weiber aber passen sich jeder Art ihrer Freier an, wissen bei jedem ihre Lust zu finden. Vor dem Jungen flüchten sie in toller Fahrt, führen ihn durch Widergänge oft in die Irre und genießen in langen Zügen die Vorlust der Minne, während der hoffnungsvolle Zehn- oder Achtender in ungeduldiger Hast hinter ihnen dreinstolpert. Daß es vor dem vollkräftigen Mann kein Entrinnen gibt, ist ihnen wohl bewußt. Sie flüchten, aber nur aus Angst vor der bedrängenden Kraft des Verfolgers und geben sich bald, in kurzer Lust genießend, überwältigt zu sein.

Und vor dem Alten flüchten sie nicht, um ihn nicht zu verlieren, sie ziehen in wohligbanger Unruh' vor ihm her und bleiben lange nicht stehen, um seine zärtliche, sonderbar lustverheißende Gefolgschaft länger zu genießen.

Und so mag es sich auch begeben, daß vor jungen Hirschen fast nur alte Tiere sind, vor den vollkräftigen meist wissende junge Mütter, obgleich sich ihr Rudel aus Stücken jeden Alters zusammensetzt, und daß bei den alten meist Schmaltiere, ab und zu aber auch ganz alte Gefährtinnen einstiger Jugend stehen.

Es gab eine Zeit, da mir das Werben der Jungen verächtlich erschien. Im Lauf der Jahre habe ich erkannt, daß in allem das gleiche kraftvolle Urgesetz waltet, in der leidvollen Verliebtheit der Jungen, in der wissenden Brutalität der Starken und in der geheimnisvoll bezaubernden Glut der Alten. Sieht man im grünen Juni die Stücke mit ihren gefleckten Kälbern ziehen, so vergißt man die Einzelheiten und wird der großen, versöhnenden Zusammenhänge gewahr. Ein Weiser, der das im Menschenleben immer könnte! – Ob er glücklich wäre…?

Oben im Heuraffel brummte der Hirsch, auf ihn hernieder schaute der weite Sternenhimmel. Er schrie, wie alte Hirsche schreien. Zu Anfang der Brunft hatte er noch ganz anders, viel kraftvoller geworben. Er war müde und der Jüngsten keiner mehr. Warum gönnte ich ihm nicht die paar Jahre Leben, die er noch erwarten durfte? Weshalb dies heiße Begehren, mit dem ich ihm nachstellte!? Beinahe bekam ich Mitleid, beinahe wollte ich ihm Frieden zusichern bis an sein Ende. Doch da fiel mir der Zehner ein: Wer in der Natur hat Mitleid?! Ich war Jäger, und daraus entsprang der natürliche Wille, zu erbeuten und zu besitzen. Einen finsteren Plan begann ich zu bauen. Mochte der Hirsch diese Nacht noch genießen. Morgen!

Die nächste Frühbirsch war seit dem Schnee- und Nebelmorgen am ersten Tag die einzige, die ich wieder verschlief. Ich trat zwar um fünf Uhr vor die Hütte und hörte nach langem Warten und Lauschen den Heuraffler tief drinnen in der Buchendickung ein paarmal trenzen; da wußte ich, daß alles vergebens wäre, und legte mich wieder aufs Ohr.

Heller Sonnenschein fiel in die Stube und weckte mich, als um zehn Uhr Balthasar von einer Birsch auf die Baumgartenalm zurückkehrte, woselbst er einen geringen Hirsch zur Erfüllung des Etats geschossen hatte. Einen recht guten hatte er beim Abstieg gesehen, ob ich nicht doch – heute abend? Ich schüttelte den Kopf. Beim Kaffee sprach ich ihm dann von meinem Plan.

»Balthasar, ich werde heute mit dem Ruf in den Heuraffel hineinbirschen.«

Erst schaute er mich an, als sei er überzeugt, daß die Anstrengungen der letzten Wochen meinem Verstand geschadet hätten. Dann, als er mich ganz normal lächeln sah, fing er an, mir diesen Wahn auszureden. Erst tat er so, als wäre das nicht mein Ernst, dann kam er aber in einen Eifer, der manchmal die zwischen uns bestehenden Grenzen streifte: »Unsinn – alles Wild austeufeln – Platz auf Jahre verderben – Eland ruinieren – Dummheit – koa Jagerei nimmer – größter Unsinn, den S' überhaupt machen könna …«

Ich hörte schweigend und ungerührt zu. Als gar nichts half, rief er schließlich aus, so laut, daß es mir bei der Nähe des Brunftplatzes unverantwortlich erschien: »Euer Herr Großpapa, der Exlenz, der hätt Euch an andern Krach g'macht, der hätt sowas nie zug'lassen!«

Damit stand der Getreue auf, räumte klappernd die Tassen vom Tisch und verschwand in der Hütte.

Dies Wort hatte gewirkt. Der ganze Plan erschien mir nicht mehr durchführbar. – Einen Krach hätte mir der Großvater, der stets seine vornehme Ruhe bewahrte, gewiß nicht gemacht, aber er hätte mit guten Gründen mich abzuhalten gesucht. Das Zerreißen eines durch viele Jahrzehnte gewobenen Vorhangs wäre nicht nach seinem Sinn gewesen. Seine Worte fielen mir ein, die er damals hier am selben Tisch, vor dem ich jetzt saß, gesprochen: »Die Heuraffler sind der größte Reichtum dieser schönen Elandalm, weil sie ihr Geheimnis sind, das Verborgene, Unerreichte …« Wie recht hatte er doch! Aber andererseits bleibt ein solches Geheimnis nur größter Reichtum, solange man es zu enthüllen begehrt. Das schwarze, weitausladende Zwölfergeweih in des Großvaters Zimmer tauchte vor mir auf. Er hatte auch nicht geruht, bis sein Heuraffler vor ihm lag. Und gleichzeitig blitzte eine Erkenntnis in mir auf: »Im Heuraffel« stand auf der gegilbten breiten Hirnschale jenes Zwölfers. »Im« Heuraffel! Wo hatte ich nur meine Gedanken gehabt all die Jahre her!? Der Großvater war also auch hineingebirscht vor dreißig Jahren, und das war's, wovor er mich bewahren wollte, als er mir die Geschichte seines Heurafflers so hartnäckig verschwieg.

»Ich kann dich, der du mir in vielem so ähnlich bist, nicht davor schützen, einmal auf eigene Faust die Erfahrung zu machen, die ich gemacht habe. Das Leben würde sehr langweilig werden, könnte man das. Aber dir den Weg weisen, den ich vor dreißig Jahren schon einmal gegangen bin und den ich – für mich – als falsch erkannte, das will ich auch wieder nicht …«

Hatte er bereut, daß er eingedrungen war in das geheime Reich des steinernen Riesen? Ach was, welcher Jäger wird ein Tun bereuen, das ihm solch ein Geweih beschert!? – Und doch, und doch, wenn der Großvater etwas verschwieg, dann hatte er seine Gründe. »Laß den Frieden des Heuraffels unentweiht!« riet mir eine Stimme. – Aber wieder zu Tal steigen, ohne den alten Hirsch auch nur richtig gesehen zu haben, abziehen, ohne das letzte und sicherste Mittel versucht zu haben …?

Just um diese Zeit mochte es Mittag sein, denn unter den Wänden trenzte der obere Heuraffler, und wenige Sekunden später brummte der untere zurück. Da stand ich auf und trat leise in die Hütte. Aus Balthasars Kammer tönte gedämpftes regelmäßiges Schnarchen, Fliegen brummten an den Fenstern, und mit dumpfem Rutenklopfen grüßte mich der Schweißhund, der hinter der Schwelle in der Sonne geschlafen hatte.

Ich leinte den Hund an und band ihn am Tischbein fest, auf daß er mir nicht folgen könne, dann langte ich mir den Repetierer von der Wand, schob die Muschel in die Tasche und schlich wie ein Dieb hinaus. Lautlos ging ich über die Almfläche, die im vollen Mittagssonnenlicht lag. An keinen Stein stieß ich an und tauchte bald in das herbstlich kühle Dämmern der Randfichten.

Hier muß ich nochmals unterbrechen und mich an diejenigen unter den Lesern wenden, die sich darüber wundern, daß ich auf den nicht allzu fern liegenden Gedanken einer Birsch mit dem Ruf mitten in die so viel besprochene Dickung hinein nicht schon früher gekommen war. Durch verschiedene Bücher und Artikel und ungezählte Jagdberichte aus den Karpaten ist der Hirschruf und mit ihm die Rufbirsch seit ein paar Jahrzehnten in Mode gekommen. Dem Anfänger muß diese Art der Brunftjagd besonders kurzweilig und geweiheinträglich erscheinen. Das kommt der Horn, Rohr und Muschel fabrizierenden Industrie zustatten, deren Absatz sich durch solches Schrifttum sicherlich sehr gehoben hat.

Was es für fabelhafte Jäger gibt!: »Da staunt der Lai', Der Fachmann stutzt ...«

Aber, so sehr sie ihre eigene Kunst betonen und bewundern, bahnbrechende Entdecker – wie sie vielfach glauben – sind sie nicht. Schon in alten Zeiten hat man die Rufjagd auf den Brunfthirsch gekannt und in gerechten Grenzen ausgeübt, nur ist es in diesen guten Zeiten Jägersitte und ehrwürdiger Brauch der Altmeister gewesen, seltene Erfahrungen, Künste und Schliche ängstlich zu hüten, sie wie ein Meistergeheimnis mit ins Grab zu nehmen und nur ganz wenigen Erkorenen in feierlicher Stunde davon zu sprechen. Wild und Waidwerk sind dabei gut gefahren. Den meisten Jägern unserer Gegenwart und gerade denen, die starke Trophäen erbeuten, fehlt die Verbundenheit zu einer Landschaft und das einfachste Wissen um das Wild. Sie kaufen sich die Früchte fremder Hege. Sie wissen nicht, wie ruhebedürftig unser von Berg- und Skifahrern in ein paar abseits liegende Einstände verdrängtes Waldgetier geworden ist. Sie haben bezahlt, die Gegenleistung wird wenn möglich nach Nadlerpunkten gewertet. Auch auf dem Gebiet der Jagd sind sie für den schnellen Erfolg. Sie wollen schneidige Reitergenerale sein, richtige »Kämpfer«, die den Hirsch attackieren und »Sieg, hurra, hurra« schreien, wenn sie das Heldenstückchen vollbracht haben, ihn totzuschießen. Solche ganze Kerle, solche kraftvolle Angriffsnaturen höre ich befremdet fragen:

»Ja, warum hat er nicht längst an die Rufbirsch gedacht!?«

Nun, daß man einen Hirsch mit dem Ruf sich erwaidwerken kann, das wußte ich schon, bevor diese jagdlichen Aufklärungsschriften erschienen und der Typ des forschen Draufgängers in der Jagdliteratur sich durchgesetzt hatte. Ich habe eine ganze Anzahl Hirsche auf diese Weise erlegt, nur wußte ich auch, daß der Ruf, zur Unzeit angewendet, mehr vergrämt als nützt, daß man ihn gleich dem Blatt, gleich der Hasenquäke nur dann anwenden darf, wenn er nach jägerischem Ermessen sicheren Erfolg verspricht, zum mindesten nichts verderben kann. Wer die Scheu des Kahlwildes kennt und weiß, wie leicht es in der Brunft zu vergrämen ist, wie schädlich allem Wild in der Paarungszeit jede Beunruhigung ist, und wer seine schneidigen Wünsche hinter solche Erwägungen zurückzustellen den waidmännischen Anstand hat, der wird vor einem Jäger, der ihm erzählt, daß er die Hirsche beim Rudel durch dick und dünn ohne Bedenken angeht, wenig Hochachtung haben. Es mag dies in der so gut wie unzugänglichen Wildnis der Karpaten angehen oder in Flachlandrevieren, in denen das Rotwild täglich dem Menschen und seiner Fährte begegnet. In unseren Bergen würde es die Weihe der Brunft zerstören. Die Ruhe, die zu erhalten strenge Waidmannspflicht ist, wäre dahin, und von gerechtem Jagen dürfte man nimmer reden, wenn man mit Büchse und Ruf Dickung um Dickung leertreten wollte, sei es mit oder ohne Erfolg.

Mochten große Herren (in freilich sehr viel glücklicheren Zeiten) mit Leibjäger und »Leibtrompeter« auf diese Weise die Anzahl Geweihe erbeuten, die sie ihrem Klub schuldig waren. Mir ist mein Revier und sein Wild immer zu lieb gewesen, als daß ich es mit solchen Birschen hätte traktieren mögen. Und deshalb, Ihr Herren, war mir der Gedanke an ein Eindringen in den Heuraffel, für dessen Unzugänglichkeit und Frieden ich täglich dem Himmel dankte, bis dato noch nicht in den Sinn gekommen. Und wenn ich es nun am Ende der Brunft nach fast drei Wochen vergeblichen Mühens mit schlechtem Gewissen tat, so war das etwas anderes, als wenn ich täglich solche Züge unternommen hätte.

Gut also, ich stand unter den Randfichten, die wie die düstere Wächtergarde einer verzauberten Burg auf mich herniedersahen. Durch die silbergrauen Stämme zog die kühle moderwürzige Herbstluft und wiegte die fahlen Flechten, die an den Ästen hingen. Zwischen den schwarzgrünen Wipfeln und Wedeln lugte der weißlichblaue Oktoberhimmel herunter, und feierlich war es und mittagsstill.

Die Rauchwolken aus der Pfeife wehten mir ins Gesicht, der Wind war gut hier am schattseitigen Hang der Mulde. Ich konnte es angehen.

Erst über zahmen Almboden, der allmählich zu einer tollen Stein- und Ästewildnis wurde, stieg ich langsam und fast lautlos aufwärts. Immer dichter ward die Fichtenwehr, immer düsterer der Wald, und immer tiefer und schroffer wurden die Rinnen und Spalten, über die mein Weg führte. Einen grauweiß gescheckten Berghasen trat ich heraus, der, kaum geschaut, zwischen den Felsblöcken wieder verschwunden war.

Endlich kreuzte ich einen viel betretenen Wechsel, auf dem ich mit weniger Mühe weiterbirschen konnte. Ich blieb stehen, trocknete mir den Schweiß von der Stirn und holte den Ruf heraus. Beinah scheu setzte ich ihn an und holte tief Atem, dann tat ich den langgezogenen begehrlichen Schrei des suchenden Hirsches. Es blieb still, ein, zwei, drei, vier Sekunden, eine halbe Minute, zwei Minuten – da rief ich nochmals. Und jetzt ward mir Antwort, kurz und verschlafen, aber von ganz oben unter den Wänden her. Das war der Obere, war nicht mein Heuraffler. Ich birschte weiter; da schimmerte es rötlich durch die Fichtenstämme. Der Hochwald hörte allmählich auf, und die Buchenjugend begann. Sie war weit über mannshoch, vielfach vom Schneedruck gebogen und beinahe undurchdringlich. Der Wechsel, auf dem ich ging, ließ sich aber halten. Ich nahm überall bittersüße Brunftwittrung wahr, einmal fand ich auch die ganz frische Fährte meines Heurafflers in dem feuchten, schwarzen Boden. Jetzt griff ich wieder zum Ruf und reizte. Da gab mir's einen elektrischen Schlag. Ganz nahe, nur etwa hundert Gänge von mir, brummte ein Hirsch abgrundtief und böse. Der Heuraffler! Das Herz begann mir in der Kehle zu schlagen. Eine Weile war ich erstarrt, dann birschte ich mit dreifach angespannten Muskeln und Sinnen auf dem Wechsel weiter. Oft mußte ich mich gewaltsam durch die Büsche zwängen, ein paarmal glitt ich aus und fing mich noch im letzten Augenblick, zum Ruf aber wagte ich nicht mehr zu greifen. Wenn der alte Hirsch sein Rudel aufwärts in die Latschen trieb, um es vor dem Eindringling in Sicherheit zu bringen, dann war alles verloren.

Der Wechsel führte geradewegs in die Richtung, aus der der Hirsch gemeldet hatte. Der zerrissene Felsgrat im Süden, des Heuraffel-Riesen rechtes Knie, warf in diesen Teil des Hanges seine Schatten. Wo Schatten ist, zieht im Gebirg der Wind talwärts. Auch der Hirsch mußte der Nähe seines Röhrens nach noch im Schatten stehen. Der Wind zog von dort herab mir ins Gesicht. Einstweilen konnte nichts fehlen.

Etwa zehn Minuten war ich so vorwärtsgebirscht, da wurde die Dickung lückig, und auf einmal befand ich mich in einem eigenartig lichten Hain alter Ahorne und Buchen, deren gelb und rot lohende Kronen sich über wild getürmten Felsblöcken schlossen. Eine Steinlahn war hier vor vielen Jahrzehnten herniedergepoltert und hatte nur wenige Bäumchen verschont, die jetzt in zähem Wachstum zu breitkronigen, kurzschäftigen Bäumen geworden waren. Starker Brunftgeruch schlug mir entgegen, und kaum war ich hinter dem letzten Buchenbusch hervorgetreten, als ich auch schon ins Knie sank: Einen Schrotschuß rechts von mir war ein Kalb niedergetan und äugte mich an. Es beruhigte sich nach einer Weile wieder und wandte seine Aufmerksamkeit einem Zaunkönig zu, der knapp vor seinem Windfang in den Himbeerstauden herumwippte. Jetzt sah ich auf etwa vierzig Schritt vor mir ein Stuck an Beersträuchern äsen, daneben die Schlegel eines anderen, und ein wenig links davon saßen zwei weitere Stücke. Von einem sah man das schmale Haupt und die Keulen, vom anderen, zwischen zwei Stämmen hindurch, den starken Rumpf. Ich kroch zum Stamm einer Buche vor, legte die schußbereite Büchse neben mich auf den Boden und hob das Glas. Deutlich sah ich, wie das ruhende Schmaltier den Unterkiefer wiederkäuend hin und her schob, die Lauscher wehrten unermüdlich den Fliegen. Auch das zweite Niedergetane war ein Stuck. Da ließ mich eine Bewegung oberhalb von ihm das Glas dorthin richten. Erst konnte ich ein paar Sekunden nichts Auffälliges erkennen, dann aber erschrak ich, – da ragte eine breite schwarze Stange hinter einem Felsblock hervor! Eine weite Gabel, ein gewaltiger Mittelsproß, mehr war nicht zu sehen, aber das genügte auch. Mir tanzte das Glas vor den Augen. Plötzlich wurde zu meiner Rechten das Kalb hoch und mahnte leise, dann flüchtete es auf die beiden ruhenden Stücke zu. Hastig griff ich nach dem Ruf und tat einen kurzen zornigen Schrei. Wie von starken Sprungfedern emporgeschnellt, mit etwas schwerfälliger, aber jäher Bewegung wurde hinter dem Felsblock der Hirsch hoch. Den Hals weit vorgestreckt, stand er da, und über seinem Haupt wuchtete in sonnbeglänzter Schwärze und beinah flacher Auslage, das Geweih. Unter hellen Augenbogen hervor äugten seine dunklen Lichter drohend auf mich herunter, der ich mit zitternden Händen die Büchse hob. In der nächsten Sekunde krachte der Schuß. Wie ein gieriger Schrei gellte er in die Mittagsstille hinein, und nach kurzer Stille war es, als habe er in dieser abgeschlossenen Welt eine furchtbare Empörung entfesselt. Rote Wildkörper spritzten wirr durcheinander, Geröll, Steine, ganze Felsbrocken prasselten und knallten und polterten hernieder, Äste krachten, Laub rauschte, Schrecklaut und Gamspfiff ertönten, und der Lärm, der Aufruhr ob solch frevlen Bruchs des Friedens wollte kein Ende nehmen. Ein faustgroßer Stein schwirrte durch die Luft heran und sauste nahe an meinem Kopf vorbei, und immer wieder fuhren unter flüchtigen Schalen Schuttlawinen rasselnd von den Wänden. Dann ward es stiller, einzelne Steinschläge nur noch, rieselndes Geröll, und ganz langsam, ganz allmählich verebbte der Zorn des steinernen Riesen, bis er wieder in stummer, himmelsnaher Majestät über mir thronte. Ein paar Blätter schwebten mit sachtem Geräusch aus den Ahornkronen zur Erde, und immer noch schwirrte und zirpte der Zaunkönig zwischen den Felsblöcken umher.

Zehn Schritt vom Anschuß lag verendet der Heuraffler. Ein schmaler hellroter Rand säumte seinen geschlossenen Äser. Auf dem uralten Haupt lag ein Ausdruck grämlicher Verachtung.

Als ich ihn liegen sah, stieg mir ein Würgen in die Kehle, und trotz allen Wehrens wurden mir die Augen immer und immer wieder naß. Ich saß lange vor dem Hirsch, wagte nicht, ihn anzurühren, schaute nur auf die dunklen Lichter, die meiner nicht achteten und ins Nichts zu starren schienen. Aus der Todeswunde am Stich tropfte es unablässig rot aufs weiße Gestein hernieder, und einmal schwebte ein goldenes Ahornblatt auf den mächtigen Rumpf des Gefällten herab und ruhte darauf wie ein erloschener Stern.

Wie viele Jahre mochte er hier als Herrscher gekämpft und gezeugt haben, der jetzt dalag, verlassen von seinen Weibern, verlassen vom alten Bruder oben unter den Wänden, verlassen von der heißen roten Welle, die ihm Leben, Kraft und Willen verlieh. Ausgehaucht war ein starkes Leben, verrauscht mit dem Hall des Schusses und dem Poltern der Steine alles, was er gewesen in Kampf und Sieg und Minne, auf immer hinübergeströmt ins allumspannende Nichts.

Und diese Hand und dieser blanke Lauf haben es diesmal vollbracht. –

Möchte doch noch sein tiefes Brummen aus den Buchen ertönen, möchte es wieder die Begier des Menschen erregen unten in der kleinen Hütte. Möchte der tote König doch wieder sich erheben und feierlich dahinschreiten unter Wipfeln und Kronen im Schatten des Heuraffel-Riesen.

Er war mir ein gefürchteter, rätselhafter Feind, etwas Geheimnisvolles, Unerreichtes gewesen, und jetzt war er – ein verendeter Hirsch von kapitalen acht Enden, aber auch nicht mehr.

Ich dachte an den Großvater: »Ärmer bin ich geworden, wie man's so oft wird durch Erfüllung.«

Und in der Stunde gelobte ich mir, nie wieder einzudringen in das geheiligte Reich des Heuraffels, nie mehr in die Tiefen seiner wildzerklüfteten Heimat eines Heurafflers Fährte zu folgen, es sei denn, daß in ihr die roten Blumen des Todes blühten. Erst spät erhob ich mich, am Gefällten letzte Jägerpflicht zu erfüllen. Ein breiter roter Strom netzte die Felsen, und das zerfetzte Herz des Alten nahm ich in beide Hände, hob es wie opfernd empor gegen des Heuraffel-Riesen steinernes Antlitz und barg es dann zwischen einigen Kalkblöcken zu Füßen einer alten Buche.

Ich trat den Heimweg an, hatte alle Mühe, aus der Wirrnis herauszufinden, und fiel dem alten Balthasar mit meiner Siegesnachricht um den Hals. Der hatte keine Bedenken ob enthüllter Geheimnisse und zerstörter Mythen. Sein Grimm über Revierbeunruhigung und Traditionsbruch schmolz vor der gesunden starken Freude des Jägers, dessen Beutetrieb noch unter keinerlei schwächlichen Bedenken leidet.

Eine dunkle Ahnung hatte ihn aus dem Schlaf geweckt, er war aufgestanden und hatte mich und meinen Stutzen vermißt. Da war er hinter die Hütte gegangen, um zu beobachten. Mein Rufen hatte er nicht mehr gehört, aber sehr bald den Schuß. Und dann war eine Menge Kahlwild über die große Plaike gen Baumgarten hinübergeflüchtet, Gams waren in langen Ketten auf den Grasbändern gestanden und oben über den Felsenwechsel drei Stück mit einem Hirsch ausgestiegen, ein Eissprossenachter sei's gewesen, ein Prügelhirsch mit hohen enggestellten Stangen. Das mochte der obere Heuraffler gewesen sein.

Nachdem wir verspätet gegessen hatten, saßen wir noch lange vor der Hütte, rauchten unsere Pfeifen, und der Balthasar erzählte Geschichten vom Heuraffler, die zum Teil über ein Jahrzehnt zurückgriffen. Der Heuraffler ward wieder lebendig, seine dunkle Stimme tönte durch frostklare Nächte, grollte durch dichten Nebel, trenzte rauh durch rauschenden Regen oder brummte faul durch den Glast sonniger Herbsttage. Er ward wieder unantastbar verhaßter Nebenbuhler, gefürchteter Herr und Gebieter, verjagte Feinde, erjagte sich Bräute und spottete der wilden Wünsche, die ihn aus so manchem Herzen heißblütiger Waidgenossen umwarben.

Der Balthasar erzählte von den Flüchen, die der eine oder andere Jünger Huberti nach den Heurafflern ausgesandt hatte. Zuletzt führte er nur noch Gäste auf sie, die ihren Hirsch schon geschossen hatten oder die »recht unguate Gavalier« waren. An ihnen rächte er sich durch Fehlbirschen auf die Heuraffel-Hirsche.

Nur einer hatte nie die Ruhe verloren, mochte noch so viel Birscharbeit vergeblich sein – der Großvater. »Mir ist es so ganz recht«, pflegte er zu sagen, »im Birschen liegen mehr Waidmannsfreuden als im Erlegen!«

Wir mutmaßten über das Alter des Hirsches. Ich schätzte ihn, soweit dies bei seinem zweifellos hohen Alter überhaupt möglich war, auf etwa siebzehn Jahre. Balthasar wollte fast schwören, daß er über zwanzig sei. Das Geweih war bei aller Wucht und Güte das eines zurücksetzenden Hirsches. Die ganz regelmäßigen Enden waren stark, lang und gewaltig nach aufwärts gebogen, die Stangen beinahe handbreit, schwarz und nur wenig gerauht. Sie strebten von den Stirnzapfen weg fast flach auseinander und maßen an die achtzig Zentimeter. Wie stolz mochte vor etwa fünf Jahren dieser Hirsch einhergezogen sein, als er noch Kronen und Eissprossen trug! Zuviel der Lust wäre damals seine Erlegung für einen sterblichen Waidmann gewesen.

Im Geweihgewicht schlug er immer noch sowohl den Vierzehnender als auch den Zehner, diesen letzteren freilich nur um das knappe Achtel eines Kilos. Über dem linken Licht, am Hals und auf beiden Blättern fand ich später noch mehrere schwach vernarbte Wunden, die sicher von dem Kampf mit dem Zehner herrührten. Mächtig war auch der Brunftfleck, er reichte bis unter den Stich.

Es unterlag für mich keinem Zweifel, daß dieser Hirsch ein Enkel von Großvaters Zwölfer war, und als ich später die Geweihe nebeneinander hing, sah ich, daß ich mich nicht getäuscht hatte. Man konnte beinah glauben, Abwürfe ein und desselben Hirsches vor sich zu haben, nur war die Auslage meines Achters wesentlich weiter als die des Zwölfers, der Zwölfer dagegen war im ganzen ein wenig stärker.

Manches Häuflein Asche klopften wir aus unseren Pfeifen, manche Bierflasche ward aus dem Keller geholt und mit genießenden, langsamen Zügen geleert, während aus den Tälern die Kuhglocken heraufklangen und über den Almgrund die Jungfernfaden in der Sonne aufblitzend dahinzogen. Aber weit und breit schrie heute kein Hirsch, und die Buchendickung des Heuraffels lag in kühlem Schweigen. Sie gemahnte an den Krater eines erloschenen Vulkans.

Und nun muß ich noch etwas erzählen. Am nächsten Tag, es war der letzte der Schußzeit, ging ich zur Weißenberghütte hinüber, um mich dort mit dem Adolf zu treffen und – wie unersättlich ist doch so ein Jägerherz! – seinem Vierzehnender mit der doppelgabeligen Krone die letzte Abschiedsbirsch zu widmen.

Als ich am Vormittag so gegen zehn Uhr wohl ausgeschlafen und ohne Eile durch die weithin gedehnten Althölzer der Schoßbachhänge zum Weißenberg hinüberbummelte, rumpelte plötzlich fünfzig Schritte vor mir ein Stuck auf, das mitten am Steig gesessen hatte. Es verhoffte eine Zeitlang, ohne meiner richtig gewahr zu werden, und flüchtete dann, mir die Breitseite zeigend, langsam und unschlüssig durch die lichtstehenden Altfichten bergan. In der Brunft kann man nie wissen, was nachkommt. Deshalb nahm ich den Repetierer von der Schulter und wollte eben zum Ruf greifen, da sah ich zwei weitere Stücke hoch werden, die, dem ersten folgend, den Steig aufwärts überfielen, und – Höll' und Teufel – da schob sich auch der kapitale Rumpf eines Hirsches durch die Stämme! Mitten in einem Sonnenfleck verhoffte er; ich erkannte sogleich ohne Glas ein enges, sehr hohes Geweih und schoß auf knapp sechzig Gänge dem erschreckend starken

Hirsch hoch durch beide Blätter, so daß er auf der Stelle zusammenbrach. Mit ein paar Sätzen stand ich bei ihm.

Da lag nun ein Eissprossenachter mit schwer geperlten langendigen, riesenhohen Stangen, die ich unterhalb der Mittelsprossen mit einer Hand nicht zu umspannen vermochte. Ich glaubte mich von einem Traum umfangen, aus dem ich jede Sekunde zu erwachen fürchtete. Aber da schreckte oben im Wald rauh und feindselig ein Stück, jetzt nochmals und abermals. Steine rieselten, kamen klappernd auf den Steig heruntergekugelt und bewiesen mir, daß alles Wirklichkeit war.

Ich sah sofort, daß der Hirsch sehr alt war. Über dem langen, böse nach abwärts gebogenen Haupt lag dichter Silberreif, die Grandeln waren beide ausgefallen, und die mächtigen, in runder Biegung steil aufstrebenden Augsprossen schienen direkt aus der breiten Hirnschale zu wachsen. Und jetzt fiel mir der Hirsch ein, den der Balthasar gestern über den Felsenwechsel hatte aus dem Heuraffel steigen sehen: »ein Eissprossenachter mit enggestellten hohen Stangen …« Nun erkannte ich auch die Ähnlichkeit mit dem kapitalen Sechser, der in Adolfs guter Stube hing, und die Verwandtschaft mit dem Erbprinzen, meinem Vierzehnender. Der da vor mir lag, darüber bestand kein Zweifel, war der obere Heuraffler!

Merkwürdig, jetzt war plötzlich meine Freude verflogen. Ein unklares Gefühl von Enttäuschung überkam mich. Im Zeitraum eines Tages zwei Hirsche erlegt, denen durch mehr als ein Jahrzehnt Mühen und ungezählte Birschen so manchen Jägers gegolten! Und war das Ende des ersten immerhin noch Ergebnis eines wohldurchdachten, einwandfrei durchgeführten Planes gewesen, dem er, war er kein überirdisch schlaues Wesen, erliegen mußte, so war das des zweiten für mich ein Geschenk des Zufalls, für ihn aber, der sich am hellen Tag und im lichten Hochholz hatte überraschen lassen, wenig rühmlich.

Die Seele des Menschen ist ein sonderbares Gebilde. Wie ein Saal ist sie, in dessen Wände hundert Spiegel eingelassen sind. Wer einen solchen Saal durchschreitet, der spiegelt sich hundertmal, und sein Bild wird aberhundertmal gebrochen, eh' er ihn wieder verläßt. So brechen sich auch die vom Erlebnis hervorgerufenen Empfindungen aberhundertmal, wenn sie durch unsere Seele ziehen. Wäre es sonst möglich, daß unsere Gefühle oft so unberechenbar, so unbegreiflich, so scheinbar entgegengesetzt dem Anlaß, der sie hervorrief, in unser Bewußtsein treten?

Ich fühlte erst jetzt, was die Erfüllung meines Heurafflertraums mir zerstört hatte, sah die unüberbrückbare Kluft zwischen gestern, da ich des Mittags noch den Stimmen der beiden alten Hirsche gelauscht, und heute, da auch der zweite verendet vor mir lag. Wie reich war das Gestern, wie arm war das Heute! Und dafür die hundert Mühen, Enttäuschungen und Opfer! Ich war, ohne daß ich genau den Grund hätte nennen können, verstimmt, war unzufrieden, und es fehlte nicht viel, daß ich undankbar schmähte und fruchtlos bereute.

Da traf mich das grünschillernde Licht des Hirsches und sah mich drohend an, als wollte der Verendete sagen: »Was mordest du, was zerstörst du Leben, elender Sohn der Menschen, wenn du nicht einmal vermagst, dein Raubtierherz daran aufzurichten? Du wagst, uns zu schmähen, weil wir nicht das waren, was deine traumumnebelte Seele aus uns gemacht hat, Hirsche, die keine Hirsche sind, Geschöpfe, wie die Natur sie nicht schafft! Bleib in den Tälern, erzähle deinen Brüdern schöne Märchen und laß uns in Frieden unsere Wechsel ziehen. Denn wenn du uns zum Spielball deiner Hirngespinste erniedrigst, uns nicht achtest als das, was wir sind, dann bist du nicht wert, das Opfer zu feiern und deine Hände in unserem Schweiß zu röten!«

Es war eine harte Lehre, die mir aus dem todesstarren Blick des gefällten Hirsches ward, ein Schritt weiter auf der Stufenleiter der Erkenntnis, auf der es kein Zurück gibt. Ich brach feierlich zwei Brüche von den Fichten und steckte einen dem Verendeten in den Äser, den anderen zog ich durch die lichtrote Schweißflocke, die aus seiner Todeswunde wie eine sonderbare Blüte aufgegangen war. Dann zierte ich damit meinen Hut.

Drei Jahre lang war der Heuraffel verwaist. Unwürdige Halbhirsche trieben darin zeitweise ihr überlautes Wesen. Erst im vierten Jahr brummte wieder einer aus dem alten Stamm abgrundtief im lohenden Buchenhang. Ein Jahr später gesellte sich ein zweiter hinzu, der ganz oben unter den Wänden seinen Einstand nahm. Wenn es Mittag wurde, brummte er kurz und rauh, wenige Sekunden später bekam er aus dem Buchenhang langgezogene tiefe Antwort.

Ich lauschte den Heurafflern und freute mich ihrer Jahr für Jahr. Oft, wenn ich die unverkennbaren Stimmen vernahm, grüßte ich mit dem Hut hinauf, wie man alte Freunde grüßt, und manche Birsch habe ich ihnen noch geopfert, aber das Geheimnis, das Verborgene, Unerreichte, sind sie mir nimmer geworden. Ich trug diesen Verlust wehmütigen Herzens, doch ohne Klage. Es liegt zutiefst im Menschen, zuvörderst im Wesen des Mannes, zu begehren, durch Erfüllung Träume zu zerstören und schließlich Erkenntnis zu gewinnen, die herbe Frucht. Träumen aber verhält sich zum Erkennen wie der Frühling zum Herbst. Im einen liegt die überschwengliche, holdblühende Pracht des Werdens, im anderen die glutvolle, königliche Schöne des Niedergangs.

Der Rucksack

Wenn einer erzählt, er habe sich seinen Bartgams sauer verdient, so kann das schon stimmen. Aber es ist in den seltensten Fällen der Gamsbock selbst, der es schwer macht, ihn zu erbeuten, sondern es ist das hohe Gebirge, in dem er steht, es ist der Schnee, der zur Zeit der Gamsbrunft oft schon knietief auf den Bergen liegt, es ist der ziemlich kurze Tag knapp vor der Wintersonnenwende zu Ende des Monats November. Das Gams ist nicht schwer zu erjagen, und wenn die Kunst, die dazu gehört, irgendein schönes Geschöpf des Waldes mit Pulver und Blei aus dem Leben zu befördern, von den meisten Jüngern Huberti schon mit großer Selbstüberhebung gepriesen wird, so steigert sich dies, wenn's um den Gamsbock geht, fast immer ins Unerträgliche. Das Gams ist arglos. Nur alte, oft gefehlte und vergrämte Böcke und ganz alte, sehr erfahrene Leitgeißen machen eine Ausnahme. Und zudem ist das Gamswild ein Wild des Tages. Es macht's dem Jäger allein schon dadurch leicht, es zu bejagen, daß es sich fast immer, wenn auch aus beträchtlicher Entfernung, sehen und anschauen läßt. Man hat Zeit, sich seinen Feldzugsplan genau zu überlegen, sich einen Weg auszuspekulieren, der mit richtigem Wind und in guter Deckung an das Rudel oder an den allein stehenden Bock führt. Und wenn man das alles nur halbwegs bedachtsam anpackt, dann gelingt es auch meistens, zu Schuß zu kommen. Manchmal schlägt der Wind um. Bei schönem Wetter im Gebirg ist dies aber sehr selten. Manchmal treten andere Gams dazwischen, oder man geht Rotwild an, oder es passiert irgendein sonstiges Malheurchen. Aber dann ist's eben auch nicht der Bock, auf den man's abgesehen hat, der sich durch Schlauheit und Heimlichkeit der Nachstellung entzieht, sondern ein glücklicher Zufall hat ihn wieder einmal gerettet. Manchmal, sehr selten freilich, ist gar nicht an ihn heranzukommen, weil er auf deckungsloser Fläche steht. Dann wird ein vernünftiger Jäger sich die verlorene Mühe und dem Gamswild die unnütze Beunruhigung sparen. Manchmal wird's ein etwas weiter Schuß. Dann bleibt der gefehlte Bock in neunzig von hundert Fällen nach den ersten Fluchten verhoffend wieder stehn und läßt sich noch einmal vorbeischießen.

Das ist das Gams, und so ist's um die große Kunst und das erhöhte jägerische Können bestellt, welches dazu gehört, er zu erbeuten! Andere haben das vor mir schon gesagt, und ich sage es wieder, obwohl es eigentlich unnütz ist, diesen schön geflochtenen Kranz der Unwahrheiten zu zerstören, der um den schwarzen Teufelsbock des hohen Felsgebirgs von Lied und Sage und von Jägern geflochten worden ist, die aus Begeisterung, aus Großsprecherei, aus Schalkhaftigkeit oder aus sonstigen Gründen es für nötig fanden, zu lügen.

Bei mir hat's mit der Gamsjägerei eine besondere Bewandtnis. Den Gamsbock selbst begehre ich gar nicht so sehr. Ich hab ihn und seh' ihn zu gern. Er ist ein liebes, argloses Wild, und man sollte ihn, der niemandem schadet, eigentlich in Ruhe lassen, sollte ihm das harte Leben in seinen wunderbaren Einständen bis zum Schneetod vergönnen. Es ist also weniger die Beute, um die es mich im November bergwärts zieht. Aber das Gamsjagen an sich hat einen zu großen, zu besonderen Zauber, als daß ich darauf Verzicht leisten möchte.

In neuester Zeit hat man übrigens entdeckt, daß auch das Gams entartet ist, und manche Revierinhaber sind über diese Entdeckung sehr erfreut, weil sie nun auch dem Gams gegenüber sich zur »Hege mit der Büchse« verpflichtet und berechtigt halten. Was ein bißchen eng, was nicht ganz so scharf gehakelt, was ein wenig dünn ist an einer Krucke, das verpflichtet den treusorgenden Waidmann zu schleuniger Ausmerzung ihres Trägers. Und selbst die Trägerin einer entartungsverdächtigen Krucke darf nicht geschont werden. Der Bock, der eine Geißkrucke hat, ist entartet, die Geiß, die keine Bockkrucken hat, ist auch entartet, und so eine echte und rechte Geißkrucke, wie es solche schon nachweislich vor Jahrhunderten gegeben hat, die darf es eigentlich überhaupt nicht geben. So hat es die Jagdkunde beschlossen. Geben dürfte es von Rechts wegen nur noch Kapitalböcke und bockkapitale Geißen. Wenn wir's einmal so weit gebracht haben, durch scharfen, zielbewußten Abschuß, dann wollen wir ganz zu schießen aufhören und uns nur noch an den Produkten freuen, die in freilich ziemlich mittelbarer Weise aus unseren Abschüssen hervorgegangen sind. Bis dahin aber dürfen wir nicht nur, wir müssen schießen! Das ist Hege mit der Büchse.

Ich will mir nicht anmaßen, besonders viel von diesen züchterischen Dingen zu verstehen, aber ich bin der Meinung oder huldige dem Wahn, daß Kapitale immer nur Ausnahmestücke waren, wenigstens in den Zeiten, in die unsere Jagderfahrung zurückreicht, und daß man mit einem guten, alten Gamsbock heute wie ehedem vorlieb nehmen darf, auch wenn seine Krucken keine neunzehn oder zwanzig Zentimeter Sehnenhöhe haben. Schad ist's auch dann um ihn, und wenn man ihn trotzdem schießt, so hat man nur eine Entschuldigung, nicht etwa die des Hegeabschusses, die nichts anderes als eine schöne Lüge ist, sondern die der Freude. Denn, ich muß es nochmals sagen, das Jagen auf den Bartgams, das Drum und Dran, ist, viel mehr als die Beute selbst, eine rechte Jägerfreude. Für mich ist dabei etwas vom Schönsten: daß es nie besonders eilt, daß man kaum je zu spät kommen kann und, richtig ausgeschlafen, mit einem ganzen Novembertag vor sich, seine Birsch beginnt.

Nicht ganz so war's damals an jenem 30. November, von dem ich erzählen möchte. Der 30. November war in Bayern durch viele Jahrzehnte der letzte Tag der Schußzeit. In der Gamsbrunft jenes Jahres hatte es unvorhergesehen ein paar Gäste hereingeschneit, auf die bereits eingeladenen drauf. Und so war's dazu gekommen, daß ich an diesem wichtigen Tag noch Schneider war; ein ganz echter Gamsschneider eigentlich nicht, denn während der Hirschbrunft hatte ich einen uralten, mehr als dreißig Kilo schweren Gamsbock geschossen, dessen Krucke kapital gewesen wäre, hätten ihr nicht auf beiden Schläuchen die Spitzen der Hakel gefehlt. Gut also, ich hatte ihn! Und bis ich in der Zeit der Gamsbrunft zum eigenen Jägervergnügen kam, wurde es damals immer reichlich spät, es sei denn, daß es mir glückte, vor der Anreise der Gäste zwischen Allerheiligen und Martini ein paar einsame Hüttentage zu genießen und aus den noch nicht durch Unruhe der Brunft und Vorwintersorgen gesprengten Rudeln ein, zwei vollfeiste, eben erst in die Brunft tretende Böcke herauszuschießen. Aber in dem Jahr war dies nicht gelungen; einige gar zu verlockende große Fasanenjagden hatten mich ins flache Land hinaus verführt. Und bei der Rückkehr war das frohe Treiben der Gamsböcke sowohl als auch der ihren Fährten folgenden Jagdfreunde schon in vollem Gang. Hätten nicht die guten Schutzgeister unseres Krickelwildes ein Einsehen gehabt, ich weiß nicht, was damals alles passiert wäre. Aber es ging halbwegs glimpflich ab. Der Büchsenmacher hatte zu hoch geladene Patronen mit auf die Reise gegeben, das Zielfernrohr hatte sich beim Auspacken verstellt, die Anstrengung des Aufstiegs war zu groß gewesen oder die Aufregung übermächtig und dann endlich, endlich war ein Wettersturz gekommen und hatte dem wochenlangen wolkenlosen Frost- und Sonnenwetter ein jähes Ende gemacht mit Schnee, Nebel, Sturm und nochmals Schnee. Man reiste ab, rollte nach Hause, enttäuscht über teilweise selbstverschuldetes Pech oder aber auch erfreut über ein zu vorgerücktem Zeitpunkt noch erhaschtes Waidmannsheil. Und siehe! Als der letzte Gast das sich einwinternde Tal verlassen hatte, stellte ich nachrechnend fest, daß auf der Abschußliste für mich nicht nur etwas übriggeblieben war, sondern mehr als in manchem anderen Jahr, in dem der November nicht gar so gesellig gewesen. Auf der Abschußliste stand es geschrieben, wenn man von der Summe des Etats die Summe der erlegten Böcke subtrahierte. Im Revier sah es aber ein wenig anders aus. Das Wetter hatte die Gams, die bis dahin durch Wochen in den hohen Lagen tagaus, tagein auf freier Alm gestanden waren, in die Felswaldregionen, in schroffe, verwachsene Gräben hinuntergedrückt. Und die zuletzt anwesenden Waidgenossen hatten sie aus diesen waldigen Bereichen wieder hinausgejagt, Sankt Hubert mochte wissen, wohin. Davon konnte ich mich, am 28. und 29. November vergeblich birschend, überzeugen, wobei ich soviel Gelegenheit hatte, bis fast zu den Hüften im Schnee zu waten, daß mir, als ich am Abend des vorletzten Jagdtages todmüde ins Bett sank, ein Verzicht auf den Gamsbart dieses Jahres als etwas durchaus Tragbares vorkam.

Es waren auch keine sehr freudigen Gefühle, die mich erfüllten, als ich um die siebente Morgenstunde des nächsten Tages, so wie ich's mit dem treuen Dienerfreund vereinbart hatte, sanft, aber bestimmt aus dem Schlaf geweckt wurde.

»Aufstehn! I kann Eahna net helfen, heut' is der letzte Tag! Darnach können wir's uns wieder leichter machen«, sagte er, als ich gegen das Einschalten des Lichtes knurrend Protest erhob.

Ein Buch könnt ich füllen mit den Erinnerungen an diesen Mann, der mir während meiner jungen Jahre ein guter, vielleicht der beste Freund gewesen ist. Er war Bauernsohn aus dem Altbayerischen. Seine Freude an Pferden und seine Gewissenhaftigkeit in ihrer Pflege führten ihn erst auf eine große niederbayerische Herrschaft, später zu den Landshuter und Münchner Schweren Reitern. Er wurde dort Ordonnanz bei einem Stab, trat in die Dienste meines Vaters und nahm schließlich als Kammerdiener einen der ersten Posten im Haus ein. In diesem seinem Amt hatte er auch meine äußerliche Betreuung mit übernommen, von dem Tag an, da ich dem Kinderzimmer entwachsen war, meine Kleider in den väterlichen Schränken unterbringen und das sehr geräumige väterliche Badezimmer mit benützen durfte. Nach außen hin war er ein festes Mannsbild, groß und muskelstark, mit einem gut geformten, männlichen Gesicht, das in reiferen Jahren (vielleicht hat die zwar maßvolle, aber dennoch ausgesprochene Freude an allerhand Getränken, unter denen das Bier bei ihm in besonderen Ehren stand, dazu beigetragen) eine rötliche Farbe angenommen hatte. In seinem Innern war er nicht nur gutmütig, sondern er besaß eine auch bei guten Menschen überaus seltene Eigenschaft, für die das Wort Takt nicht ganz ausreicht, die man vielleicht noch am richtigsten mit Zartheit bezeichnet. Diese Zartheit war verbunden mit einem sehr sicheren Gefühl für das Wesen, die Wünsche und die jeweiligen Stimmungen seiner Mitmenschen, zumal derjenigen, die er gern hatte. Dabei äußerte sie sich in absolut einfacher Weise. Sie war treffsicher, beinahe unfehlbar. Wenn man irgendeinen Kummer mit sich herumtrug, dann durfte man sicher sein, daß er dies bemerkte, ohne daß er sich's anmerken ließ, daß er nicht fragte oder überhaupt darüber sprach und doch mit besten Kräften und meist erfolgreich bemüht war, einem darüber hinwegzuhelfen.

»Was is, Baron, werd heut nix am Berg gangen? So a schöns Wetter. A g'schenkter Tag.« Oder ein anderes Mal: »Wolln 'S heut net die neue Joppen anziehn? Die is fei sauber word'n. Heut tat i's einweihn.«

Warum ich sie gerade heute einweihen oder warum ich in die Berge hinaufsteigen sollte, das hat er in solchen Fällen niemals erläutert. Nach seinem Tode – er ist leider nicht alt geworden und ließ mir wenig Zeit, ihm das viele Gute, das er an mir getan hatte, zu vergelten – erzählte mir seine Witwe folgende Geschichte von ihm: Es war ihr aufgefallen, daß er während der letzten Lebensjahre meines Vaters, an dem er mit ganzer Liebe hing, zur Nachtzeit mehrmals aus dem Bett aufstand und an das dem Schloß zugekehrte Fenster seiner im Tal liegenden Wohnung trat, kurz hinausschaute und sich dann wieder schlafen legte. Sie hätte keine Frau sein müssen, um nicht nach den Gründen für diese Unterbrechung seines und manchmal auch ihres Schlafes zu fragen. Und da gab er ihr folgende Aufklärung: Einmal hatte er, aus zufälligem Grund nachts aufstehend, bemerkt, daß in dem großen Arbeitszimmer meines Vaters oben im Schloß Licht brannte. Er wußte, daß sein schwer an Asthma leidender Herr oft unruhige Nächte hatte, und überlegte kurz, ob nicht etwa mein Vater, von einem Anfall heimgesucht, in seine Bibliothek gegangen sei, um die unfreiwillig wachen Stunden mit Lesen oder irgendeiner Arbeit auszufüllen. Aber es konnte ja auch schließlich sein, daß irgendwer anderer noch spät in die Bibliothek gegangen war und dort das Licht zu löschen vergessen hatte. Es kam eigentlich nie vor, daß in dem großen Bau mit seinen ungezählten Räumen, Treppenhäusern und Gängen jede Lampe abgedreht und alles dunkel war. Er kannte auch meine heimliche Gepflogenheit, gewisse zartere Telefonplaudereien zu sehr später Stunde vom Schreibtisch meines Vaters aus zu führen, nachdem alles schlafen gegangen war. Also legte er sich wieder zur Ruhe. Aber als er um sechs Uhr früh des nächsten Tages ins Schloß hinaufkam, ging er doch gleich in die Bibliothek und stellte dort zu seinem Kummer an verschiedenen, für ihn, der meines Vaters Gewohnheiten genau kannte, untrüglichen Anzeichen fest, daß er mit seiner ersten Vermutung recht gehabt hatte. Sicher hätte der Herr ihn brauchen und er hätte ihm Dienste leisten können während dieser bösen Stunden. Von da ab weckte den Getreuen allnächtlich die Sorge aus dem Schlaf, mehrmals trat er an das Fenster und schaute hinauf, dorthin, wo sich im Nordflügel des Schlosses der große Bibliotheksraum mit seinen hohen Fenstern befand. Es sollte nicht wieder vorkommen, daß den Herrn oben sein Leiden zur Nachtwache trieb und er dann nicht kam, ihm beizustehen. Das war er, Johann, der treue, eine mit allen meinen Erinnerungen an die Zeiten der Kindheit und Jugend untrennbar verbundene Gestalt.

Und dieser Hans also hatte mich am 30. November früh um sieben Uhr geweckt. Er hätte mich ruhig weiterträumen lassen können, denn die Berge lagen im Nebel. Im Schlafrock und in Pantoffeln stieg ich erst einmal von meinem Turm herunter und schaute aus einem Fenster im untersten Stockwerk der Burg hinaus, um festzustellen, ob der Nebel bis hinab ins Tal reichte. Den Turm und die Giebel des höher gelegenen Baues hüllte er vollständig ein. Aber aus diesem Fenster des tiefen Erdgeschosses konnte man bis hinunter sehen auf die Dächer der Stallungen, Verwaltungsgebäude und Höfe. Das war ein Zeichen dafür, daß die um solche Jahreszeit meist gleich stark bleibende Nebelschicht ziemlich hoch lagerte und sicher nahe an die Felskämme hinaufreichte, man also wenig Aussicht hatte, zu Berg steigend über die Wolken zu kommen. Ja, er hätte mich schlafen lassen können. Aber er hatte, ohne daß er selbst Jäger war und ohne daß ich's eigens sagte, an den 30. November gedacht. Daß es in meinem Kalender auch einen 31. November gab, das wußte er freilich nicht, und unbetrübt, mit einem leichten Muskelkater in den Beinen, der von der Anstrengung des vorhergegangenen Tages herrührte, stieg ich wieder in meinen Turmhorst zurück. Jetzt war ich hellwach, jetzt wollte ich einmal in Ruhe und möglichster Behaglichkeit frühstücken, dann eine Zigarre anzünden und ein wenig lesen, und dann würde man ja sehen, was der Nebel heute vorhatte. Schlimmstenfalls, denn ich hatte mich für diese Woche nun einmal freigemacht, konnte ich nachmittags zum Hasenpassen oder auf den Entenfall gehen.

So geschah es. Das Spiritusflämmchen summte unter der Kaffeemaschine, und ich konnte den Hans nur loben für das, was er mir als Stärkung vor diesem letzten Gamsgang in der Küche bestellt und in den Turm hinaufgetragen hatte. Und als schließlich die blaue Halbdämmerung zum vollen weißen Nebellicht geworden war, suchte ich mir aus den Bücherwänden meines Wohnzimmers ein paar Bände von Anton von Perfall heraus und aus diesen wiederum die prachtvoll lebendigen Gamsgeschichten, die ihm bis auf den heutigen Tag noch keiner nachgeschrieben hat. Bei solcher Lesung vergingen im Flug ein paar Stunden, und auf einmal glaubte ich, das Licht draußen vor den Fenstern habe sich verändert und sei stärker geworden. Ich schaute hinaus und mußte die Augen halb schließen, so sehr blendete die nahe Sonne durch die Nebeldecke. Und dann sah ich sie auch wie einen bleichen schneeweißen Kreis hinter milchigem Glas. Gleichzeitig kam ein Schritt über die vielen schmalen Stufen der Turmtreppe herauf, ein wohlbekannter und vertrauter Schritt. Der Hans klopfte an und trat ein. »Jetzt, mein i, wird's doch noch schön. Nützen S'n noch aus, den letzten Tag!?«

Ja, ich wollte ihn noch nützen. Das geruhsame Behagen dieser Turmfeierstunden war mit einem Schlag abgestreift, und ich hielt einen kurzen Kriegsrat mit dem Hans. Es war fast elf Uhr. Bis ich gerüstet war und aufbrechen konnte, würden noch reichlich dreißig Minuten vergehen. Über die Nebelgrenze hinauf hatte ich etwa zwei Stunden zu steigen. Und dann blieben mir nicht viel mehr als wiederum zwei für die Birsch. Das war zu knapp und würde die Mühe kaum lohnen. Wie aber, wenn ich oben irgendwo übernachten und mit einer langen Abschiedsbirsch morgen wieder zu Tal steigen würde? In dieser Stunde erfuhr Hans, daß es im Kalender des Bergjägers in ganz besonderen, von gewissen Umständen abhängenden Schaltjahren, auch einen 31. November gibt. Nun hatte er aber seine Bedenken. Wie sollte man in der Eile einen der Jäger erreichen? Zwei schieden ohnedies aus, die beide einen Gamsbock frei und ihn bisher, auf Grund ähnlich widriger Umstände, wie ich noch nicht bekommen hatten. Mit einem Träger würde es noch schwieriger sein, denn die arbeiteten im Taglohn und waren jetzt am späten Vormittag sicher schon bei irgendeiner anderen Tätigkeit. Mir aber waren diese Hindernisse nicht gar so unerwünscht, denn am liebsten stieg ich allein hinauf, und das war ohne Kränkung des Revierjägers nicht immer möglich.

So packte mir denn der Getreue sorgfältig alles ein, was ich für die bevorstehende lange Novembernacht benötigte. Außer der Ersatzwäsche und dem Proviant, der, für knappe vierundzwanzig Stunden berechnet, nicht allzu gewichtig war, wurde es ziemlich viel, denn nach ganz kurzem Überlegen hatte ich mich für einen bestimmten Revierteil entschlossen, der den unschätzbaren Vorteil hatte, daß sich in seiner Nähe keine Jagdhütte befand. Wäre dem nicht so gewesen und hätte irgendein kleines gastliches Blockhaus dort zwischen den Fichten des müden Waidmannes gewartet, dann würde die etwas unruhige Jagdausübung der letzten vierzehn Tage auch dorthin ihre Wellen geschlagen und die Aussichten, hier einen Bartbock zu finden und zu schießen, genau so beeinträchtigt haben wie an den übrigen Gamsplätzen. Die Aueralm ist durch viele Jahre das Lieblingsrevier meines Vaters gewesen, weil man sie flott steigend vom Tal aus in einer guten Stunde erreichen kann und mit dem Aufweg durch einen wilden Felswald schon eine sehr reizvolle Birsch verbunden ist. Über ein paar hochgelegene Viehweiden führt der Zugweg in eine enge Schlucht hinein, auf deren Grund der in solchen Seitentälern der Alpen fast nie fehlende Gießbach über natürliche Felstreppen herniederrauscht. Weißenbach heißt er und ist dabei einer der buntesten, die ich kenne. Weiß ist er nur in seinen Wasserfällen, seine Gumpen aber gleichen, wenn man von irgendwoher eine Strecke seines Laufes überschauen kann, einer Kette von Edelsteinen, Turmaline, Smaragde, Aquamarine, gelbe und blaue und rötliche Saphire, sie alle sind auf diese Kette von weißem Gischt gereiht und leuchten mit seltsamer Kraft aus dem eintönig grauen Gestein. Die enge Schlucht erweitert sich bald zu einem zwar schroffwandigen, aber geräumigen Kar, dem Almerertal. Wie es zu diesem Namen gekommen ist, weiß ich nicht, denn Almen können da kaum je gewesen sein. Vielleicht aber hat man in früheren Jahrhunderten auf schmalem Pfad das Vieh hier zu den Hochalmen hinauf durchgetrieben. Die erste von ihnen, am Nordrand des großen Kars gelegen, ist die Aueralm. Weiter oben schließen die ziemlich steilen, aber nicht allzu gefährlichen Wände des Zinnkopfes und zwischen ihnen viele Grasbänder und Lahner das Almerertal ohne Durchgang und Verbindung von der weiteren Bergwelt ab. Dieser Umstand vor allem verleiht seiner Landschaft etwas Einsames und Unzugängliches. Das Ende der Welt scheint erreicht, wenn man unter den Zinnkopfwänden steht.

Hatte es Mitte November einmal ein paar Tage lang stark geschneit und zog dann wieder der erste klare Tag, von funkelnder Sternennacht angekündigt, herauf, dann bestieg bald nach der Frühmesse mein Vater den mit lichtgrauen Waschbärfellen ausgeschlagenen Schlitten, und der Kutscher mit dem weißen Zylinder und der gleichfalls weißen Lammfellpelerine lenkte die Jucker in schneller Fahrt dem an der Mündung des Weißenbachs gelegenen Forsthaus zu. Dort wartete, durch Telefonanruf schon verständigt, der alte Oberförster Schrobenhauser und horchte ungeduldig in den kalten Morgen hinein, ob denn nicht endlich die silbernen Schellen der Schlittenpferde das Tal hereingeklingelt kämen. Bei ihm befand sich, außer der Schweißhündin »Selma«, sein kleiner Stab, der Jagdgehilf und ein Träger. Wenn der Vater dann angefahren kam und die beiden Dunkelbraunen mit rauchenden Rücken und dampfenden Nüstern vor der Gartentür anhielten, dann war die Freude groß und unverkennbar bei aller altväterischen Ehrerbietigkeit der Begrüßung.

Die Birsch ins Almerertal hinein führte am ersten Tag nach kräftigem Neuschneefall sehr bald an Gams. Die nördliche Talwand war von alten Hochhölzern dicht bewaldet, die südliche dagegen kahl und felsig, nur von Latschen und einzelnen Weißtannen- und Buchenhorsten bestockt. Der Steig lief als Quersteig durch das Fichtenaltholz auf dem nördlichen Ufer der Klamm, und man konnte von ihm aus sich immer wieder Einblick in die gegenüberliegenden schroffen Wände und Gräben verschaffen, in denen für die Büchskugel gut erlangbar die vom Schneefall in tiefe Lagen herabgedrückten Gams standen. Auf einzelnen Felsköpfen, die aus dem Hochholz herausragten und in deren Umgebung der Oberförster die sichtbehindernden Fichten hatte umlegen lassen, konnte man sich eine Weile ansetzen und mehrere der die gegenüberliegenden Gehänge querenden Wechsel überschauen und beschießen. Für ein bequemes Sitzbankerl hatte der an alles denkende Schrobenhauser auch gesorgt, und wenn die Sonne auf ihrer flachen winterlichen Bahn kurz eine dieser Felskanzeln grüßte, so ward für gewöhnlich der Zeitpunkt als gekommen erachtet, die Mittagspause einzulegen. Unter der Bank versteckt lag eine Schaufel, der Schnee wurde weggeräumt, die kleinen Sitzkissen aus grauem Loden, mit grünen Knöpfen abgesteppt, daraufgelegt und der hübsche Weidenkorb mit den Thermosflaschen aus dem Trägerrucksack herausgeholt.

»Alles war schon da!«, sagen die Weltweisen, und auch auf dem Gebiet der Ausrüstung für Wander- und Jagdfahrten ist dem so. Alexander der Große hat sein für Kriegszüge besonders bestelltes Tafelgeschirr, sein Feldherrnzelt und seine Liegestätte aus kostbaren Stoffen gehabt. Die arabischen Karawanen führten schon zu Zeiten Harun al Raschids die Gegenstände täglichen Kulturbedarfs, unter ihnen die herrlichsten Gebetsteppiche, mit sich. Tibetanische Nomadenstämme errichten ihr Zeltlager nicht, ohne zuvor den kleinen buddhistischen Reisealtar aufgestellt und die Räucherkerzen vor ihm angezündet zu haben. Ein Urahn von mir, der in der britischen Flotte Admiral gewesen ist, trennte sich auf keiner seiner Seefahrten von den zahlreichen charmanten Köfferchen aus poliertem Mahagoniholz mit breiten Scharnieren und reichen Beschlägen aus Messing, worin nicht nur seine sieben Rasiermesser und seine Handapotheke, sondern auch seine kleine Reisebücherei, sein kostbares Schreibzeug, sein Eierbecher, seine Sanduhr und sein schwersilberner Teekessel, sorgfaltig in blauen Samt eingepaßt, verpackt waren.

Nun, und mein Vater hatte seinen braunen mit Wildleder ausgeschlagenen Deckelkorb, der zwei vernickelte Thermosflaschen enthielt für Tee und Suppe, Dosen für Brot und Konfekt, Gewürzfäßchen, weiß emaillierte zierliche Teller und Tassen und ein Silberbesteck. Er hatte seinen kleinwinzigen Klapptisch, über dessen Platte eine Damastserviette gebreitet wurde, wenn er sich zu kurzem Imbiß niederließ. Dabei war er, das mußte sein Todfeind ihm lassen, ein Asket, der kaum je einen Tropfen Alkohol trank und dem seine Ärzte zeitlebens vorhielten, daß er zu wenig aß.

Das Ergebnis einer solchen Neuschneeunternehmung ins Almerertal war meistens sehr erfreulich. Einmal hatte mein Vater auf dieser Birsch drei Gamsböcke geschossen, die so stark waren, daß ich viele Jahre gebraucht habe, eh' ich mir einen an die Wand hängen konnte, der ebenso gut wie der schwächste von ihnen war. Man muß freilich gerechterweise hinzufügen, daß die Gamsjäger dieser älteren Generation noch aus dem Vollen schöpfen durften und daß man sich zu ihrer Zeit nicht viel Kopfzerbrechen mit der Aufstellung von Etat- und Abschußplan machte. Solche jagdliche Schreibtischarbeit durfte man sich damals getrost schenken. Überall im Revier waren Gams, und in der Brunft traten viele starke Böcke auf den Plan. Man schoß weit weniger ab als den Zuwachs, und mancher Gamsbock starb zu der Zeit hoch oder höchst bejahrt den Schneetod.

Als ich gegen den ziemlich unverhohlenen und bockigen Widerstand des älteren Jagdpersonals anfing, die großen Gamsrudel durch Abschuß einzelner kitzloser Altgeißen nur ein wenig auszulichten, erlebte ich oft merkwürdige Überraschungen. Diese Gelten waren zum Teil so überaltert, daß man glauben mußte, sie hätten mit ihren bis auf Stümpfe zusammengemahlenen Molaren und teils schon lückigen Kiefern nicht einen einzigen Bergwintermonat überdauern können. In meiner Eigenjagd gibt es noch vereinzelte solcher Uralten. Staatliche Berufsjäger erzählen mir aber, daß sie, seit man unter dem Gesichtspunkt, nur ja nichts ungenutzt »verderben« zu lassen, »System« in den Gamsabschuß gebracht hat, immer wieder vor dreißig- und mehrköpfigen Rudeln stehen und vergeblich nach einer echten Altgelten Ausschau halten.

Bei den alten Gamsjägern war es verpönt, den Brunftbock nah vom Rudel oder gar mitten aus ihm heraus zu schießen. Die Beunruhigung des Scharwildes wurde streng vermieden. Man wählte den Ansitz nah einem guten Wechsel zwischen zwei Brunftrudeln, und es verging selten mehr als eine halbe Stunde, bis der erste Bartbock mit kraftvoll federnden Fluchten, in kurzen Standerln verhoffend oder mit tiefem Windfang die Fährten prüfend, auf dem Gamspfad dahersuchte.

Als Knabe habe ich das alles selbst noch erlebt, sonst würde ich heute nicht mehr daran glauben, daß es so was je gegeben hat. Ich wuchs unglückseligerweise genau in die Jahre hinein, in denen bei uns im Gebirg Touristik und Skisport ihren für die Gamsreviere verheerenden Aufschwung nahmen. Und es war, als ich endlich selbst die Büchse führen durfte, schon so weit, daß man suchen gehen mußte nach einem starken Gamsbock. Und heut' muß man erst einmal nach Gamswild überhaupt auf die Suche gehen, eh' man hoffen darf, mit einem jagdbaren Bartbock zusammenzutreffen. Seine hirschlederne Hose kann einer an den früher bewährten Wechseln durchsitzen, eh' ihm ein suchender jagdbarer Bock darauf anläuft. Die drei, von denen ich soeben erzählte, die mein Vater an jenem denkwürdigen 23. November des Jahres 1908 im Almerertal erlegte, waren, abgesehen von ihrer Stärke, auch alt; der beste weist elf, der schwächste vierzehn Jahresringe an den Krucken auf, und nur der mittlere dürfte nicht älter als siebenjährig gewesen sein. Alle drei standen sie so günstig, oder besser gesagt, sie stürzten und rutschten so glücklich in die Klamm hinein, daß man sie sofort bergen und mit zu Tal nehmen konnte.

Unten im Forsthaus war inzwischen der mächtige Kachelofen in der Diele geheizt worden, und in diesem gut abgestimmten Raum, der, mit einem graugrünen Teppich ganz ausgelegt, so etwas wie ein jägerisch betonter ländlicher Salon war, empfing den heimkehrenden Vater der Teetisch und sehr oft als besondere Überraschung meine Mutter, die mit dem Schlitten hereingekommen war, ihn abzuholen. In Livree und weißen Handschuhen waltete der stattliche Hans seines Dienstes, und wenn die behagliche Stunde vorüber und draußen im Zerwirkgewölbe die Strecke noch einmal beschaut worden war, dann zogen die schnellhufigen Braunen mit Schellenklang den Schlitten wieder heimzu durch die kalte, sternüberschimmerte Sternennacht. Oft und oft hatte der Hans mir davon erzählt. Das alles war ihm – ich wußte es genau – eine nicht minder liebe Erinnerung als meinen Eltern selbst. Das Glück solcher Zeiten strahlte aus und teilte sich allen mit, die guten Willens waren. Die deutschen Sprichwörter, die um den Gedanken herum entstanden sind, daß Glück bei dem einen, Unglück bei dem andern bedeutet, hat, wie leider so vieles, was aus der Seele des Volkes hervorgegangen ist, der Neid gezeugt. Glück und Unglück versenden ihre Wellen; das Glück die der Freude, das Unglück die der Mühsal. Es ist noch keiner daran glücklich geworden, daß er des andern Glück zerstörte. Im Kampf der einzelnen nicht, und noch weniger im Kampf der Klassen.

Ich selbst bin nicht mehr mit Oberförster und Träger in die Berge gestiegen, und der hübsche Weidenkorb mit den vernickelten Flaschen und Dosen und dem silbernen Besteck hat mich niemals auf die Gamsbrunft begleitet und hat seit langem Feierabend. Damit wollte ich aber einer veränderten Zeit ganz gewiß kein Zugeständnis machen. Ich mochte nur, wenn's irgend sein konnte, auf der Jagd allein sein. Ich trug meinen Bock gern selbst nach Haus, weil's mich freute. Und in solchem Fall hätt' ich nicht recht gewußt, wohin mit meinem Speisekorb. Aber für den silbernen Jagdbecher und fürs eigene Besteck, ja für die altindische Aschenschale, im kleinen Lederbeutel verwahrt, hab ich in meinem Rucksack immer noch Platz, wenn ich berg- und hüttenwärts steige. Ich kann den Knasterbart zur Not verstehn, der von solchen Gegenständen nichts wissen will und der mit Brot, Speck und Dörrobst im Leinensäckchen und mit einem sauber gehaltenen, gut geschliffenen Knicker sich wohler fühlt als mit derlei ihm nicht berg- und waldecht erscheinenden Kulturdingen. Aber den Neid- und Leithammel, der mir erzählen will, es entginge andern etwas dadurch, daß einer mit Lebensart tut, was man auch lieb- und gedankenlos treiben kann, den hör' ich mir nicht an. Er ist ein Entsteller und ein Diener des Neides. Im übrigen haben mir meine Naturbeobachtungen gezeigt, daß ein Hirsch anders durch den Wald zu ziehen weiß als ein Ochse.

Schön also, und nun packten wir ein, der Hans und ich. Für den Geist war schnell gesorgt. Zwei schmale Bücher zog ich aus dem Regal, den Meister Eckehart und einen Band Nestroy. Jagdbücher lese ich lieber, wenn ich nicht beim Jagen bin. Draußen im Wald oder unter der Petroleumlampe am Hüttenherd folge ich am liebsten den Gedankengängen eines Weisen, lasse historische Abschnitte und Lebensläufe an mir vorüberziehen oder bekomme Geschichten aus dem Leben der Menschen in der bunten Welt, der ich glücklich entflohen bin, erzählt.

Auch der Bedarf des Gemüts wurde bedacht: Das Rauchzeug, vom leichten holländischen Pfeifentabak über die als Nachwürze eines Imbisses im Freien zu verpaffenden Schweizer Stumpen bis hinauf zur feierlichen Importe, war schon am Vorabend zusammengestellt worden. Dazu kam eine Flasche herben Tiroler Weins, eine halbe Flasche Cognac und ein kleines Feldfläschchen voll Rum, Brot, Butter, ein kleiner Kranz Regensburger Würste, eine Dose Sardinen, Gewürze, ein paar Suppenwürfel, Kondensmilch, Tee, frischgemahlener Kaffee, ein winziges Glas Marmelade, etliche

Zitronen und Äpfel und ein paar Süßigkeiten. Das alles hatten der Hans und ich als die auf Grund gemeinschaftlich gesammelter Erfahrungen besterprobte Ration für eine vierundzwanzig- bis sechsunddreißigstündige Bergfahrt schon zusammengepackt. Dazu kamen noch ein kleiner Waschbeutel, die Hüttensandalen und die Ersatzwäsche. Aber damit waren wir diesmal noch nicht am Ende, weil dort oben im Almerertal eben die Jagdhütte fehlte. Ein wenig abseits, aber nicht schwer zu erreichen, wiewohl fast schon dem Nachbartal zugehörig, stand eine halb verfallene alte Holzerstube, die sich der Revierjäger als Unterschlupf bei plötzlich einfallendem Schlechtwetter ein wenig hergerichtet hatte und in der sich auch zu so vorgerückter Jahreszeit ein, zwei Hüttentage notdürftig hinbringen ließen. Der Kreister der Holzknechte war darin noch erhalten und stets mit frischem Lahnerheu aufgeschüttet. Er nahm den halben Innenraum ein. In der Mitte der freigebliebenen anderen Hälfte stand ein kleiner gemauerter Herd mit an verschiedenen Stellen durchgerostetem Rauchrohr. Eine Bank, ein Tisch, ein kleiner Kasten für Kochgerät und Geschirr und eine Petroleumlampe gehörten noch zur Einrichtung. Unter dem groben Bretterboden hauste fast alljährlich der Dachs und hielt um diese Zeit schon einen ziemlich festen Winterschlaf. Drei, vier bescheidene Hüttenmäuse hatten sich im Gebälk kleine Wohnungen eingerichtet und störten nur des Nachts ein wenig, wenn sie die ihnen neuen Dinge untersuchten, die der selten einkehrende Mensch mit heraufgebracht und auf die Bank oder auf den Tisch gestellt hatte, nachdem nirgends eine Möglichkeit bestand, sie sicher zu verstauen. Sie sind andererseits gute Gesellschafter, diese braungrauen Waldmäuse, wenn sie, von der Hitze des Herdes angezogen, leise und vorsichtig herzugekrabbelt kommen, Brotkrumen und Wursthäute naschen und an den Speckschwarten nagen.

Dort also wollte ich nächtigen und wußte nicht bestimmt, ob noch Petroleum in der Lampe war, und wußte bestimmt, daß nur zwei dünne Decken auf der Stange zwischen Herd und Lager hingen, und wußte wiederum nicht sicher, ob der Förster nach Ende der Hirschbrunft nicht die bessere

Pfanne und den guten Wassertopf ins Tal heruntergenommen hatte, damit sie nicht wieder von winterlichen Hütteneinbrechern gestohlen würden. Alle diese Möglichkeiten und Mängel sprach ich mit dem Hans durch, und nach kurzer Beratung vermehrten wir mein Gepäck noch um folgende Stücke: um einen Spirituskocher, das dazugehörige Aluminiumgeschirr und einen durch seine einfache gediegene Form mich stets aufs neue entzückenden kleinen Spirituskanister, um fünf Stearinkerzen und einen Schlafsack, dazu Patronen, Doppelglas und Perspektiv. Das Bündel – darüber täuschten wir uns nicht – war recht umfangreich geworden und wog schwer in der es prüfend aufhebenden Rechten. Aber es blieb nichts anderes übrig, als sich mit etwas mehr Gepäck zu belasten, wenn einem nicht während des ganzen Aufstiegs Gedanken darüber im Kopf umgehen sollten, ob man eine eiskalte oder eine warmgeruhsame Nacht auf der alten Weißenberghütte verbringen würde, ob man im Dunkeln sitzen und nur im Schein des Herdfeuers sein Mahl einnehmen müßte oder im behaglichen Licht von Lampe und Kerze, ob man einen richtigen dampfenden Tee sich würde brauen oder nur den Rotwein in der Tasse ein wenig würde anwärmen dürfen, weil vielleicht der Wassertopf nicht auffindbar wäre. Solche Erwägungen beflügeln nicht den stapfenden und watenden Schritt im fast metertiefen Neuschnee, sie beeinträchtigen die Vorfreude und lenken die Achtsamkeit des Jägers ab, der doch mehr um des Gamsbocks als um des Hüttenaufenthalts willen zu Berg steigt.

So also war alles bereitet und bereit und auch der Schlitten inzwischen vorgefahren; heute nicht der große mit den blau abgefütterten Polstern und Decken aus Waschbärenfell, sondern der kleine, zweisitzige Russenschlitten mit der schön lackierten, prachtvoll geschweiften Holzvorderwand, die man schon im 19. Jahrhundert nur noch im heiligen Rußland herzustellen wußte und die jetzt nirgends auf der weiten Welt mehr erhältlich ist. Der Kutscher hatte den schnellen Rotschimmel davorgespannt.

Der Hans ging noch mit bis zur Anfahrt und winkte mir nach. Nie haben mich aufrichtigere Wünsche auf meine Jagdzüge begleitet als die seinen.

Sie mußten einen mit Zuversicht erfüllen und taten es auch diesmal, obwohl die milchweiße Sonnenscheibe längst wieder aus dem bläulich dicht verschleierten Himmel verschwunden war, obwohl die Uhr schon die erste Nachmittagsstunde anzeigte und die einsame Straße talein so tief vom Nebel überhangen war, daß man befürchtete, mit dem Kopf das regungslose kalte Gewölk zu furchen.

Wie schön eine Schlittenfahrt sein kann, davon wissen wir Benzinzeitenkinder kaum mehr etwas. Heutigentags ist sie, wenn man nicht Nerven aus Nirostastahl hat, mehr eine Pein als ein Vergnügen. Auf den durch die Schneewände eingeengten Straßen weiß man den einem fortgesetzt begegnenden Automobilen kaum auszuweichen, denn der Schneepflug hat sich nicht mit dem lawinenartig wachsenden Verkehr weiterentwickelt. Er ist seit nahezu einem halben Jahrhundert derselbe geblieben. Den Schlittenpferden aber muß die Mitte der Straße gehören; unbekümmert und unerschrocken sollen sie und ihre Lenker sich ihrer Schnelligkeit freuen dürfen. Auf dem Weg ins Tal hinein konnte man damals noch halbwegs, aber auch nur halbwegs, ohne Sorge sein, zur Winterszeit einem Automobil zu begegnen. Dahinten im kleinen Grenzdorf hatte, wenn einmal der Sommer vorbei war, ein Kraftwagenbesitzer kaum mehr etwas zu suchen, und wenn, dann wußte er, daß die zahlreichen Bauernschlitten und Holzfuhren nicht mit ihm rechneten und daß er ein wenig behutsam und ja nicht zu schnell die verschiedenen Straßenkrümmungen anzulaufen und zu umgondeln hatte.

Jedenfalls ließ ich den edlen Schimmel traben, mir und ihm zur Freude, und es freute ihn auf der zwar nicht sonneglitzernden, aber pulvrig federnden Bahn. Wenn die Talwände nahe zusammentraten, dann suchte das Auge im Vorüberfliegen zwischen dem Gefels und den tiefen Lahnern nach Gams. Es gibt kein gesundes Menschen- und kein echtes Jägerherz, das nicht voll Hoffnung bliebe, das nicht immer wieder erwartete und glaubte, irgendwo dem Glück, dem Gamsbock oder einem andern Wild seines Lebens zu begegnen, trotz hundertfacher Enttäuschung. Man kann auf den Jäger das allen gläubigen Irrtum bejahende starke Wort des alten Goethe mit einer kleinen Abwandlung anwenden und sagen: »Wer nicht mehr hofft, solang er jagt, der lasse sich begraben!« Also, ich hoffte und irrte. Nirgends ein Gams und nirgends eine Fährte. Aber ich irrte zu Recht, denn oben schien ja irgendwo die Sonne, und alles Wild geht der Sonne nach. Das hat das freilebende Wild uns voraus, daß es ihr folgen darf, wann immer es nach ihr verlangt. Wir wüßten's auch sehr oft, wo sie zu finden wäre, und müssen im Nebel sitzen bleiben, weil irgendwelche Fesseln uns halten, irgendwelche von uns oder anderen gebaute Zäune. Von der Pflicht will ich dabei nicht einmal reden. Sie ist eine Erfindung der Soldatenkönige und erweist sich fast immer als hohl, wenn man ihren Kern sucht. Aber es gibt andere Fesseln und Zäune, die wie ein festes Netz sich durch das ganze Leben hinziehen. Die Sonne zu ersehnen und ihr nicht ungehemmt folgen zu können, macht einen schwerwiegenden Teil menschlichen Daseins und Erlebens aus.

Weichet fort, graue Gedanken, das Ziel der Fahrt ist nah! Zur Linken tauchen jetzt die Prügelgatter auf, die zur kleinen Waldsäge gehören, deren stampfendes Gatter durch die kalte Luft laut vernehmbar ist. Und dort liegt das Forsthaus. Grau und erloschen, fast ein wenig gespensterhaft hockt es in Reif und Schnee neben der Straße. Sogar der weiße Rauch aus dem Schornstein steht wie erstarrt in der Luft. Kein Oberförster an der kleinen Gartentür mit dem aufgeregt winselnden Schweißhund an der Seite, keine Bücklinge und keine zur Begrüßung dargereichten, von den Pulswärmern halb verhüllten Hände. Der alte Schrobenhauser ist längst tot, sein Nachfolger, der Revierförster, sitzt über seinen Schreibarbeiten und händigt mir den langen Schlüssel der Holzerstube aus. Sogar dem Waidmannsheil, das er mir mit auf den Weg gibt, haftet ein wenig die Bureauluft, der Geruch von Tinte, Stempelkissen, Bleistiftspänen und Aktendeckeln an. Dabei ist er selbst sicherlich kein schlechter und war einmal ein sehr passionierter Jäger. Aber wo ist die unbeschwerte Art des verflossenen biedermeierischen Jahrhunderts, wo könnte sie sich noch halten, und wo ist der Forstmann, wo würde er heute geduldet, wo könnte sein Chef ihn sich noch leisten, der nur ein-, zweimal in der Woche sich widerwillig an den Schreibtisch setzt!? Der Wald ist amtlich geworden, jeder Baum auf eigenem Boden gehört, allen Eigentumsgarantien zum Trotz, irgendwie und -wo dem Staat, diesem rätselhaften Phantom, das durch die Geschichte der Völker geistert und mit der Vermehrung der Menschheit noch unheimlicher und mächtiger geworden ist als in den Tagen Spartas und des alten Rom.

Eine angeblich menschliche Einrichtung ist er, der sein dämonisches Grundwesen aber nie verbergen konnte, Garant der Kriege, Brecher der Rechte, Träger aller Gewalttat gegen das Einzelleben, vom Einbruch in den Hausfrieden, von Erpressung und Raub bis zu Einkerkerung, Folter und Mord. Es gelingt wohl dem hochstehenden Gesetzgeber, ja manchmal sogar höchstentwickelten Völkern, den Dämon für eine Weile nutzbringend hinter das Joch zu spannen, aber dann ist's, als riefe er andere aus der ganzen Welt zu Hilfe. Es hat noch kein Dämon dem Glück der Menschheit dauerhaft gedient.

Aber wider besseres Wissen träumt und deklamiert sie weiter von kommender Freiheit und Beglückung. Der Grundherr, der den Zehnten verlangte, ward um der »Freiheit« willen entrechtet, und heute verlangt der Staat von den »Befreiten« ein Vielfaches. Und er wendet trotz der gegebenen Garantien allen Scharfsinn auf, das Eigentum zu beschneiden, zu pfänden und am Wachstum zu hindern. Es gibt nur einen Feind des Eigentums, und der heißt Neid. Vielleicht ist es dieser auf den Söhnen Adams lastende Neidfluch gewesen, der den Dämon gerufen, der ihm die Macht übergeben hat!?

Der Schlitten hat gewendet, der Schimmel prustet und schüttelt sich, daß die versilberten Glocken auf der dunkelblausamtenen Schabracke alle auf einmal klirren und klingeln. Jetzt senkt der Kutscher zum Abschiedsgruß die Peitsche, der Wallach schiebt tief und kraftvoll mit der Hinterhand an, greift vorn hoch und weit aus und fliegt hinein in die rauhreifstarrende, nebelverhangene Landschaft, schenkt ihr Bewegung und Leben und läßt sie, mit verschwommenem Schellengeklirr entschwindend, doppelt öd und erloschen zurück.

Halb zwei Uhr. Um die Stunde überlegt man sich sonst irgendwo hoch oben auf der Schneid, daß es allmählich Zeit für den Abstieg wird. In der Gamsbrunft soll man vom höchstgelegenen Ziel aus die Mittagsglocken, die heute längst verklungen sind, hören. Dieser Nachmittag kann mir bestenfalls noch dazu dienen, den Standort der Almerertalgams auszumachen. Auf den Birschweg meines Vaters unten im felsigen Graben muß ich ohnedies verzichten, weil den der Nebel vermutlich am dichtesten umhängt.

Inzwischen hat man auch das ehrwürdige Fichtenaltholz gefällt, dessen rauhnadeliger Mantel dem unteren Birschsteig früher als Deckung gedient hat. Wer weiß, ob je vorher in diesen Steilhang Axt und Säge eingegriffen hatten. Was dort an Holz stand, war Alpenwald, schon allein seiner Unbringbarkeit halber. Man hat es aber doch umgelegt und – wenn auch in recht zersplittertem Zustand – zu Tal geschafft. Manche seiner einst stolzen Säulen modern als entsprungene Prügel unten in der Klamm. Das wäre vielleicht auch sonst einmal ihr Schicksal und Ende geworden, nur hätten Menschenhände sich dann die Mühe darum sparen können. Kein Nutzen von dieser Fällung blieb damals in der Kasse, und der Hang, der durch Jahrhunderte dem Gamswild und vereinzelten alten Hirschen Einstand und Schneeflucht gewesen, ist jetzt kahl, und nicht viel weniger als ein Jahrhun dert wird vergehen, eh' sich die schwarzgrünen Wipfel wieder hoch über ihm schließen.

Ganz unten, nur etwa einen Büchsenschuß oberhalb der Talstraße, querte ich den Weißenbach auf dem alten, romantischen Steg aus einem einzigen, roh behauenen Stamm über Gumpen und Wasserfällen. Und da war's, als rief mich jemand an, um mir das Sinnieren zu vertreiben. Zwischen Felsblöcken mit hohen Schneehauben ragte ein Stück Fallholz übers Wasser, und auf ihm saß der Sänger, der mir zugerufen hatte, der einzige echte Wintersänger unserer Breiten, die kleine Wasseramsel mit der weißen Brust, dem rehbraunen Köpfchen und dem aschengrauen Gefieder. Sie stellte den kurzen Stoß, wippte mit ihren hohen Ständern auf und nieder, wechselte ein paarmal den Platz und ließ einen hell zirpenden und zwitschernden Sang ertönen, frisch, voll unerschrockener Bejahung der Winterszeit und des Lebens, das sich nur noch durch den murmelnden Bach und durch sie selbst zu äußern schien, hier oben inmitten dieser erstarrten, nebelverhüllten Bergwelt, inmitten dieser tief verschneiten Klamm, voll von Rauhreif- und Eisgebilden. Mir saß die Ungeduld, über den Nebel zu kommen, schon in allen Sehnen, aber gut fünf Minuten verlor ich gern noch, um der Wasseramsel zuzuschauen und ihrem Lied zu lauschen. Dann stürzte sie sich ins seichte Wasser, plätscherte und suchte darin umher, sprang auf den nächsten großen Kiesel, schüttelte sich, ließ abermals eine frohe Strophe erschallen, schnurrte schließlich davon und entschwand mir zwischen den mit Rauhreifkristallen geschmückten Schneehüten und -hügeln der wasserumgurgelt und umsprudelt im Bachbett ruhenden Felsblöcke.

Jetzt los! Es war hohe Zeit. Im lockeren Schnee läßt sich's nicht gar so schlecht stapfen. Mit fünfundzwanzig Jahren braucht man die Kräfte noch nicht einzuteilen und verwünscht nur die Zeit, die einem verstreicht, bis man die Höhenunterschiede überwunden hat. Erst immer dem Wildbach entlang, dessen Gumpen heute nur einen matten Edelsteinglanz versenden und wie durch einen Schleier heraufschauen auf meinen hoch über ihnen wegführenden Steig. Rechts – links, rechts – links, in einem fast tonlosen Gleichmaß treten die Bergschuhe den Schnee, überwinden die Muskeln die Schwerkraft. Wenig Wild war durch den schneereichen Graben gezogen: ziemlich weit unten ein starker Hirsch, zwei Füchse waren dann eine Weile dem Steig gefolgt, der Specht hatte ihn mit Flechten und morschen Holzsplittern, Abfällen seiner Klopfarbeit, bestreut. Und einmal hatte ihn ein Gamsbock, in langen Fluchten von oben kommend, überfallen.

Einen Büchsenschuß oberhalb des Standes, an dem mein Vater seine Mittagsrasten gehalten hatte, legte ich auch eine kurze Schnaufpause ein. Wäre ich nur gestern hierher gegangen! Gestern war der Himmel blau, und alle Hochtäler waren frei vom Nebel. Aber dieses Kar war immer das letzte, welches ich heimsuchte. Wenn's irgendwo anders geklappt hätte, während der verflossenen Tage, dann wäre ich vielleicht gar nicht mehr hier herauf gestiegen in das alte Lieblingsrevier des Vaters. Von seiner frühen Jugend an hatte er es so gehalten, daß nur ein, zwei Plätze seines großen Jagdgebietes ihm allein aufbewahrt blieben. Ich durfte jagen, wo's mich freute, nur dort nicht oder zumindest so lange nicht, als der Vater selbst noch nicht oben gewesen war oder als es nicht feststand, daß er in diesem Jahr aus irgendwelchen Gründen nimmer hinaufkommen würde. Und jetzt, da er, wiewohl nicht allzu schweren Herzens, die Bergjägerei hatte ganz aufgeben müssen, jetzt wollte ich – halb unbewußt und halb mit klarer Absicht – ihm eine Art Dankesbezeugung dadurch erweisen, daß ich seine paar Lieblingsplätze und Leibgehege, ohne sie ganz zu meiden, dennoch mit der eigentlichen Jagd, dem Pulver und dem Blei, verschonte. Schwüre und Gelöbnisse habe ich mein Leben lang vermieden. Meist sind sie überflüssiger, als sie heilig sind. Im Lauf der Jahrzehnte habe ich mir trotzdem manchen Bruch aus den Latschen im Nordhang und von den ernsten Fichten im Südhang des Almerertals gebrochen. Aber die Gesinnung, mit der ich hier eindrang und die Büchse führte, ist immer eine andere, eine ehrfurchtsvollere geblieben als sonstwo im weiten Revier.

Ich stieg zu, dampfend unter der Last des schweren Rucksacks, unter der Hülle der schweren Kleider und unter der Anstrengung des Aufwärtswatens im immer tiefer werdenden Pulverschnee. Mit der Zeit plagte mich auch die Sorge, daß der Nebel, der sich mittlerweile wieder gehoben haben mußte, auch bei der Aueralm nicht zu Ende wäre und mir selbst von dort aus kein freier Blick in die obersten Wände des Kars sich auftäte und keine Möglichkeit, den Stand der Gams heute noch ausfindig zu machen, um einen Birschplan für die nächste Frühe zu entwerfen. Wenn der Nebel so weit steigt, daß er zum Hochnebel wird, dann schlägt fast immer das Wetter um. Wenn dem so würde, dann sänke auch ein Großteil der Hoffnungen für den 31. November dahin.

Jetzt verließ ich den Graben und bog rechts ab. Immer wieder blieb ich stehn und starrte aufwärts in die verdichtete, blaugraue Luft hinein. War denn wirklich noch immer kein Hauch von Gold oder blassem Blau zu verspüren in dieser hoffnungslos lastenden Eintönigkeit? Wollte von nirgendher ein starkes Licht durch diese weichen Wolkentücher hindurch das suchende Auge blenden? Nein! Es blieb grau und stumpf um mich her, die kahlen Kronen der Buchen, die Wipfel der schneeschweren Fichten verloren sich im weißlich unbewegten Rauch. Durch violette Schleier, wohlig verschwommen und verschlafen, schaute mich die winterliche Ode der Schläge und Dickungen an. Es blieb mir keine Wahl, ich mußte weitersteigen. Wenn auf der Alm oben auch noch nichts davon zu merken war, daß ich mich der Nebelgrenze genähert hatte, dann wollte ich's aufgeben und gleich zur Weißenbergstube hinüberstapfen, was bei dem vielen Schnee ohnedies noch ein Stück schweißtreibende Arbeit bedeutete. Zumindest würde ich dann Zeit haben, mir einen behaglichen Hüttenabend vorzubereiten, und sollte es aufklaren, während ich schon am Herd herumhantierte, dann konnte ich noch schnell eine kleine Birsch zu einer unfernen, felswaldumwachsenen Blöße hin machen und dort mit der Hasenquäke mein Heil auf den starken Bergfuchs oder gar auf den Edelmarder erproben, die sich beide gern in den von Fichten überschirmten Klippen und Steinrunsen um dieses Stück quelligen Waldwiesenlandes, das jetzt unterm weißen Schnee begraben lag, aufhielten.

Da war nun endlich die Alm. Ich überstieg den Weidezaun und trat in das freier werdende Gelände hinaus, das nur noch von uralten Wetterfichten im weiten, prachtvoll herabwallenden Schneemantel beherrscht wurde. Auch hier Nebel, wie durch weiße Vorhänge gedämpftes und dabei milchig erstarrtes Licht. Ich schaute auf die Uhr. Die dritte Nachmittagsstunde hatte sich soeben vollendet. Hier wollte ich rasten und nochmals überlegen, ob mir wirklich nichts anderes übrig blieb, als jetzt schon, fast zwei Stunden vor Schwinden des Büchsenlichts, meinen und des schlafenden Grimbarts Bau aufzusuchen.

Die Haupthöhe war gewonnen. Eile tat, wie die Dinge lagen und die Wolken hingen, nicht mehr not, und so stopfte ich mir erst einmal in Ruhe eine Pfeife. Was jetzt? Ja, was weiter tun!? Das war wieder einmal die Frage,

Frage des Feldherrn, Frage der Politiker, der Kämpfer und Sucher, der Begehrenden und Verfolgenden, Frage aller Friedlosen, Frage auch des Jägers. Standen die Gams auf der Alm? Das hing davon ab, ob deren oberer Teil im freien Sonnenlicht lag oder zumindest heute schon gelegen hatte; dann war ziemlich sicher ein Rudel drüben im Südhang anzutreffen. Ich selbst saß auf der Schattseite des in einen richtigen Graben auslaufenden Almkessels. Der mit dem Nebel auf- und abwallende und deshalb ständig wechselnde Wind konnte hier nicht viel verderben.

Wenn aber die Gams nicht auf der Alm waren, dann mußten sie irgendwo in ziemlicher Nähe links von mir in dem nach Süden hingekehrten Gehäng des Almerertals sich aufhalten. Dort konnten sie Wind bekommen, wenn sie ihn nicht schon hatten. Stieg ich zweihundert Meter höher, und es lag auch dort noch Nebel, dann verdarb ich mir das Kar, aber nicht die Alm. Es ist sehr unterschiedlich, inwieweit die Gams es übelnehmen, wenn sie im Nebel Wind bekommen. Manchmal durchqueren und verlassen sie, ab und zu stillstehend und verhoffend, ein ganzes, weites Gebirgstal, manchmal flüchten sie nur bis in die nächste Deckung, und sehr oft bleiben sie, da sie sich eingesponnen und sicher fühlen, überhaupt stehen, pfeifen nicht einmal und warten ab, ob die gefährliche Wittrung sich wieder entfernt und verliert oder näher auf sie zukommt. Zweifellos würde ich zur morgigen Birsch mit besseren Aussichten antreten, wenn ich jetzt die Jagdlust bezwang und scharf rechts abbog auf den Steig hinunter, der über Schläge und steile Lahner und durch knapp mannshohe Fichtendickungen zur alten Holzerhütte hinführte, die in einer Gruppe knorriger Buchenüberhälter dicht am Jungwald und halb darin versteckt lag.

Der Entschluß zu diesem Abstieg und einem wohlvorbereiteten, etwas zu früh einsetzenden Holzerstubenabend war gefaßt. Aber die Pfeife konnte erst noch in Ruhe ausglühen. Der Rauch aus ihrem Rohr hatte mir bisher direkt ins Gesicht geschlagen und war, träg zwar, aber mit Bestimmtheit, talwärts entschwebt. Jetzt plötzlich fühlte ich die Luft im Nacken, und die blauen Wölkchen, die ich hervorblies, zog und zerrte es heftig durcheinander, eh' sie vom Wind steil bergauf entführt wurden. Ich beobachtete das eine ganze Weile. Da begann auf einmal der Dunst ringsumher erst schwach und dann immer stärker zu blenden, blau, wenn ich gen Osten, golden, wenn ich gen Westen schaute. Die Schleier, die bislang in hundertfacher Schichtung regungslos um mich und über mir gehangen hatten, fingen wie auf einen stummen mächtigen Befehl hin an, durcheinanderzugleiten; allmählich kam Farbe in sie hinein. Bläuliche, goldige, rosige Töne kamen, vergingen, kamen, kamen immer heller und stärker, vergingen, kamen wieder, kamen und vergingen nicht mehr; schon standen die schneeigen Wipfel der Rauhfichten im mattblauseidenen Himmelszelt, und ringsum wogte und zog und schwebte es, schlug es wie beschwörend noch einmal hoch in den Himmel hinein, floh es verzweifelt und lautlos abwärts und löste sich auf in einem Regen von goldenem Glanz und Glimmer. Es war, als hätten Geister mich im Traum weithin durch die Luft getragen und plötzlich in einer völlig veränderten Landschaft wieder auf die Erde gesetzt. Denn vor mir lag, unter blitzblauem, wolkenlosem Himmel, eine zurückgeschenkte, eine neu erstandene Berg- und Winterwelt mit dick verschneiten Bäumen und Bäumchen und Felsen und Latschen und Almhängen in majestätischem Abendfrieden.

Ganz anders ging mir plötzlich der Atem, viel freier schlug das Herz, viel glücklicher hob sich die Brust. Zu beten war ich bereit vor all dem, was dem erlösten Blick sich bot. Nur eines zeigte sich ihm nicht, nur eines vermißte er, als dies Gefühl der Andacht allmählich nachließ, als das soeben Geschenkte zur Gegebenheit geworden war: Nirgends furchte eine Fährte die weiße Fläche der Alm. Wo, zum Teufel, steckten die Gams!? Sollte es wirklich zutreffen, was neulich der erfahrene Forstrat gesagt hatte, daß sie weit unten in den Rotwilddickungen Einstand genommen hatten? Ich holte das Glas aus dem Rucksack und suchte umher und tastete über alle weißen Rinnen, Gräben, Blößen und Bänder und fand keine Fährte und entdeckte keine Gams. In etwa halber Höhe der Alm war ein kleines Köpferl, von dem aus man mit guter Deckung ins Kar hineinschauen konnte. Bis zu dem wollte ich noch hinaufsteigen, um mir mehr Gewißheit und Rat für den kommenden Jagdtag zu holen.

Aber mein schweres Bündel brauchte ich wahrhaftig nicht bis dort hinauf zu schleppen. Es lag gut hier am Almzaun bis zu meiner Rückkehr und würde mich noch genugsam drücken während des harten Watweges zur Weißenbergstube. Nur das Perspektiv entnahm ich ihm, und für alle Fälle die Patronen. Dann stieg ich lastlos und flink zwischen den weihnachtlichen Fichten hindurch gegen das Köpferl zu an. Als ich's erreichte, begann der Himmel im Westen sich schon golden zu färben. Nicht lang, und die Sonne sank hinter die Schneid, und blaue Schatten zogen ins Kar, und die unwirtlich abweisende Winternacht nahm Besitz von Berg und Wald. Vorläufig aber saß ich noch im schräg hereinfallenden wärmenden Strahl und spekulierte hinunter und hinüber in den Alpenwald und in die Wände und Lahner.

Da hatt' ich auf einmal ein Gams im Glas. Hoch über mir zu meiner Rechten stand es äsend in den Latschen auf einer kleinen steilen Blöße und schlug sich gerade mit den schnittigen, kraftvollen Läufen einen weiteren Fleck Äsung frei. Und da, dicht unter ihm, stand noch eins, spitz von hinten die graugelben Schlegel weisend. Und jetzt zog eins dickstruppig über die freie Schneefläche, eine sehr hochkruckige Geiß, von einem schwachen Kitz gefolgt. Und jetzt rührte sich's auch weiter links in den verschneiten Wänden.

Das war der Bock! Darüber gab's keinen Zweifel. Er war soeben mit federnder Flucht aus einem Graben heraufgesprungen und verhoffte in die nächste Rinne hinein. Schnell zog ich das Perspektiv auseinander, doch eh' ich ihn noch in den Sehkreis gebracht hatte, war er schon weitergeflüchtet, verschwand und tauchte nach kurzer Frist zwischen den zuerst entdeckten drei Geißen wieder auf. Er stellte den Bart und zog die Oberlippe hoch. Ich hatte ihn jetzt im Perspektiv und konnte ihn, von der sinkenden Sonne voll beschienen, wie er war, genau ansprechen. Ein guter, ein sehr guter Gams!

Schön weitgestellt die Krucke, sehr stark die Schläuche und auch hübsch hoch. Kein Kapital- und Medaillenbock, aber ein starker alter Gams mit lang herabhängendem Pinsel, breitem, gedrungenem Hals und einem mordsmäßig aufgestellten Bart, vom Widerrist bis hinter zum Wedel. Er wäre mir auch auf jeder anderen Gamsbirsch recht gewesen, nicht nur heut, am letzten Tag. Ich überlegte. Um's jetzt noch auf ihn zu versuchen, dafür war's reichlich spät, aber die Gams würden sich während der Nacht kaum allzuweit umtun, vermutlich waren sie im Begriff, in die großen freien Lahner unter den Zinnkopfwänden hineinzuziehen, um morgen sich dort des Sonnenscheins zu erfreuen. Ich konnte ihnen jetzt noch eine Weile zuschauen und durfte dann mit einiger Zuversicht für den nächsten Tag meinen Hüttenabend genießen.

Der Jagdteufel läßt sich aber nicht gern in behagliche Bahnen leiten. Und so fiel es mir plötzlich ein, daß ja, sobald die Sonne, die jetzt mit letztem Strahlenbündel noch über die Schneid herüberblendete, hinabgetaucht wäre, der Wind talwärts ziehen und ein Anbirschen dieses kleinen Rudels begünstigen würde. Was sollte ich warten bis morgen? Wenn ich's scharf anpackte, war ich in einer halben Stunde auf einen Büchsenschuß an den Gams. Was bürgte mir denn dafür, daß der gute Bock bis morgen früh beim Rudel stehen blieb, daß er nicht nur zu kurzem Besuch sich diesen teilweise sicherlich schon mit Vergangenheiten behafteten und für ihn erkalteten Damen genähert hatte, daß er nicht morgen den ganzen Tag, des Treibens müde, in den Latschen niedergetan bleiben und sich von der Sonne bescheinen lassen würde? Der 30. November war heute, da verliert man freiwillig keine Zeit mehr! Kurz, ich packte es an.

Vorher tat ich noch einen Abschiedsblick durchs Spektiv: Unverändert stand der Bock auf demselben Fleck und bläderte die Gams an. Dann zog er in einem merkwürdigen Stechschritt, wie ein Pferd im spanischen Tritt der Hohen Schule, mit starr zurückgelegtem Grind auf die ihm zunächst stehende und ihn äsend völlig unbeachtet lassende Geiß zu. Als er sich ihr bis auf eine halbe Gamslänge genähert hatte, machte sie mit zurückgelegten

Lauschern eine lässige Flucht abwärts in die Latschen hinein und war verschwunden. Er aber untersuchte noch stärker gesträubten Bartes die Stelle, auf der sie gestanden hatte.

Weiter jetzt! In einer Stunde war's Nacht. In einer halben Stunde mußten der Schuß und die Entscheidung gefallen sein. Schnell das Spektiv zusammengeschoben, die Büchsflinte geladen und angepackt!

Ich rutschte zunächst vorsichtig von meinem Köpferl hinunter und watete in die Schattseite des Almkessels hinein, um durch den Rücken, auf dem ich heraufgestiegen war, vor den Gams überriegelt zu sein. Etwa 150 Meter mußte ich steil aufwärts, dann kam ich in die Deckung eines hauptsächlich aus Buchen bestehenden Alpenwaldes, durch den irgendwo ein Quersteig direkt in die Gegend des beobachteten Brunfttreibens hinüberführte. Der Anstieg durch den Schattenhang der Alm war eine elende Arbeit. Fürchterliche Schneemengen hatten die Novemberstürme hierhergeworfen, und bis zu den Hüften sank ich an manchen Stellen ein. Man könnte so etwas im Traum erleben, so eine ausgesuchte Schinderei, schnell, eh' die Nacht hereinsinkt, auf ein begehrtes Wild hinzustreben und dabei die zähen Fesseln von anderthalb Meter Neuschnee um die Beine zu haben. Ich kenne viele alpine Wanderer und eine ganze Anzahl Jäger, die den langen Bergstock ablehnen. Was würden die in solcher Lage tun? Wie würden sie sich über dem Schnee halten und aus ihm herausheben, ohne die lange feste Stange, die man sich im Monat Dezember aus der Haselstaude herausschneidet? Ich ließ das gern ihre Sorge sein und stemmte mich immer höher hinauf, keuchend und so sehr schwitzend, als säße ich im Dampfbad. Endlich war ich oben, hob vorsichtig den Kopf über den Almrücken, sah, daß – so wie ich's erwartet hatte – der Alpenwald mich deckte, und watete, ohne mir eine Schnaufpause mehr gönnen zu dürfen, quer zum Hang in den Bestand aus verkrüppelten Buchen und mageren Fichten hinein. Ich fand sogar den Steig, obwohl der ihn einleitende Überstieg über den Almzaun schon zugeschneit war. Ganz von selbst beruhigte sich der Atem. Es war im Vergleich zu dem Steilstück in der Lichtung jetzt ein erholsames

Wandern, ohne mehr Höhe gewinnen zu müssen, quer durch den Wald, unter dessen Wipfeln und Kronen auch wesentlich weniger Schnee lag. In einer Viertelstunde mußte ich auf einen bequemen Büchsenschuß unterhalb der Blöße sein, auf der ich den Bock zuletzt beobachtet hatte. Wie ich durch den dichten Behang im Alpenwald und die tief eingeschneiten Latschen hindurch dieses Fleckchen würde einsehen können, war freilich noch ungewiß. Der Wind aber zog schon talab und kühlte mir die dampfende Stirn. Mit gutem Wind, auf lautlosem Schneepulver ist's nicht schwer, an Gams heranzukommen.

Schon nach etwa hundertfünfzig Metern des schnellen Dahinwatens im raumen Alpenholz kreuzte ich die erste frische Gamsfährte. Bei der tiefen Lage lockeren Schnees war sie schwer anzusprechen, aber dort zwischen den Wurzeln am Stamm einer schmal beasteten Fichte hatte sie sich klar geprägt; ein geringes Stück, vermutlich ein junger Bock, mußte es gewesen sein, das suchend durchgewechselt war. Eine Weile blieb die Fährte auf dem Steig, und ich stapfte in ihr weiter, dann aber bog sie wieder ab und wandte sich steil hangaufwärts. Nach alter Gewohnheit folgte mein Blick kurz ihrem Verlauf und – oh Samiel! – traf sich mit dem mich aufmerksam beäugenden Lichterpaar eines dreijährigen Gamslausbuben, der knapp zwanzig Gänge oberhalb des Steigs in einer Mulde niedergetan war. Die unerwartete Begegnung schien bei ihm zunächst nur arglos neugieriges Erstaunen verursacht zu haben, bei mir löste sie Ärger und allerlei Bedenken aus. Ärger über einen jetzt kaum vermeidbaren Aufenthalt: Wenn ich einfach an diesem lüsternen Zaungast unferner Brunftfreuden vorbei weiterbirschte, mußte ich gewärtigen, daß er Lärm schlug und – als Warner wußte er sich dort geduldet – mitten ins Rudel hineinflüchtete, dessen Standort er sicherlich kannte. Aber – und das eben war zu bedenken – ich konnte noch fünf Minuten lang Aug in Licht mit diesem ungewitzigten Knaben hier verharren müssen, was ihn, wenn er sich schließlich erhob, nicht unbedingt daran hindern würde, trotzdem pfeifend aufs Rudel hinzustreben. Und zog er schweigsam ab, dann sicherlich voll Neugierde und Verdacht in kurzen Serpentinen stets aufs Neue verhoffend. Darüber konnte die schnell schreitende Dämmerung des Winters, von der jetzt zum Glück noch nichts zu merken war, hereinbrechen. Wer wußte, wo ich morgen wieder ein Rudel, bei dem noch die eine oder andere brunftige Geiß stand, finden würde, wenn ich mir dieses heute versprengte!? Wer wußte, wo der kurz zuvor bestätigte, starke Bock stecken würde, wenn ich heut' ihn mir nicht mehr erlief!?

Und da stand mit einemmal der Dreijährige, dessen Arglosigkeit ich doch überschätzt hatte, jäh hochgeworden, auf den struppigen Läufen. Oh, welche Jagdlust weckt doch diese gesträubte, wachelnd wallende Decke, dieser schwarzbrennende Fleck Leben auf weißem Schneegrund!! Stand also da, aber nur wenige Sekunden lang, schlug dann um und ging ab wie der Teufel durch den stäubenden Schnee in flüssigen, gar nicht unschlüssig bockenden Fluchten direkt auf die Gegend hin, in der das Rudel stehen mußte. Ich fluchte ihm leise nach: Jetzt nahm er das Scharwild und den starken Bartbock mit über die Schneid, in den 31. November und gar in das nächste Jahr hinein. Aber da wischte es plötzlich auf hundert Schritte vor mir rußschwarz über den Steig, das Böckchen hatte sich steil abwärts gewendet und stürzte sich in die unterhalb liegenden schroffen Wände hinein. Erleichtert schnaufte ich auf. Mochte eine dort von ihm vermutete lehrreiche Matrone ihn zwischen Felstürmen und Eiskapellen alsbald beglücken und belohnen! Ich aber eilte weiter. Zwar hatt' ich nur noch ein kurzes Wegstück zu durchpflügen, bis ich in Waffennähe an den Gams sein mußte, aber etwas lag noch zwischen ihnen und mir, vor dem ich ein beklemmendes Unbehagen verspürte. Der Steig kreuzte verschiedene felsige und jetzt vereiste Gräben, über die ohne besondere Schwierigkeit hinüberzukommen war. Aber, ziemlich nah schon am Standort des kleinen Rudels, war der Hang von einem in seiner Steile fast senkrecht wirkenden Graslahner durchzogen, in dem sich nach starkem Schneefall fast immer eine Lawine löste. Den mußte ich queren, obwohl er gerade heute gefährlich war, da half alles nichts, und ich durfte dabei auch keinen Lärm machen. Zwar dämpfte der Schneeanhang alle Geräusche, dafür war die dünne Frostluft wiederum sehr hellhörig. Nun, ich würde ja sehen, wie sich's machen ließ, sobald ich in den Lawinengang, eben jene breite Lahnerrinne, Einblick hatte.

Es währte nicht lange, und ich stand davor. Behaglich sah es nicht aus, was beim Hinunterschauen sich auftat. Grausig steil lief die Rinne in die tiefer liegende Wand hinein, und ganz weit unten sah man einen der ersten Wasserfälle des dort entspringenden Weißenbachs sprudeln. Fremdartig und unheimlich zugleich wirkte, inmitten der weißen Erstarrung, diese einzige, gleichfalls weiße Bewegung. Nur die Art des Schnees beruhigte; es war kein Lawinenschnee, dieses leichte und lockere eiskalte Pulver. Freilich, auch solcher Schnee kommt ins Gehen, aber anders, allmählicher, fließender, als der jäh losbrechende naßschwere Tauschnee. Trotzdem hatte ich nicht sofort das Herz, in den Lahner hineinzusteigen. Im Sommer ging's recht gemütlich hinüber. Den in den Hang gehackten Steig freilich schwemmte es hier immer in die Tiefe, aber vereinzelte Felsen schauten aus dem harten, büscheligen Gras hervor, und der Bergstock hatte zwischen Lehm und Geröll stets einen festen Halt. Ich wäre hier sicher umgekehrt, wenn ich nicht gewußt hätte, daß drüben die Gams standen. Das soll nicht heißen, daß ich wieder heimgegangen wäre, aber ich hätte die Rinne überhöht. Zweihundert Meter oberhalb des Steigs endete sie, dicht am Rand der Latschen. Auf diese Umgehung mußte ich aber heute verzichten; nicht nur der Zeit wegen – schon lag Abendrot überall auf Kuppen und Kämmen –, sondern auch, weil ich damit wahrscheinlich höher als die Gams und bestenfalls in schlechten Halbwind zu ihnen gekommen wäre.

Auf dem Rückweg konnte ich mir vielleicht diesen besseren Übergang leisten. Gerade hier, wo der Steig verlief, wollte ich aber keinesfalls queren. Hier war der Lahner breit und fiel fast senkrecht ab. Wenn eine Lawine ins Gehen zu bringen war, dann hier im steilsten unteren Viertel, nahe der Wand, die dem Schnee überhaupt keinen Halt mehr bot. Etwa siebzig Gänge über mir verschmälerte sich die Rinne, und ihr diesseitiger Rand war höher als der jenseitige. Ein kleiner Felskopf mußte – daran erinnerte ich mich – an der Stelle unterm Schnee verborgen liegen. Drüben aber, etwa zwanzig Schritte tiefer, wuchs eine Jungbuche, halb Laublatsche, halb Baum, eh' sie himmelwärts aufstrebte, mit knorriger Krümmung vom erhöhten Waldrand her ein Stück über die freie Schneefläche herein. Wenn ich von dem zugeschneiten Köpferl weg einen weiten Sprung mitten in den Lawinengang hineinmachte und mit ein paar schnellen Schritten schräg abwärts strebte, dann bekam ich die Buche zu fassen und konnte mich an ihrem Stamm bis zum jenseitigen »Ufer« hinüberhanteln und wieder auf sicheren Felswaldboden hinaufschwingen.

So schnell ich konnte, watete ich, mich an Ästen und Stämmen höherziehend, aufwärts und – der Jagdteufel verdoppelt die Kräfte – stand bald auf dem kleinen Felskopf, der ein wenig in den Lahner hinein überhing.

O Zapperment! Schön sah es sich aber von hier aus auch nicht an. Beklemmend steil stürzte, auch von diesem Blickpunkt gesehen, die breite Rinne in die Wände hinunter. Wie, wenn der Schnee durch meinen Sprung mitten hinein sich löste? Dann war's bald noch schlechter als unten, wo man tastend Fuß vor Fuß setzen konnte. Freilich, bis zur Buche hinüber wär's nach dem Sprung nicht mehr weit. Vier, fünf lange Schritte nur, und dann schloß man sie in die Arme. Nicht hinunter, hinüber schauen muß man in solchem Fall. Erst tief in die Kniebeuge gehend, schnellte ich mich von meinem Köpferl ab und landete, obwohl ich damals die Zwei-Zentner-Grenze bei weitem noch nicht erreicht oder gar überschritten hatte, mit schwerem Plumps mitten im steilen Schneebett, das aber viel weniger tief war, als ich's vermutet hatte. Ich war mit den Füßen durch den Schnee hindurch anscheinend auf einer schrägen Felsplatte gelandet, rutschte ein Stück ab, arbeitete mich mit den scharfen Eisenkanten der Schuhe und dem Bergstock weiter, kam nochmals ins Rutschen, haute den Stock verzweifelt in den gefrorenen Hang und stand still.

Der Schnee war nicht ins Gehen gekommen, und nah vor mir wand sich in hilfsbereiter Neigung die schwarzgraue Buchenschlange aus dem Wald heraus. Es war fatal, daß ich durch den Sprung und das zweimalige Rutschen tiefer herabgedrückt worden war, als ich's vorgehabt hatte. Die Gegenwand der Rinne wies mich ab, und es war möglich, daß ich mit den nächsten Schritten noch tiefer, aber dem drüberen Rand nicht näher kam. Dann aber würde die Buche zu hoch über mir hängen, als daß ich sie noch greifen könnte. Aber jetzt stand ich schon einmal mitten drin, jetzt war die Gefahr, eine Lawine zu lösen, nicht mehr so groß. Ich versuchte erst mit zwei sehr anstrengenden Schritten, bei denen ich ständig befürchtete, erneut ins Rutschen zu kommen, wieder ein wenig Höhe zu gewinnen, und jetzt noch ein Sprung schräg vorwärts, und ich hielt meine Buche um den schlanken, grauen, stahlharten Leib gefaßt.

So ganz leicht war's nicht einmal, mit ihrer Hilfe sich in den Wald hineinzuhanteln und zu -schwingen, aber ich ergriff noch eine wie ein richtiger eiserner Handgriff sich anbietende Wurzel, und schließlich stand ich mit hochpochenden Pulsen, keuchend und bis zum Letzten ausgepumpt, drüben, an die rauhe Rinde einer Fichte gelehnt. Alte Bergsteiger werden es wissen und mir nachfühlen können, daß dem glücklichen Überwinden solch gefährlicher und besonderer Hindernisse ein Rückschlag folgt, daß die Arme schwer sind, daß die Knie ein bißchen zittern und daß man gern für ein paar Sekunden die Augen schließt, nicht um sich zu erinnern, sondern um zu vergessen. Aber das dauert nicht lang. Eine kleine Weile nur, eine Minute, vielleicht drei, und dann atmet man ein paarmal tief ein und aus und freut sich des Lebens wieder und der freien, nur noch kurzen Bahn hin zum begehrten Ziel.

Erst prüfte ich noch einmal genau die Büchsflinte, die ich mir vor dem Absprung vom Felskopf über den Rücken gehängt hatte. Es war ihr nichts zugestoßen, nur zwischen den Abzügen und unter dem Fernrohr hatte sich Schnee geballt, den ich sorgfältig und ohne lärmendes Blasen entfernte. Dann aber setzte ich achtsam Fuß vor Fuß in Richtung auf die Latschen, die kaum mehr als zweihundert Meter von mir entfernt durch die verkrüppelten Stämme des Alpenwaldes sichtbar waren. Das Blau des Himmels zwischen den dick beschneiten Wedeln und Ästen über mir war nicht mehr so tief; es war matt und kalt geworden, und über der Schneid zu meiner Linken löste es sich auf in rosige Glut. In einzelnen kleinen Mulden und Trichtern hatte der Schnee schon bläuliche Töne angenommen, und wenn es auch drüben auf den höchsten Zacken des Wilden Kaisers noch goldsonnig glänzte, so war unten die Klamm schon in eisblauen Dunst gehüllt, und im Tal fing die Nacht an, ihre Schleier zu entfalten.

Es fiel mir nicht ganz leicht, mich zurechtzufinden. Von der Alm her hatte sich's anders angeschaut als hier am selben Hang. Ich hatte mir eingebildet, die kleine Blöße würde aus dem sie nach unten abschließenden Latschengürtel herausschauen, und man müsse deshalb vom Waldrand Einblick in sie haben. Dem schien aber nicht so zu sein. Ich fand die Stelle nicht wieder, die das Ziel meiner Birsch sein sollte, und wußte trotzdem, daß ich nah an den Gams war, denn zahlreiche, ganz frische Fährten furchten hier im Felsgehölz den Schnee. Sehr vorsichtig schob ich mich immer näher an den vermutlichen Standort heran, bückte mich, verrenkte und streckte mich, um durch Stämme und Äste hindurch oben irgend etwas ausmachen zu können. Nur dreißig Gänge war ich schließlich mehr vom ersten Latschenbeet entfernt, und noch immer hatte ich kein Haar von einem Gams zu entdecken vermocht. Wieder machte ich einige Schritte seitwärts, hatte jetzt endlich freien Ausblick bis hinüber zu den Zinnkopflahnern, und im selben Augenblick versteinerte ich auch schon und sank dann langsam ins Knie.

Auf einer kleinen, kahlen Erhöhung, etwa achtzig Schritte von mir entfernt, stand die sehr starke alte Geiß mit ihrem schwachen Kitz, die ich mir unten vom Almrücken aus schon genau angeschaut und gemerkt hatte. Sie äste eifrig, und nur wenn sie mit dem Windfang den Schnee ein wenig zur Seite schob, sah man ihre hohen dünnen Krucken mit den kurzen, nadelspitzigen Hackeln. Als ich mich überzeugt hatte, daß sie nicht mißtrauisch war, wagte ich, halb kriechend, noch ein paar Schritte bis zur letzten stärkeren Buche vor, deren Stamm sich anderthalb Meter etwa über dem Boden teilte, so daß sie mir Auflage für Büchse und Fernrohr und gleichzeitig Deckung gewährte.

Ich legte den Wettermantel in die Gabelung hinein, suchte eifrig mit den Augen und wartete darauf, daß noch andere Gams irgendwo auftauchen sollten. Es war aber nichts zu sehen, und es regte sich auch nichts. Vier, fünf, zehn Minuten lang. Würde es nun Nacht werden, würde ich wirklich diesen mühseligen Weg zurücktreten müssen, ohne weiteren Anblick und ohne Schuß? Eine bittere Enttäuschung fing an, mir die Kehle zusammenzuziehen. Die Kitzgeiß vor mir trat jetzt ein paar Schritte weiter, schlug mit dem Vorderlauf in den Schnee, um sich und dem Kitz neue Äsung freizulegen, und warf auf einmal mit heftigem Ruck den alten, gelbweißen Grind empor, von dem die dunklen Züge sich nur verschwommen abzeichneten.

Unmittelbar darauf vernahm ich ganz nahe vor mir das Blädern des Bockes. Dünn wie das Schnurren und Schnarren eines rostigen Uhrwerks hörte sich der seltsame Brunftlaut durch die klare Schneeluft an. So merkwürdig anhaltend bläderte der Bock! Er -legte kaum eine Pause ein. Was trieb er nur da drinnen im Schutz der schneeigen Nadelquasten!? Und dann wischte es, kaum fünfzig Schritte entfernt, plötzlich schwarz über eine winzige weiße Lücke und wieder zurück und noch einmal hinüber. Zwei Gams waren es, er trieb eine Geiß! Und dann, ein paar Sekunden später, flüchteten die beiden Gams, deren Standort ich inzwischen an ganz anderer Stelle vermutet hatte, völlig unerwartet oben bei der Kitzgeiß über den Schnee und packten steil die Höhe an.

Auf der Jagd muß man sich in nur einer Sekunde oft viel durch den Kopf gehen lassen: Dort auf hundert Schritt war eine gut meterbreite Rinne, dort mußten sie durch, dorthin mußte ich die Büchse richten, dorthin mußte das Zielfernrohr schauen! Denn dahinter war nirgends mehr eine Blöße; waren sie hinüber, dann tauchten sie unter im großen Latschenfeld, und eh' sie – wenn überhaupt – wiederkamen, konnte die Nacht hereingesunken sein.

Und da waren sie schon! Aber es waren nicht zwei, sondern mehrere Gams. Ein Kitz war unter ihnen, ward zur Seite gedrängt und sprang steil abwärts. Jetzt waren sie hinüber. Nein! Der Bock verhielt, aber nur halbspitz weggewendet, das Haupt schon in den Latschen, ließ er sich noch ansprechen. Es konnte kein anderes Stück als der Bock sein! Es war der Bock! Hochauf und zugleich breit auseinanderwachelnd stellte er den struppigen Bart. Schräg von hinten, da, wo die Rippen aufhören, faßte ihn der Zielstachel, und laut rollend löste sich um den Bruchteil einer Sekunde später der Schuß. Und da war er schon gestürzt und rutschte und kugelte und färbte den Schnee rot und überschlug sich die Rinne herunter, hinter dem Krummholz sofort wieder verschwindend.

Aber was ist das!? Da steht er ja wieder oben, mitten in der schmalen Blöße! Das ist er aber jetzt ganz sicher! Das ist der starke Bock, den ich vor einer knappen Stunde in den Linsen des Perspektivs gehabt habe. Und jetzt dämmert mir's sehr unbehaglich, daß ich da mit lauter Gier und Hetzen und Hast eine ganz üble Jägerei verbrochen habe. Das treibende Paar hatte anscheinend die alte Kitzgeiß im brunftigen Reigen mit fortgerissen. Hierbei wurde das Kitz von ihr abgedrängt, und sie blieb stehen und äugte ihm nach, während die beiden Verliebten in den Latschen untertauchten. So etwas wie einen Bart hat ja fast jede alte Geiß und stellt ihn auch zuweilen auf, wenn ihr etwas nicht paßt oder die Wittrung des nah vorüberstreifenden Brunftbockes ihr in den Windfang steigt und Gefühle wachruft. Höll und Teufel! Das war ja eine schöne Schweinerei! Da lag jetzt, schräg von unten nach vorn durchschossen, die alte Milchgeiß statt des Bockes in der Schneerinne!

Das alles dachte ich, bestürzt und tief enttäuscht, kippte dann aber blitzschnell das Gewehr auseinander, warf aus und schob eine neue Patrone ein. Denn unablässig blädernd, die Oberlippe hochgezogen, den Bart wie einen handlangen Kamm steil aufgestellt, stand der Bock immer noch vor mir auf derselben Stelle. Aber eh' ich ihn ins Fernrohr gebracht hatte, setzte er sich mit langen wilden Fluchten in Bewegung. Mit Fluchten ja, aber nicht von mir weg, pfeilgerade kam er auf mich zu, sprang in die Legföhren hinein, wie ich vorhin in den Lawinenhang, und stand plötzlich fünfzig Schritt vor mir auf dem Scheitel eines die Föhren überragenden Felskopfes. Stand da im Abendglanz wie gemeißelt, spitz gegen mich her, prahlte mit den weit ausgelegten starken Krucken vor dem rosigblauen Himmel und überstürzte sich im Schall und im Aufschlag der Stichkugel in die weiß aufstaubenden Wedel herunter.

Ich will's nicht leugnen: Ich war sehr glücklich in diesem Augenblick. Ich vergaß eine Minute lang auf die gemeuchelte Kitzgeiß. Ich atmete tief. Ich dachte an alles mögliche, an den Rucksack mit den vielen guten Dingen, an die Weißenberghütte, an den Hans, an den Rückweg unter Umgehung der Schneerinne, an Bock und Bart und Krucke und zog endlich eine Zigarette aus dem Etui und zündete sie langsam an.

Ein sonderbarer freundlich milder Ruf erscholl jetzt hoch in den Lüften, dem alsogleich, auch von irgendwoher aus der Höhe, Antwort wurde. Und dann hörte ich einen schweren fauchenden Schwingenschlag und wieder die Rufe und entdeckte sie bald über mir, Wotans kluge Raben, des einsamen Jägers Siegkünder und erste Beglückwünscher hier oben im öden Felsgebirg. Nach ein paar tiefen Zügen warf ich die Zigarette in den Schnee und besann mich auf meine Jägerpflichten. Das zuerst beschossene Gams war, so wie ich den Sitz der Kugel vermutete, wahrscheinlich schon verendet. Aber ganz sicher war ich dessen nicht. Auf alle Fälle mußte ich versuchen, lautlos in seine Nähe zu kommen und ihm, wenn nötig, den Fangschuß zu geben, eh' die beginnende Dämmerung tiefer wurde und solchen Versuch vereiteln konnte. Am besten war's, ich erstieg den Fels, von dem herunter ich soeben den Bock geschossen hatte. Von dort aus mußte ich Einblick in die schmale Rinne haben.

Rasch arbeitete ich mich hinauf und stand nach einer kleinen Weile oben. Vorsichtig hinabspähend und mit den Augen der schweißigen Rutschbahn folgend, entdeckte ich sogleich an ihrem Ende das Gams, welches schwerkrank niedergetan war und den Grind in den Schnee gebettet hatte. Ein paar Sekunden später brach der sorgfältig gezielte Schuß, der es zur Seite sinken und mit im Verenden sich krampfenden Läufen noch weiter abwärts rutschen ließ. Und wiederum ein paar Sekunden darnach fauchte mich aus nächster Nähe der Gamspfiff an und noch einmal und wieder. Mit steifläufigen Fluchten setzte ein Gams, da wo vorhin das erste die erste Kugel erhalten hatte, mitten in die Rinne hinein und äugte drohend und voller Verdacht zu mir her.

Aber das war ja die alte Kitzgeiß! Dicht an sie gedrängt, noch halb von den schneeschweren Krummästen verdeckt, stand das schwache Kitz. Und jetzt stieß sie noch einmal ihren gefährlich feindseligen Pfiff aus und flüchtete, vom Kleinen gefolgt, die Rinne hinauf, um schließlich zu verschwinden.

Ich mußte wissen, was für ein Gams nun eigentlich da unten lag. Am Bergstock schwang ich mich hinab, glitt aus und brach ein und wurde von zähen Ästen zurückgeworfen und drängte und zog mich wieder vorwärts. Ein Latschenfeld, auch ein kleines, zu durchqueren, ist schon zur Sommerszeit ein schweißtreibendes und Flüche auslösendes Tun. Tief verschneite Legföhren aber sind so ziemlich das widerwärtigste Hindernis, das sich dem Bergjäger entgegenstellen kann. Ich kam wieder ins Schwitzen und ins Keuchen und stand endlich in der roten Bahn, die den Weg zum verendeten Gams wies. Ich folgte ihr einen Schrotschuß weit, beugte mich dann über die schwarzzottige weißbestäubte Beute, griff mir schnell das Haupt aus dem Schnee heraus und wußte nicht gleich, was ich denken und wie ich's reimen sollte.

Das war ja der Bock!!! Ganz genau der, den ich vom Felskopf heruntergeschossen hatte: mit starken, schön ausgelegten, hohen, aber nicht allzu hohen Krucken. Neun Jahrringe las ich von ihnen ab. Langsam stieg eine Ahnung in mir auf und diesmal eine gute. Ich zog den Verendeten aus dem Graben heraus und schleifte ihn hinunter zu meiner gegabelten Buche, stieg dann frisch noch einmal in die Latschen hinein und holte mir den zweiten Bock, der zu Füßen des Felsens lag, in einer romantischen Pose, wie die Jagdmaler der Biedermeierzeit sie wiederzugeben liebten: den Grind weit zurückgebäumt, den schweißigen Äser offen, die Läufe bei aller Klobigkeit anmutsvoll, teils angezogen, teils mit gespreizten Schalen ausgestreckt. Die Krucken waren stark, weit ausgelegt, hoch, wenn auch nicht gar zu hoch und wiesen neun Jahrringe auf. Ein weniges später hingen beide Böcke nebeneinander an einem waagerechten Seitenast der Buche. Ich hatte sie nur ausgeweidet und das Edelgeräusch, nachdem das Zwerchfell von den Rippen geschärft war, in der Brusthöhle belassen. Auch das Bartrupfen schenkte ich mir. Es begann schon so stark zu dämmern, daß ich lieber darauf verzichtete, die Haare, wie sich's gehört und viel leichter machen läßt, aus der Decke des noch warmen Bocks zu ziehen. Es waren zwei prachtvolle Bärte, dicht und lang und so schön bereift, daß jeder sich wie ein schaumweißer Streifen vom Widerrist bis zum Wedel durch die schwarze Decke herunterzog.

Ich mochte wetten, daß diese zwei Böcke Brüder waren, Söhne ein und derselben kapitalen Gamsmutter. Vor zehn Jahren hier irgendwo in Eis und Schnee gezeugt, in der gleichen Sternstunde zum Dasein erwacht: im Graupelsturm des April oder im Maigewitter oder unter lachendem Himmel von Enzianen umblüht oder in bergblumenduftender Frühlingssternennacht oder am rosigen Morgen vom Kollern des Spielhahns und vom minniglichen Bergfinkenpfiff begrüßt. Aufgewachsen dann unter gemeinsamen, tollenden Sprüngen und Spielen und ganz allmählich zu starken Platzböcken herangereift, die im Sommer miteinander auf versteckte Lahner zur Äsung zogen und den Tag zwischen rieselnden Felsquellen Seite an Seite im schattigen Dickicht verdösten.

Heute waren sie nun um eine der letzten brunftigen Geißen ihres Bereichs in Nebenbuhlerschaft getreten, hatten sich in der den Gamsböcken eigentümlichen Art spielerisch halb und halb im Ernst umhergejagt, und das Blei des Jägers hatte sie wieder vereint.

Ich saß neben ihnen im Schnee und fühlte erst jetzt, daß ich müde war und der rasche Anstieg und die von vorgerückter Stunde gedrängte Birsch viele Kräfte aus mir herausgeholt hatten. Und jetzt kam die wohlige Entspannung und die gelöste Wunschlosigkeit über mich. Langsam rauchte ich meinen Friedenstabak, während um mich her die Nacht herniedersank ins weite frostige Kar mit seiner unsagbaren Einsamkeit. Zwischen den gespreizten Läufen der Böcke tropfte es ab und zu noch schwarz herab in den Schnee, der letzte Lebensrauch, der dem langen Schnitt zwischen den Dünnungen entströmte, legte sich als Reif über die feinen, im leisesten Luftzug wehenden Grannen an den Flanken. Schatten waren sie geworden, dichte, dunkle, schwer herabhängende Schatten, in einer Welt von Schatten aus erstarrten, verkrümmten Baumschäften und -armen um sie her.

Das Abendgold, das noch lange im schon nächtlich gewordenen Himmel gehaftet hatte, war jetzt aus ihm verschwunden. In mattem Violett spannte sich seine Kuppel über den verschneiten Baumkronen, und winzig klein erfunkelten darin silberweiße Sterne. Still war's, stiller als still, so daß ein leises Grauen mich beschleichen wollte.

Auf denn! Die Weißenberghütte, dunkel und ausgefroren, wartet da unten auf mich. Es soll ein Abend werden mit knackendem Feuer, mit funkelndem Punsch und blauem Rauchgespinst um die rötlich glühende Lampe. Nicht umsonst soll Prometheus den Göttern das Feuer aus dem Olymp gestohlen haben. Erst hatte ich daran gedacht, die beiden Böcke mit mir zu nehmen, sie unter das Vordach der Hütte zu hängen, um während eines langen Abends unter die Sterne hinaustretend immer wieder eine Freude an ihnen zu haben. Aber meine Knie verspürten keine Lust nach nochmaligem schweren Tragdienst. Böcke an der Hüttenwand hatte ich ja auch schon viele gesehen, aber so wie hier im nächtlichen Wald hatte ich ihr Bild noch nie auf mich wirken lassen und mir zu eigen gemacht. Auf, eh' das leise Kältegefühl zum schüttelnden Frost wird!

Für erneute Erwärmung sorgte der Heimweg. Nach kurzem Aufstieg konnte ich die lawinengefährliche Steilrinne an ihrem oberen Rand gefahrlos queren, und dann ging es schnell dahin. Nach einer knappen halben Stunde stand ich unten bei meinem Rucksack. Es war jetzt völlig Nacht, der

Himmel schwarz und sternbesät, der Schnee von schwarzen Schleiern übersponnen. Jetzt würde es noch eine böse Waterei geben, quer durch den Jungwald in den Graben hinunter, dann wieder hinauf und dann viel Arbeit, bis das Feuer brannte im schlecht ziehenden kleinen Ofen, bis sich die Eiseskälte in der alten Holzerstube allmählich von der Herdglut verdrängen ließ, bis Wasser geholt war vom ziemlich fernen Graben, bis alles gerüstet und gerichtet war für ein einsames Fest. Ich mußte erst ein Stück in meinem alten Gestapf hinunter, eh' ich nach links abbiegend an die Stelle kam, wo die Steige zur Alm und zum Weißenberg hinüber sich teilten. Kurz überlegend stand ich still am Scheideweg. Dann, einem plötzlichen Entschluß folgend, setzte ich den Bergstock ein, sprang rechts hinab und folgte dem Pfad, den ich vor knapp drei Stunden heraufgekommen war. Unten, unfern den alten Gamsbirschständen meines Vaters und der Stelle, wo mir in jüngsten Gamsjägerjahren ein Bock samt einem Schneebrett in die Klamm abgefahren und hinabgestürzt war und nicht mehr geborgen werden konnte, bis die Schmelzwasser des Frühlings ihn, weiß Gott wohin, entführten, mußte ich wieder in den kalten Dunst des Nebels hineintauchen. Sehr dunkel wurde es um mich her; aber der Schnee läßt keine völlige Nacht zu. Einigermaßen vorsichtig wählte und setzte ich die ungewissen Tritte. Verstauchte ich mir den Knöchel oder brach ich mir gar einen Haxen, so würde kein Mensch mich hier suchen, da mich ja niemand zurückerwartete, der ich angesagt hatte, die Nacht oben auf der Holzerhütte verbringen zu wollen. Und einen Alarmschuß oder deren mehrere gibt nur der ab, dem nicht im Sturz der Stutzen irgendwohin in die Nacht geflogen ist, während er selbst, unfähig, sich viel zu bewegen, im Schnee hockt.

Die Nacht ist des Menschen Feind oben im winterlichen Gebirg, und man muß auf der Hut sein vor ihren Tücken. Aber alles ging gut, und endlich verließ ich die Klamm über den malerischen Steg hinweg, auf dem mich beim Eintritt der Wasserstar begrüßt hatte, und unter dem hindurch jetzt leise plätschernd und gurgelnd, von feinem Rauch überschleiert, die frostgezähmten Wasser des Weißenbaches zu Tal wanderten.

Auch der weitere Weg war vom Glück begünstigt. Keine vierhundert Meter war ich noch auf der zwitschernden Schneebahn des Sträßleins heimzu marschiert, als ich in meinem Rücken einen Schlitten heranklingeln hörte. Ein wenig rostig, ein wenig dünn war das Geläute, nahte sich aber ziemlich schnell. Zwei Laternen, erst kleine rote Funken, dann gelbrote Punkte, dann feurige Augen kamen im Gleichklang von Schelle und Hufschlag auf mich zu, und schließlich hielt das zweisitzige Gefährt dicht an meiner Seite, eine Wolke sonderbaren Duftes, gemischt aus Ammoniak, Pferdeschweiß, geseiftem Geschirrleder und Zigarrenrauch verbreitend. Der Oberkontrolleur der Zollstation lenkte seine flinke Rappstute heimzu, und als guter Christ nahm er mich mit. Unterm Fahren fiel mir ein, daß der Hans heute Ausgang hatte und vermutlich zu Hause in seiner Wohnung saß, weil seine Stammtischrunde am Montag nicht zusammenkam. Ich scheute den kleinen Umweg nicht und klopfte an seine Tür. Er öffnete selbst und starrte mich voll maßlosen Erstaunens an. Dann bemerkte er raschen und kundigen Blicks die beiden Latschenbrüche auf meinem Hut und reichte mir glückwünschend die Hand. Gleich danach aber wurde sein freudiges Auge wieder ratlos: »Ja«, sagte er, »ja ham jetzt Sie den schweren Rucksack 'nauf und wieder runter tragen!?«

Ich nickte.

»Ja, was mach' mer denn jetzt mit dem vielen guten Sach!?« Dabei hob er mir die schwere Bürde mit seinen dienstgewohnten festen Fäusten von den Schultern.

Da nahm ich eine dieser Fäuste zwischen meine beiden noch nicht recht vom Schweiß gereinigten Hände und schloß ihm so die Finger fester um den Tragriemen:

»Das gehört Dir!«, sagte ich, »mach Dir einen schönen Abend, wie ich ihn mir oben am Weißenberg machen wollte. Dann freut's mich erst ganz, daß ich alles wieder mit heimgebracht habe!«

Und der Hans, das war seine Art, gehörte zu ihm und zählte zu seinen vielen guten Eigenschaften, zögerte nicht lang und griff zu.

Ich glaube, ein paar Stunden später haben wir einander zugetrunken mit demselben heißfunkelnden Trank, in dieselbe edle Tabakswolke eingehüllt und mit der gleichen Freude im Herzen, ich oben zwischen Krucken und Kronen, den bruchgezierten Hut vor mir an der Zirbenholzwand der stillbehaglichen Turmstube, er unten in der wachelwarmen Küche an der Seite der Gattin. Jedenfalls sind Wellen hin- und hergegangen, denen das dicke Gemäuer des alten Turms kein Hindernis war und die der frostige Nachtnebel, der zwischen Schloß und Kurierhaus hing, nicht zu durchkälten vermochte.

Um die Wildleite

Es war einmal. So dürfte diese Geschichte dem Chronometer nach eigentlich nicht beginnen, denn so fangen Märchen an, die sich in weit zurückliegender, genauen Nachforschungen entzogener Zeit abgespielt haben sollen. Was ich aber erzählen will, liegt nicht gar weit zurück. Märchen war's auch keins, sondern lautere Wirklichkeit. Die Uhr der Geschichte aber hat seitdem einen sehr merkbaren Ruck mit dem Zeiger getan; Zeiten der Not, der Verwüstungen und Brände, der Zusammenbrüche, Katastrophen und Erniedrigungen haben das Band unserer Geschichte zerrissen. Wir alle mußten unser altes Leben neu oder überhaupt ein neues Leben beginnen.

Es war einmal, vor jetzt genau zweiundzwanzig Jahren. Hinter mir lagen Kriegserlebnisse und eine sie zunächst abschließende schwere Erkrankung, vor mir eine ungewiß begrenzte Zeitspanne der Erholung, der Arbeit im eigenen heimatlichen Wald und Werk. Das muß ich vorausschicken, nicht etwa weil ich der Meinung wäre, daß solche in die Erinnerung gerufenen Umstände zu einer Jagdgeschichte gehören, sondern weil sich eine für deren

Verlauf wesentliche Gegebenheit daraus erklärt: Mein Schießzeug war nicht mehr recht in Ordnung. Ich hab im Lauf von weit mehr als vierzig Feldern drei Büchsflinten besessen, von denen ich ein andermal des näheren berichten und allerhand erzählen möchte. Die gediegenste, die treueste von ihnen war die erste, obwohl sie die billigste gewesen ist und nur fünf Millionen gekostet hat. Die schönste und wertvollste war die zweite. Muster- und Paradestück aus der Werkstätte des unvergeßlichen, grilligen Meisters Schorck in München. Aber sie war treulos. Von der dritten weiß ich nicht viel. Ich hab sie mir gegen Ende des Krieges sehr billig oder sehr teuer, wie man's nehmen will, gegen einen guten Gamsbock eingetauscht, den der Lieferant, eigentlich der Zwischenlieferant, aber voll gewürdigt und mit so viel Freude sich geholt hat (inzwischen ist dieser immer frohgemute und den Freuden des Lebens bejahend aufgeschlossene Waidgenosse gestorben), daß mich der Tausch, nebenher mußte ich sie ja auch noch bezahlen, nicht gereut hat. Begleitet hat sie mich nur noch wenig, eh' sie anderthalb Jahre nach dem Erwerb in der Versenkung verschwand, aus der sie aber später wieder hervorgetaucht ist.

Gut also! Und damals vor zweiundzwanzig Jahren hatte die zweite, deren schlanke Läufe mit einer dem Auge des Waffenfreundes unbeschreiblich wohltuenden Linie aus dem massigen tuschbraunschwarzen Bayernschaft herauswuchsen, mir die Treue gebrochen. Sieben Jahre hatten wir in glücklichstem Bund gelebt und alle möglichen Wälder, nahe und ferne, miteinander durchstreift, als sie mir's auf einmal nicht mehr recht machen wollte, als sich ein Wandel in ihr vollzog und aus der hingebenden Freundin ein störrisches, unberechenbares Luder wurde. Mehr noch: Ich hatte das Gefühl, daß tief drinnen in den stählernen Kammern ihres Herzens durch irgendeine Hexerei so etwas wie Haß gegen mich aufgelebt war. Nicht nur, daß ihr Kugellauf mit den sprunghaftesten Abweichungen in der Gegend herumstreute und alles Einschießen und Umschrauben nichts daran ändern konnte, der Stecher hielt eines Tages nicht mehr, schlug aus, wenn man ihn, noch so behutsam nach vorn drückend, einspringen ließ und den

Daumen dann achtsam und allmählich von ihm löste. Als der Büchsenmacher vor solche Untugend seinen Riegel geschoben hatte, fing der Abzug an zu schleichen und verdarb mir ein paar mühsam erbirschte Erfolge, von denen ich einen auf eine atemraubend hochkruckige, sehr alte Gamsgeiß am schmerzlichsten entbehrte. Auch dagegen wußte der Waffenmeister Rat, aber von nun an war der Abzug hart, verweigerte sich dem zarten Zug des Schießfingers, und mit dem unbefangenen Versenden der Kugel war's vorbei.

Einmal im Dezember hatte ich beim Riegeln einen Fuchs geschossen. Der Schrotlauf dieser Büchsflinte leistete Vorzügliches, wenn er auch bei Weitschüssen nicht ganz so gleichmäßig deckte wie der ihrer Vorgängerin. Auf etwa sechzig Gänge überquerte die starke Feh, es war eine silbrige mit schwarzen Grannen, gemächlich den Schlag. Würden's die Schrote durch diesen dichten Balg hindurch auf so weite Entfernung schaffen, oder sollte ich doch mit der Kugel schießen? Ich hatte ein Teilmantelgeschoß im Lauf. Nur deshalb, seine böse Wirkung in solch verhältnismäßig schwachem Wildkörper kennend, zog ich den Schrotlauf ab, und der Fuchs rollte nach wenigen mehr rutschenden als schnellenden Fluchten durch die falben Schmielen den Steilhang hinunter. Die Treiber waren schon auf Rufweite heran, als ich hinging, die Beute aufzunehmen. Gerade, als ich davor stand und anfangen wollte, mich an dem Bild zu freuen, an den unter hochgezogenen Lefzen schlohweiß schimmernden Fangzähnen, am breiten schwarzen Gehör über der roten Stirn, an der wie mit feinem Ruß überpuderten dickbuschigen Lunte, fiel irgendwo in meiner nächsten Nähe und zu meinem nicht geringen Erschrecken ein überlauter Schuß.

Was hatte es da gegeben? War einer der Nachbarschützen zu mir heraufgestiegen und ihm beim Entladen das Schießeisen losgegangen? War doch noch irgendwo und -wie ein Fuchs, ein Hase, ein Stück Hochwild aus dem Treiben gefahren!? Da sah ich, noch bevor ich mir über die Zusammenhänge klar geworden war, ein Dampfwölkchen aus der Weiche des Fuchses aufsteigen und nach und nach fand ich zusammen, was geschehen war. Der vordere Riemenbügel ist bei Bockbüchsflinten, wie allgemein bekannt, auf dem Kugellauf festgelötet. Mag sein, daß durch Ruhen meines Vorderarmes auf den Läufen des Gewehrs, während ich mich leicht vornüberbeugte, um den Fuchs zu betrachten, ein besonders gespannter Zug am Riemen entstanden, daß der Bügel von einem Lehrbuben nachlässig und ohne Verstand aufgelötet worden war, jedenfalls hatte er sich schlagartig abgelöst und durch das heftige Hinuntersausen der Läufe zum Boden war die Sicherung – an der ebenfalls straff gespannten Hundeleine reibend – nach vorn geschnappt. Beim Aufschlagen der Laufschiene auf einen Felsblock hatte sich dann der Kugelschuß gelöst. Die Kugel war nun, allen vorherigen Erwägungen und Entschlüssen zum Trotz, dem schon verendet am Boden liegenden Fuchs durch Balg und Kern gefahren und hatte, im Gestein darunter zerspritzend, eine Verwüstung angerichtet, die dreimal scheußlicher war, als die, welche ich eine Viertelstunde vorher, einem weiten Schrotschuß den Vorzug gebend, vermieden hatte. Ein Wachtelhund war soeben, der Spur des Fuchses folgend, heranreviert. Vierzig Schritt von mir entfernt und etwas unterhalb, allerdings nicht in Richtung der Läufe, hatte ein Treiberbub gestanden. Mein eigener Dackel berührte, in kaum zu bändigender Passion sich in den Riemen legend, mit dem Windfang schon die Vorderläufe des Fuchses, als das Unglück passierte. Kurz, es hätte, es hätte … ja weiß der Teufel, weiß mein Schutzengel, was alles hätte passieren können! Und das zwei Faust große Loch in der schönbalgigen Feh, dazu die vielen, strahlenförmig auseinandergehenden Striemen und Risse auf ihrem schwarzsilbernen Vlies waren nicht nur das kleinste Übel, ich mußte noch dankbar und glücklich sein für diesen Verlauf.

Im nächsten Bogen kam mir, noch bevor die Treiber angegangen waren, ein sehr starker und wirklich alter Achterhirsch. Mit einer ganzen Schneeladung zwischen den steil aufgebogenen Augsprossen war er auf einmal, zehn Schritt unter mir, in meinem Rücken aufgetaucht und verhoffte, sehr beunruhigt, zum Glück an mir vorbei. Ich schoß ihm, als er endlich schräg vor mir wegtrollte, mit der jetzt riemenlosen Büchsflinte hinters Blatt. Die

Kugel zertrümmerte ihm den Lauf dicht unterhalb des Buges und fuhr, weitere Zerstörungen anrichtend, noch oberhalb des Brustkerns durch Wildbret und Rippenknorpeln. Auf die geringe Entfernung von etwa dreißig Gängen sah ich, wie sich im Schuß das Ellbogengelenk faustdick vergrößerte. Der Hirsch blieb schwerkrank stehen, aber die Hülse klemmte. Als ich endlich wieder feuerbereit war, hatte der Achter eine ihn bis zu den Mittelenden deckende Mulde gewonnen.

Das Treiben war rundum abgestellt und der Hirsch ins Treiben zurückgeflüchtet. Deshalb glaubte ich, das Richtige zu tun, indem ich meinen auf Schweiß schon recht gut arbeitenden Dackel, den kleinen gutmütigtreuen »Wastl«, sofort schnallte. Ich hatte keine Bedenken, daß der Schwerkranke nicht nochmals zu Schuß kommen würde. Er brach aber sehr spät bei einem Schützen durch, der auf dem Rückwechsel stand und bis auf seine völlige Taubheit ein ausgezeichneter Jäger war. Der hatte ein Kalb erlegt und, weil seiner Schätzung nach das Treiben beendet sein mußte, soeben begonnen, es aufzubrechen. Wie ich später feststellte, hatten Hirsch und Hund, fünfzig Schritt hinter ihm, durch raumes Hochholz anscheinend langsam den Bogen verlassen, und der in gebückter Haltung an seinem Wildkalb herumhantierende alte Klaus konnte nichts davon wahrnehmen.

Der Wastl kehrte schließlich, noch voller Aufregung und überwältigt von seinem großen Erlebnis, das er mir, wie ich es ihm deutlich anmerkte, allzu gern genau erzählt hätte, zu mir zurück, und die Nacht kam und während der Nacht ein fürchterlicher Schneesturm mit beigemischtem Regen. Eine vielstündige, erst am zweiten Tag abgebrochene Nachsuche führte wohl einmal an den Hirsch, aber wegen des unglaublich törichten Verhaltens eines Jägers zu keinem Erfolg. Und dann heulte ein neuer Schneesturm von Westen herein, sang drei Nächte und zwei Tage und machte aller weiteren Suche ein Ende. Ich glaube bestimmt, daß dieser mit seinen steilen, rauhgeperlten Stangen und ein Drittel Meter langen, hochaufgebogenen Augenden ganz einmalige Hirsch bald darauf, Gott weiß wo, elend eingegangen ist.

Ja, hätt' ich nicht, mit einem Hochschuß von etwa zehn Zentimetern rechnend, den Hirsch so tief gefaßt und wäre es dieser liederlich gewordenen Luderbüchse nicht gerade an dem Tag, vielleicht durch den Aufschlag der Läufe auf den Steinblock, eingefallen, wieder Fleck zu schießen, dann wäre diese, auch so noch einen tödlichen Punkt des Rumpfes berührende Kugel, sicher ins Leben gegangen. Das Schultergelenk aber hatte sie und ihre expansive Kraft aufgefangen und vom Edelgeräusch abgehalten.

Von dem Tag an habe ich die schöne Meistertocher des alten Schorck nicht mehr mit mir in die Wälder genommen.

Es war damals aber schon schwer, auch bei guten und alten Beziehungen zu verschiedenen Firmen, eine Jagdwaffe zu bekommen. In meinem eigenen Gewehrschrank war sonst kein Mangel an Büchsen und Flinten aller Art, nur die Büchsflinte, dieses mir im Lauf der Jahrzehnte unentbehrlich gewordene Gebrauchsgewehr, welches allen aus dem Waidwerk im Gebirg sich ergebenden Anforderungen an den Schützen und seine Waffe gerecht wird, die allein fehlte. Und so holte ich mir denn meine alte, treueste Freundin zurück, die ich gegen viele Schwüre pfleglicher und schonender Behandlung einem unserer Wildhüter zum leihweisen Gebrauch überlassen hatte, die alte Bockbüchsflinte mit dem hellen Schaftholz und der altdeutschen Rankenverzierung auf den Seitenplatten des Verschlusses. Ich war ihr, eh' sie mein geworden war, damals vor zwei Jahrzehnten, nachgereist wie ein fahrender Ritter dem schönen Fräulein seiner Minnewahl. Das dabei von mir benützte Roß war nicht mit Eisen gepanzert, es war vielmehr ganz aus Stahl gewesen, und es hatte mich nicht durch romantische Täler und liebliche Auen, sondern durch die verkehrsreichen Straßen der Münchner Stadt getragen.

Das kam so: Ein wohlmeinender Geschäftsfreund hatte meinem Vater den Rat gegeben, bei immer schneller fortschreitendem Verlauf der Inflation doch, und sei es unter teilweiser Hingabe unsicher gewordener Papiere, Käufe an Maschinen und Gerät besonders für den Bedarf des Gutes zu tätigen und so einen Teil seiner Geldwerte vor dem Zerfall in nichts zu bewahren. Ich war damals siebzehn Jahre alt, hatte zugehört und ein paar Tage später, etwas verschämt und zögernd, beim Vater angefragt, ob nicht im Rahmen dieser Neuanschaffungen auch noch eine Büchsflinte für mich unterzubringen wäre. Der solch einer Bitte stets gütig und sehr großzügig aufgeschlossene Vater hatte zugesagt, wobei mir, wenn das auch nicht allein den Ausschlag gab, der Umstand zu Hilfe gekommen war, daß ich im Griechischen, ganz gegen meine Gewohnheit und, wie sich später herausstellte, auch nur ausnahmsweise, eine Schulaufgabe mit der Zensur »lobenswert« zurückbekommen hatte.

Gleich jenseits der Anlagen vor unserem Haus befand sich die Werkstätte und der sehr vornehm ausgestattete, gediegene Laden der zu ihrer Zeit berühmten Münchner Jagdwaffenfirma Miller & Valentin Greiß, die damals Jakob Steinbrenner, selbst des Waidwerks beflissen und ein vielbekannter Meister der Flinte, innehatte. Seine joviale, aber auch sehr bestimmte Art gab der Führung des Geschäfts, er empfing nach alter Sitte seine Kunden meist im Gehrock, das besondere Gepräge. Ich wundere mich heute noch, daß er – meine Käufe waren ja, zu Anfang wenigstens, reichlich bescheiden – den ungezählten Fragen, die ich an ihn stellte, so geduldig zuhörte und daß er mich trotzdem, das merkte ich wohl, stets gern bei sich eintreten sah.

Zu ihm also eilte ich und verkündete die große, durch den Vater entstandene oder zunächst doch ermöglichte Freude. Diesmal aber runzelte er ein wenig die Stirn. Ja, sagte er, er habe die hübsche Büchsflinte mit dem zwanziger Schrotlauf und der Kugel Kaliber 6,3 schon noch in seiner Vitrine stehen, aber sie koste heute nicht mehr wie vorgestern, als ich mich sozusagen wegbereitend und noch im Ungewissen über die väterliche Entscheidung nach ihr erkundigt hatte, anderthalb Millionen, sondern deren – vier.

Das war nun ein schlimmer Schlag. Mit geschäftlichen Dingen oder gar mit Fragen der Börse hatte ich mich damals überhaupt noch nicht abgegeben, sehr im Gegensatz zu manchen meiner Mitschüler, die während der Pause im Schulhof einen schwunghaften Handel mit Dollar- und Pfundnoten trieben. Der Preis von anderthalb Millionen war mir von vornherein

Die Aschauer Pfarrkirche

als kaum erschwinglich vorgekommen, und ich wußte nicht, daß man sich damit vielleicht zur Stunde, da ich besorgt aus dem Laden Jakob Steinbrenners wieder hinausging, im Höchstfall noch zehn bis zwanzig Dollar kaufen konnte. Ich verstand auch nicht, weshalb mein Gönner sich wenig erfreut darüber zeigte, daß ich bereit war, ein großes Geschäft mit ihm abzuschließen. Nur eines hatte ich aus der Atmosphäre im Laden wie aus den Gesprächen mit dem Vater und seinen Beamten herausgewittert und im Unterbewußtsein begriffen, nämlich daß ich mich jetzt höllisch beeilen mußte, um, wenn überhaupt noch, zu meiner Bockbüchsflinte zu kommen. Das schon greifbar vermeinte Ziel war mir von den reißenden Fluten einer zwar nicht verstandenen, aber gefühlsmäßig erfaßten, von mir unbeeinflußbaren Entwicklung wieder entführt worden, und ich würde wie ein Nurmi rennen müssen, um es vielleicht nochmals einzuholen.

Aber der Vater war nicht da an diesem Nachmittag, kehrte erst abends zurück, bewilligte den neuen, im Lauf von drei Tagen verdreifachten Preis, und der nächste Schulvormittag kroch mir qualvoll langsam und mit manchem Tadel wegen geistiger Abwesenheit vorüber. Gleich nach Tisch – denn diesmal wollte ich ganz sicher gehen – ließ ich mir ein großes Paket beinahe nagelneuer Zehntausendernoten in der Buchhaltung aushändigen, fünf Millionen Mark (eine davon sozusagen als Armeereserve), schwang mich, das kostbare Bündel am Busen, aufs Rad und flog um die Anlagen herum zu Jakob Steinbrenner.

»Herr Steinbrenner, hier sind die vier Millionen«, erklärte ich stolz und legte sie ihm vor den mit schwerer Goldkette behängten Bauch auf den Ladentisch. Er aber runzelte abermals unangenehm berührt die Stirn.

»Ja, mein lieber junger Baron, inzwischen ist unsere Mark aber schon wieder gefallen. Wenn Sie's nicht wären, würde ich die Büchsflinte jetzt überhaupt nicht mehr verkaufen. Na, warten Sie, ich will einmal schnell kalkulieren«. Und damit schrieb er rasch ein paar Zahlen auf einen Block.

»Ja, es ist zum Teufelholen. Ich kann's her- und hinrechnen wie ich will. Heute kostet die Büchse elf Millionen. Glauben Sie mir, ich hab' ehrlich

ehrlich kalkuliert«, fügte er hinzu, als ihm meine tiefe Enttäuschung nicht verborgen blieb.

»Von Rechts wegen dürfte ich jetzt gar nichts mehr verkaufen, denn was ich heut dafür einnehme, ist übermorgen schon nichts mehr wert. Die Währung verfällt so schnell, daß man nimmer nachkommt mit den Geschäften.«

Er hatte vollkommen recht, aber damals sah ich es nicht ein, und zum erstenmal voll bitterer Gefühle verließ ich die vertrauten Räume des Ladens von Miller & Valentin Greiß' Nachfolger.

Jetzt galt es, sonst war alles verloren! Zum Vater wollte ich nicht. Er würde mir zwar glauben, denn mit Geldern hatt' ich's immer genau genommen. Das wußte er und belobte es auch zuzeiten. Aber er hatte viele andere Sorgen im Kopf, er würde sich ärgern und in der Folge vielleicht die ganze Büchsflintenaktion einstellen.

Nach einer kleinen entmutigten Rundfahrt war in das Herz des Minneritters wieder Zuversicht eingezogen. Da gab's doch noch ein paar andere Büchsenmacher; nicht gerade die Firma Karl Stiegele mit den vier lebensgroßen Hirschhäuptern über ihren breiten Schaufenstern. Dieses elegante und teuere Geschäft würde schwerlich billiger kalkulieren als mein bisheriger Gönner bei den Anlagen. Aber es gab in den Gassen der Altstadt und hinter der leerstehenden Schwerereiterkaserne an der Isar noch ein paar nicht gar so im Vordergrund liegende Waffenhandlungen, die vielleicht ein wenig nachhinkten, ja, die wahrscheinlich froh waren, wenn ein Käufer, der fünf Millionen anzulegen hatte, ihre Räume betrat.

Ich sollte meine blauen Inflationswunder erleben! Beim Meister Schork in der Murassistraße wurde ich wenigstens noch korrekt behandelt, obwohl ich, wie ich mir selbst eingestand, mit meinem Schillerkragen und der verschabten Pennälerkleidung nicht angetan war, Hochachtung einzuflößen. Aber ein anderer ließ es, auch für bajuwarische Ansprüche, an der einfachsten geschäftlichen Höflichkeit fehlen. Dabei gab gerade sein winziger Laden mit Porzellanpfeifenköpfen, falschen Gamsbärten, unechten Hirschgrandeln und allerhand anderem Trödelkram ihm die mindeste Berechtigung zu großspurigem Verhalten gegenüber einem bescheiden gediegenen Kunden. Bei Meister Schork kostete eine allerdings bildschöne kleinkalibrige Bockbüchsflinte zwölf Millionen, und der Pfeifenkopftrödler und Waffenkrämer in einer sehr belebten engen Geschäftsstraße erklärte mir, daß er überhaupt keine Gewehre mehr abgebe. Ein wackeliger Glasschrank im Hintergrund stand aber voll davon, und ich machte ihn, vom väterlichen Kanzleichef vorsorglich gegen solche Ausreden eingepaukt, darauf aufmerksam, daß, wenn er die Ware im Laden stehen habe, hierin ein Offert zu erblicken wäre und er zum Verkauf verpflichtet sei.

»So, moanan S'. Ja, Sie müassen's ja wissen. Ham Sie überhaupts einen Waffenschein?«

Ich zückte meine Jagdkarte, aber er warf nicht einmal einen Blick darauf. »I hab koane Büchsflint'n. Da, die können S' hab'n. Zwoa Millionen kost's.«

Er zog aus irgendeinem Winkel ein gebrauchtes zweiläufiges Flobertgewehr mindester Qualität mit Buchenschaft und vernickelten Hähnen hervor und legte es unwirsch auf die Ladenbuddel.

»Das könnte Ihnen so passen, daß ich Ihnen dieses Gelump abnehme«, sagte ich jetzt höhnisch und meinen Rachedurst mit Verachtung stillend. »Für diesen Mist wird Ihnen niemand etwas bezahlen, der nur eine Ahnung von Gewehren hat.«

Damit verließ ich stolz den Laden. Wer weiß, ob wir, wäre ich länger verweilt, nicht noch ins Handgemenge miteinander gekommen wären. Dieser hagere Grantlhuber mit seinem säuerlichen Gesicht, seiner überheblichen winzigen Schnurrbartbürste und seiner etwas speckigen grünen Weste ging mir bodenlos auf die Nerven, nicht minder seine bessere und wesentlich schwerere Hälfte, die im Hintergrund vor einer großen, auch außenherum mit eingetrockneten Kaffeerinnsalen besudelten Tasse saß. Den Ellenbogen auf die Armlehne ihres Sessels und ihr doppeltes Kinn in die Hand gestützt, musterte sie mich spöttisch abschätzend und unverhohlen belustigt durch die ungefaßten Gläser ihres Zwickers.

Mit siebzehn Jahren gibt man ein heißbegehrtes Ziel nicht so leicht auf und verliert nicht den Mut ob einiger jovialer oder höflicher oder patziger Absagen. Allerdings war nur noch ein schwacher Hoffnungsschimmer übriggeblieben, nachdem ich nun fast alle mir bekannten Münchener Gewehrläden durchstöbert hatte. Und dieser Schimmer kam von der Maximilianstraße her, aus den drei, mit vier wuchtigen, eisengegossenen Hirschhäuptern krönend verzierten Schaufenstern der damals größten Waffenhandlung Münchens, von Karl Stiegele.

Zu Roß also und eilig den Weg genommen durch alle Fährnisse großstädtischen Verkehrs hindurch, in die Prachtstraße, die König Max der Zweite seinem bedeutenderen Vater, dem Ludwig-Augustus, sparsam bescheiden nacheifernd, über ein Gelände hatte entstehen lassen, auf dem noch knapp ein Jahrhundert zuvor Bayerns Kurfürsten den edlen Hirsch sich erwaidwerkten. Ich fuhr erst ein paarmal – im Schritt sozusagen – an den schon elektrisch erleuchteten Auslagen vorbei, trat aber schließlich so beherzt wie möglich ein; denn es waren ja noch die Schulaufgaben für den morgigen Tag wegzufertigen, und wer weiß, vielleicht hatte diese tückische Inflation auch zur Folge, daß die Läden, die anscheinend nichts mehr verkaufen wollten, früher als sonst ihre Tür versperrten. Und morgen, darüber hatte ich keinen Zweifel, würde ich, selbst wenn ich in jeder meiner beiden Brusttaschen fünf Millionen verwahren dürfte, zu keiner Büchsflinte mehr kommen; morgen gab sicherlich keiner mehr etwas so Wertvolles ab.

Ein frischer und freundlicher Gruß empfing mich. Wirklich und wahrhaftig stand da ein guter Bekannter am Verkaufstisch, ein Herr, der sonst in der Werkstatt beschäftigt war und zu dem ich schon oft mit allerhand Nöten meines bis auf eine nagelneue Repetierbüchse recht altväterischen Waffenarsenals gekommen war, mit der einläufigen Flinte zum Beispiel und dem klobigen Flobertstutzen, die aus den Werkstätten von Karl Stiegele stammten und die ich deshalb auch dorthin zum Reparieren brachte.

»Womit kann ich heute dienen, Herr Baron?«, war die verbindliche Frage des, wie ich heute noch vermute, hinsichtlich der Marktlage ungenügend instruierten Herrn. Der Teufel mochte wissen, weshalb man ihn in dieser kritischen Zeit allein gelassen hatte.

»Ich möchte eine Bockbüchsflinte kaufen, mit Fernrohr«, war meine durch so viel Entgegenkommen ermutigte, rasche Antwort.

»Haben wir, verehrter Herr Baron, haben wir in allen Ausführungen! Wollen Sie eine hahnlose oder eine mit Hähnen?«

Das ging ja wie am Schnürchen! Eine ganze Menge hübscher und gefälliger Waffen wurde auf einer rasch über das Glas des Schautisches ausgebreiteten grünen Filzdecke vor mich hingelegt. Eine hatte es mir auf den ersten Blick angetan, und zwar aus einem, meinem damaligen Alter entsprechenden ziemlich unsachlichen Grund: sämtliche Schloßteile sowie der Stahlbügel über den Abzügen waren im Gegensatz zu den schwarzen Läufen blitzblau brüniert, wie dies zu Zeiten unserer Großväter als besonders vornehme Ausstattung galt. Das Schaftholz war hell, aber hübsch gemasert, aus angeblich südfranzösischem Nußbaumholz, und somit hatte die ganze Waffe mit ihrem nagelneuen Schweinslederriemen ein lichtes, fast möchte ich sagen, buntes Aussehen. Und nach dem Bunten greifen die Kinder, greifen fast alle Naturvölker, greifen die meisten Frauen und greift die Jugend. So vergaß ich zunächst auf meine Kaliber- und sonstigen ballistischen Wünsche, die ich mir, angeregt und geleitet von Rudolf Hans Bartschens und Friedrich von Gagerns Waffenplaudereien und Abhandlungen in der Jagdpresse, zurechtgedacht hatte, und fragte mit geheuchelter Ruhe:

»Was kostet denn diese?«

»Diese hier mit Fernrohr, Zeiß Zielvier, Kal. 8 x 57, Schrotlauf Kal. 16, mit einfachem Querriegel, Rankendekor und Lederkohlenbrünierung, einen Augenblick, verehrter Herr Baron« – er las etwas von dem grünen Preisschildchen ab, holte auch wieder einen Block, multiplizierte, addierte, zog einen energisch gefälligen Strich unter die Endsumme – »fünfeinhalb Millionen«.

»Gemacht!«, sagte ich und widerstand nur schwer der Versuchung, das die Brusttasche schwellende Banknotenbündel kräftig auf den Verkaufstisch hinzuhauen. Ich überreichte es leidlich vornehm und lässig.

»Bitte, wollen Sie nachzählen.«

»Fünf Millionen, jawohl. Fehlen noch fünfhunderttausend Mark. (Ja, das wußte ich, daß die fehlten.) Die bitte ich baldmöglichst zu überweisen. Das Geld verliert ja stündlich an Wert.«

»Die bringe ich Ihnen heute noch her, aber bitte geben Sie mir doch, wenn sich's machen läßt, die Büchse gleich mit.«

»Gern, selbstverständlich. Darf ich vielleicht ein Futteral dazu geben? Dieses hier hat einen kleinen Sonnenflecken auf dem Leder und ist deshalb im Preis zurückgesetzt worden. Es kostet« – er rechnete abermals auf seinem Block herum – »dreihundertachtzigtausend Mark.«

»Gemacht«, sagte ich wieder. Auf ein halbes Milliönchen mehr oder weniger kam es jetzt wirklich nicht mehr an, nachdem ich durch meinen unbeirrbaren Eifer heute schon deren sechs eingespart hatte.

Und so war ich im Jahre des Heils 1923 Besitzer meiner ersten Bockbüchsflinte geworden, die im Lauf der Zeit mich auf hundert, dann auf tausend und jetzt sicherlich auf zehntausend Birschen zu allen Stunden des Tages und der Nacht unter allen Wettern, Gestirnen und Vorzeichen begleitet hat. Und wenn sie noch nicht gestorben, gestohlen, beschlagnahmt, in Benzinfeuern verbrannt, mit dem Panzer überrollt, mit dem Schaft auf Steinböden zertrümmert, auf dem Schwarzmarkt verschachert und im Flug über den Ozean verschoben ist, wenn das alles nicht, dann, nun dann müßte die alte Freundin noch leben und sich in meiner Obhut befinden.

Das ist sozusagen der Vorakt und etwas wie eine entschuldigende Aufklärung für den Leser der eigentlichen Hauptgeschichte, die ich oben mit »es war einmal« eingeleitet habe. Die »Deutsche Jägerschaft« hatte, bald nachdem sie gegründet oder besser gesagt unter diesem Namen zusammengeschlossen worden war, für das ganze Reichsgebiet, wenn ich nicht irre im Lauf der ersten Januarhälfte, eine Fuchswoche eingeführt. In allen Ländern, Gauen, Kreisen, Hegeringen und Revieren sollte während dieser sieben Tage Reineke dem Roten mit besonderem Eifer nachgestellt werden. Jeder Jagdherr, Hegeringleiter, Kreis-, Gau- und Landesjägermeister mitsamt Stäben und Stabsmeistern sollte seinen besonderen Stolz darein setzen, am Ende dieser bedeutenden Woche seinem höheren und schließlich allerhöchsten Vorgesetzten eine möglichst stattliche, den deutschen Rauchwarenmarkt und die Einfuhr an Devisen belebende Fuchsstrecke mit aufgehobener Hand stramm stehend gehorsamst melden zu können.

Im Grund genommen und bei ganz sachlicher, jägerisch-waidmännischer Betrachtung war die Einführung einer solchen Fuchswoche etwas durchaus Vertretbares. Im Januar herrscht, nicht mit unbedingter Sicherheit, aber doch in der Regel, frostiges Schneewetter. Es wird somit zu solcher Zeit dem Fuchs gar nicht oder nur ausnahmsweise mit dem Eisen nachgestellt werden können, wohl aber mit waidgerechteren Mitteln und Jagdarten, mit Erdhunden, Treibern, nächtlichem Ansitz und mit der Locke. Wenn nun während langer sieben Tage alle Baue, Dickungen, Klippen und Schluchten des deutschen Fuchses mit allen Arten von Lang-, Rauh-, Draht-, Stichel- und Kurzhaar durchstöbert, von Flinten aller Kaliber und Fabrikate, geladen mit Schrotpatronen aller Farben und Stärken, umstarrt und von den dazu gehörigen Jägerphysiognomien, milchbärtig rosigen, eisengrauschnauzbärtigen, kupferbraunen, schlohweiß vollbärtigen apfelroten, umlauert und von allem Treiberspektakel, von Ratschen, Klappern und hagelbuchenem Stockgeklopfe, silberhellen sich überschreienden Bubenkehlen und alkoholisch rostigen Greisenhälsen durchlärmt werden, dann ist es unausbleiblich, daß mancher Rote dabei zur Strecke kommt, der sich auf Grund von Erfahrung und glücklich gewähltem Heimatbereich ohne Fuchswoche vielleicht bis an sein natürliches Ende durchgeschwindelt haben würde. Dann wird die Sippe derer von Malepartus einmal kräftig zur Ader gelassen, ohne sie dabei zu schinden und zu mißhandeln, und mancher auf seine zackenbügeligen Folterinstrumente versessene Jäger kommt dabei vielleicht sogar zu der Einsicht, daß man auf anständigere, ehrlichere Art zu seinem Balg, zu seiner Prämie und zu seinem Ruf als Raubwildjäger gelangen kann.

Nein, im tiefen Herzensgrund hatte ich nichts gegen die Fuchswoche. Im stillen begrüßte und lobte ich sie sogar. Aber, teils weil ich den ganzen

Winter über ohne Eisen, meist auch ohne Erdhund und Treiber hinter den Füchsen her bin und somit meine Fuchswochenstrecke immer schon im vorhinein eingebracht habe, teils auch, weil ich ein bockiger, sehr zum Widerspruch neigender Mensch bin, und teils, weil unser Forstmeister, der aus unstillbarem Paarungsdrang der Volksvermehrung sehr aufgeschlossene Grünober, ein großer Nazi war und die Fuchsverminderung begeisterungsvoll bejahte, herrschte in meinen Wäldern und Jagdgründen während dieser sieben Tage stets tiefer Friede.

In jenem Jahr aber – ich weiß nicht mehr genau, welche Übermacht es so beschlossen hatte, glaube aber, daß es meine Gattin gewesen ist – mußte ich Mitte Januar für längere Zeit verreisen. Von Weihnachten ab war immer schlechtes Wetter gewesen, und so traf es sich, daß ich, als es zu Ende der Fuchswoche nach mäßigem Schneefall heiter und frostklar geworden war, doch noch ein kleines Riegeln ansetzte, um vielleicht zu dem einen oder anderen voll ausgereiften Pracht- und Winterbalg zu kommen, eh' die unmittelbar bevorstehende Ranzzeit ihn des Glanzes beraubt oder gar kräftig beschmutzt, zerwühlt und hergezaust haben würde.

So ein Riegeln, auch bei einfachsten Ansprüchen und bescheidenster Aufmachung, war damals schon zu einem recht schwer organisierbaren Unterfangen geworden. Die Waldarbeiter hatten mir, von ihren Xanthippen dazu aufgestachelt, schon ein paar Mal die Gefolgschaft verweigert, weil sie bei solchem Tun angeblich zu großen Verschleiß an Gewand und Schuhwerk erlitten. Die jüngeren Jäger, die beim Durchgehen hätten aushelfen können, waren längst eingerückt. So mußte ich denn ein paar Jungmannen abrichten und unter der Anleitung eines älteren Jagdaufsehers zum Durchdrücken der oft großen Treiben, bei denen der Erfolg vom richtigen Tempo und Geräusch und von allerhand Schwenkungen und Wendungen abhing, verwenden. Der Fuchs, insbesondere der auf der Treibjagd noch nicht verprellte, läßt sich bei halbwegs fängischem Gelände wie eine Billardkugel dirigieren. Dazu gehört, genau so wie bei jenem Kugelspiel, große Übung oder ein sechster Sinn und am besten beides. Aber auch bei diesen Jungmannen mußte ich gewärtigen, daß sie mich im Stich ließen, wenn ihr Anteil an der Strecke, vor allem an den Aufbrüchen des zuletzt stattgehabten Rotwildriegelns, zu gering ausgefallen oder auch nur von ihrer Familie als unzulänglich beanstandet worden war.

An jenem 12. Januar aber, einem Donnerstag in der Woche des Fuchses, waren sie brav zur Stelle, drei in Berg und Wald sich gut auskennende Brüder zwischen zwölf und fünfzehn Jahren, und wurden dem Revierjäger Mathias als ihrem Lenker für den kurzen Wintertag unterstellt. Außer dem seinen hatten sich um mich drei weitere Gewehre versammelt: das des Forstverwalters, der trotz seiner 64 Jahre noch Soldat und nur vorübergehend beurlaubt war, und die zweier älterer Forstwarte. Hauptziel, Hauptbogen und Haupthoffnung des Tages war die Wildleite, ein langgestreckter Vorberg, dessen felsiger Kamm sehr dicht mit fünfzehn- bis dreißigjährigem Fichtenjungwald bestockt war. Im Süden wurde dieser Wald auf der einen Hangseite durch einen Schlag und ein an diesen sich anschließendes Fichtenhochholz begrenzt, auf der anderen durch raum stehende alte Buchen. An seiner höchsten Erhebung läuft der Kamm in einem Durcheinander von Wandeln, Felsblöcken, klein gebliebenen Fichten und krüppeligen Buchstauden aus. Dort herum hatte ich von jeher meinen Stand, mit herrlicher Fernsicht ins Inntal hinüber gegen den Wendelstein und die Schlierseer Berge zu.

Schon in meinen ersten Universitätsferien hatte ich dieses Plätzchen entdeckt und es seitdem alljährlich mindestens ein- bis zweimal bezogen, wenn die dem Hauptrevier vorgelagerte Waldabteilung Wildleite auf Rotwild, Fuchs und Hase durchriegelt wurde. Das Rotwild kam dann auch meistens bei meinem Stand vorbei, vor allem während der ersten Jahre, bevor es sich nach gemachter schlechter Erfahrung angewöhnt hatte, irgendwohin unberechenbar auszubrechen. Der Fuchs aber ließ sich hier nur äußerst selten blicken, obwohl – das eben war das Merkwürdige – fast bei einer jeden Wildleitenjagd mindestens ein Fuchs vor- und auch meist zur Strecke kam. Unser rotbärtiger Forstwart Hans, den seine Augengläser nicht daran hinderten, ein für Gebirgsverhältnisse ungewöhnlich sicherer Schrotschütze zu sein, hatte diesen Wildleitenfuchs fast jedes Mal vor sich liegen, wenn ich nach Beendigung des Treibens an seinen Stand kam. Bei einer der früheren Jagden da oben (ich hatte die herbstlichen Riegeljagden, die während vieler Jahrzehnte nicht mehr abgehalten worden waren, erst wieder zum Leben erwecken müssen) verblieb mir der rote Hans als überzähliger Schütze, da ich nach Besetzung der wichtigsten Stände mich anschickte, den eigenen bewährten Platz zu beziehen.

»Was mach ich jetzt mit Ihnen?« fragte ich den Vielerfahrenen. »Kommen Sie zu mir auf den Stand!?« Dazu hatte er aber – seines guten Anlaufs sicher und des Schießens froh – keine rechte Lust.

»Ah, i bleib halt glei da sitz'n«, sagte er. »Des Platzerl g'fallt mir net schlecht. Was soll i bei Eahna vorn? I kunnt Eahna grad stör'n.«

Ich machte ihn darauf aufmerksam, daß ich auf meinem Stand ihm ziemlich genau vor der Nase sitzen und nur von mir gefehltes oder verpaßtes Wild noch bei ihm vorbeikommen würde.

»Des macht mir nix aus. Des Platzerl g'fallt mir sonst net schlecht.«

Na schön, wenn er's nicht anders haben wollte. Ich hätte ja beleidigt sein können, daß er seiner Zuversicht nach ziemlich sicher damit rechnete, ich würde vorn etwas verpassen oder verpatzen. Aber dazu hatte ich keine Zeit. Ich mußte schauen, daß ich hinauskam zum alten Wurzelstock, gut einen Schrotschuß unterhalb des felsigen Grats. Was hier am Westhang durchwechselte, kam mir zu Schuß. Der Osthang war mit zwei anderen Schützen abgestellt.

Zu meinem maßlosen Erstaunen fiel, kaum daß der erste Hetzlaut der Dackel weit vor mir am Grat vernehmbar geworden war, dicht hinter meinem Rücken ein Schuß. Nach beendigtem Treiben, ich glaube, daß ich selbst gar nicht zu Schuß gekommen war, fand ich den wackeren Hans auf dem von ihm erwählten Stand nachdenklich durch seine Brillenfenster einen Mordsprügelfuchs betrachtend, der ihm zu Füßen lag. Und so fand ich ihn von da ab noch oft, wenn wir wieder einmal die fast nie versagende Wildleite durchgedrückt hatten und ich ihn abholen kam. Das grenzte an Hexerei und ließ sich mit »gutem Anlauf« schon nicht mehr erklären!

Wie mochte das zugehen?! Darüber haben wir beide uns und auch die anderen diesen Bogen näher kennenden Jäger lange Zeit den Kopf zerbrochen. Was konnte den Fuchs mit solcher Sicherheit immer wieder veranlassen, den schmalen verwachsenen Paß dicht unter der Schneid zu wählen, nachdem der Rote doch sonst und vor allem im Gebirg, wo er selten gestört wird und sich bei Tag ohne Hemmung auf Schlägen, Almlichtungen und Waldwiesen herumtreibt, am liebsten geradeaus geht und sich nur ausnahmsweise durch mehrfach gewundene Deckung hindurch aus dem Trieb schlängelt? Deckung hätte er ja auch bei mir draußen auf dem verwachsenen Trümmerfeld gefunden, in das ich von meinem Stand aus guten Einblick und reiche Schießmöglichkeiten hatte. Ein einziger hatte mich dort einmal im Zeitraum von fünf Jahren angelaufen, nachdem der Rotbart schon nahezu ein halb Dutzend schrotschußnah hinter mir hatte Rad schlagen lassen.

Wir brachten es lange nicht heraus. Ein Zufall sollte dies Rätsel lösen, ein sehr ähnlicher Zufall wie der, der dem Hans zu seinem sicheren Fuchspaß und Stammplatz in der Wildleite verholfen hatte. Denn, so hab ich's während der vielen Jagdleiter- und Jagdherrenjahre gehalten: Wenn einer an einem Stand Besonderes geleistet und denkwürdiges Waidmannsheil gehabt hatte, dann bekam er den immer wieder zugeteilt. Es war sein Stand, und wir fuhren, nachdem wir fast immer in dem gleichen Kreis, nur meine Jäger und ich, Treibjagden abhielten, alle gut dabei. Jeder hatte seine besondere Chance, seine eigenste Hoffnung und Vorfreude, die Strecke verteilte sich ziemlich gleichmäßig unter den Schützen, und zuletzt, als letztes nicht, ich brauchte mir nicht jedes Mal aufs neue den Kopf zu zerbrechen, auf welchem Posten der oder jener stehen sollte. Ein Augenzwinkern, ein auffordernder Wink mit dem Kopf, und der Schütze wußte, wohin.

Ich habe selten Gäste zu meinen kleinen Bergriegeljagden eingeladen; schon aus dem sehr einfachen und nicht weniger zwingenden Grund, daß wir das jeweilige Anblasen der Jagd vom Wetter abhängig machten und der Jagdtag, so wie im Schwarzwildrevier, meist erst am Vorabend ernstlich beschlossen wurde. Außerdem waren nur wenige unter meinen Jagdfreunden, die so ein kleines improvisiertes Riegeln richtig verstanden und gewürdigt hätten. Keine stramm ausgerichtete uniformierte Doppelreihe von Jägern und Treibern, kein Plessisches Horn, gegen das ich im übrigen nichts gesagt haben möchte; ich liebe seinen Klang im herbstbunten, wie im verschneiten Wald. Keine »Ansprache an mein Volk« mit Ermahnungen, Vermahnungen und einem wohlgerüttelten Maß von Tadel auf Vorschuß, kein vorbereitetes Frühstück, kein »Stand drei im Treiben zwo« und kein »Stand zwo im Treiben fünf«, sondern nur eine Gruppe von Jägern und Hunden, die irgendwo sich am verabredeten Treffpunkt versammelt hat und unter fröhlicher Rede und Gegenrede, begleitet von Hundegewinsel, -geknurre und -gekeife, den Jagdherrn erwartet. Die die Mannen überragenden langen Bergstöcke sehen dabei aus der Entfernung wie altertümliche Jagdspieße aus. Eine nicht unehrerbietige, aber zwanglose Begrüßung, ein gemeinsamer, meist ziemlich langer und steiler Anstieg und dann eben dieses Zwinkern und diese leisen Winke mit dem Kopf beim Verteilen der Stände. Und an geeignetem Platz dann, wie er sich gemäß dem Verlauf, der Strecke und der Örtlichkeit gerade schön anbietet, im Halbschatten oder in der vollen Sonne, die improvisierte Rast, mit der ausgewickelten Brotzeit, mit gelegentlichem Rundtrunk aus irgendeiner vorher des Versuchens wert gepriesenen Flasche Birnbranntwein. Abschließend der blaue Rauch des Tabaks, der sich um jägerischen Erlebnisbericht und allerlei Reminiszenzen webt, eh' er langsam ins Fichtengeäst emporsteigt. Und zwischen all dem die Hunde – Dackel, Dachsbracke und Wachtel –, lange aneinander gewöhnt und deshalb ohne Knurren, Keiferei und Geraufe.

Irgendwo in einer sanften Senke oder auf einer flachen Felsplatte lag auch manchmal ein Teil der Strecke: der Fuchs, ihm friedlich gesellt der schwere Bergwaldhase, eine Schnepfe, einmal, ein einziges Mal sogar ein Edelmarder. (Wem war er wieder angelaufen!? Natürlich dem Hans!)

Oft ließ es sich auch machen, daß man den Rastplatz nach dem letzten Ruheplatz von einem Stück Hochwild wählte, vor allem, wenn der edle Hirsch vorgekommen und auch gerecht zur Strecke gebracht worden war. Dann saßen wir rauchend, beschauend und sinnierend im Halbkreis um den Geweihten herum, der, den letzten irdischen Bissen im Äser, unserer nicht mehr achtete, dessen Seele, befreit von Ängsten und Nöten dieser Waldwelt, zu den immergrünen lilienblättrigen Kräutern der Asphodeloswiese hinübergewechselt war.

Da muß der Gast schon dazu passen, sonst fühlt er sich und fühle ich mich nicht wohl. Einer hat in dem Kreis nie gestört. Er war Maler, Schriftsteller, Musiker und so etwas wie ein freiwilliger Berufsjäger, ziemlich bergerfahren, als Waidmann über Lob erhaben und gelegentlich saugrob, wenn er sich, ohne daß es jedesmal zwingend notwendig gewesen wäre, als jagdlicher Diktator einzuschreiten veranlaßt fühlte. Seine lange Pfeife mit dem extra weitgebohrten Weichselröhrl, streng klassisch, ohne grünes Seidenschnürchen, paßte zu ihm, zu seiner Gemütlichkeit, seiner Würde, seinem Spott und seiner Lehrprinzenstrenge. Das ganz besonders geknotete rote Halstuch war Ausdruck von Künstlertum und Humor. Alles andre, der Hut mit dem einschichtigen Spielhahnhackel, die Joppe mit den Lederknöpfen, die graue hirschlederne Bundhose, das Allgäuer Schuhwerk, war gut jägerisch. Bei den Riegeln freilich hatte man mit diesem lieben Gast öfters seine liebe Not. Er schoß nicht gern auf Kahlwild. Tat, wenn er ausnahmsweise Anlauf hatte, so, als werde er nicht fertig, überlegte, erwog, schätzte ab und – ließ durch. Nun ist es ja der eigentliche Zweck so einer Riegeljagd im Gebirg, mit seinem Kahlwildabschuß ein wenig vom Fleck zu kommen, und zwar in Revierteilen, in denen man, sei es aus Wildschadens-, sei es aus Jagdschutz- oder aus Angrenzergründen, möglichst wenig Rotwild stehen haben, zum mindesten den Bestand kurz halten will.

Und da verdrießt den auf guten Verlauf bedachten, gute Stände zuteilenden Jagdherrn solch eine mehr acht- als brauchbare und nicht immer angebrachte, abgeklärte Enthaltsamkeit, er fragt sich zu Recht, weshalb der

Gast seinen friedlichen Neigungen nicht lieber dadurch nachgegeben habe, daß er daheim geblieben wäre.

Den Fuchs dagegen schoß der Gestrenge gern. An dem hatte er immer noch seine Freude, und so veranlaßte ich, den rotblonden Johannes, einmal auf seinen schlauen Paß hinter den Gratklippen zu verzichten, was er, mit dem vom Rotwild hier oft angenommenen Rückwechsel entschädigend bedacht, bereitwillig tat.

Und richtig, kaum hatte der unbeirrbar findende alte Wachtelrüde Tasso mit wenigen kurzen und tiefen Hetzlauten zu wissen getan, daß er weit drunten im Fichtenhang irgend etwas auf den Schwung gebracht habe, krachte es auch schon wieder achtzig Schritt hinter mir, und das meist etwas düster gehaltene Antlitz des Freundes war sichtlich erhellt, als ich – ich selbst hatte einen älteren, im Wildbret sehr starken Sechserhirsch geschossen – nach dem Treiben ihn abholen kam. Der obligate schwere Wildleitenrüde im silberroten Balg hing ihm am Bergstock.

Und dann geschah eines Wintertages etwas ganz Ausgefallenes. Ein anderer Freund, ein guter, ehrlicher, wenn auch nicht allzu bergerfahrener Jäger und kein Mann unbedingt gerader Kugeln, sagte sich kurz vor Weihnachten bei mir an und war bei einem nicht mehr aufschiebbaren, zwecks Wildbretbeschaffung für Weihnachtstafeln und Gabentische eigens angesetzten Riegeln mit dabei. Wie immer in solchen Fällen, wenn's klappen soll und man einem geehrten Gast etwas zeigen möchte, hatte das Wetter umgeschlagen. Es schneite und wehte den ganzen Tag, obwohl zeitweilig zwischen aufreißendem Gewölk ein blaßblaues Stück Himmel erschien und ein kurzer Sonnenblick den dünn herabwirbelnden Schnee in weißgoldenes Funkenspiel verwandelte. Der mit der langen Pfeife bekam wieder seinen Stand, obwohl das Vorkommen des Fuchses bei diesem Wetter zweifelhaft war. Der neue Waidgenosse bezog meinen Platz oben im Westhang. Ich brachte ihn hin und merkte, nachdem ich ihn angestellt hatte, daß ich auch bei ihm würde bleiben müssen, weil die nach der Uhr angewiesenen Treiber schon in ein paar Minuten losgehen sollten und ich, irgendwo auf Zwischenposten mich einschiebend, nur stören und Flüche auf mein ohnedies schon viel belastetes Jagdherrnhaupt laden würde.

»Paß auf«, sagte ich zu meinem Gast, »ich stell mich ganz oben auf den Kamm. Da stör' ich dich nicht, kann noch etwas weiter in den Bogen hineinschauen und dir ein Zeichen geben, wenn links von dir, wo du erst spät Schußfeld hast, etwas anwechselt.«

Er nickte nur, sichtlich froh, mich loszuwerden, und ich kraxelte die fünfzig Meter hastig hinauf auf die kantige Schneid. Von dort aus hatte ich vor Jahren im Spätoktober einen Brand weit unten und draußen auf dem vorgelagerten Hügelland entstehen und sich entwickeln sehen: Erst stieg aus dem Scheunendach eines etwas abseits liegenden Großbauernhofs weißlicher Rauch empor, auf dem zufällig mein die herbstlich friedvolle Ferne überschauender Blick haften blieb. Er verdichtete sich alsbald in der herrschenden Windstille zu einer gelbschwarzen Wolkensäule, wie sie einst über dem alttestamentalen Tempelzelt in der Wüste geschwebt haben mag. Jetzt erst, verwundert durch das Glas beobachtend, bemerkte ich, daß die Scheune in Brand geraten war. Da ertönten auch schon die Feuerglocken, als erste die des zugehörigen Kirchdorfs, und dann fiel eine nach der anderen aus der nahen und fernen Umgebung ein, auch das helle Sturmglöcklein vom Zwiebelturm der Schloßkapelle. Man hätte meinen können, ein großer Feiertag werde eingeläutet, wenn das Getön nicht gar so hastighoch, hilfeheischend und bang geklungen hätte. Und dann waren unten Leute um den Hof bemüht, trieben das Vieh aus den Ställen, zogen die Wagen aus den Schuppen, immer mehr Menschen eilten herzu, wimmelten ameisenhaft durcheinander, trugen alle möglichen Gegenstände heraus, und das alles winzig klein wie in einer Spielzeugschachtel anzusehen. Bald darauf, genau so winzig bleisoldatenhaft, nahten von verschiedenen Seiten auf verschiedenen Straßen und Feldwegen die Spritzenwagen der Feuerwehr, damals noch mit Pferden bespannt. Die Messinghelme der steif auf den Böcken und Rücksitzen hockenden Feuerwehrmänner blitzten in der Sonne, die Rößlein hoben die Hufe, als ob sie geschnitzt wären. Es war ein richtiges

Vergnügen, ein kindlicher Jubel, der mich beim Zuschauen erfüllte. In keinem Bilderbuch hätte man's schöner dargestellt auffinden können. Und die vier- oder sechstausend Meter Entfernung, die zwischen mir und dem Gehöft lagen, aus dem schließlich mächtige düsterrote Flammen emporschlugen, ließen's mir nicht richtig bewußt werden, ja beinahe unglaubhaft erscheinen, daß sich da ein wirkliches Unglück abspielte, daß Menschen sich dort mühten, von Schreck, Sorge und Leid erfüllt. Vielleicht schauen die Geister der Abgeschiedenen so aus den Wolken herab auf das irdische Leben, dessen Fesseln sie ledig geworden sind.

Ich hätte damals beinah die zwei Stück Hochwild übersehn, Alttier und Schmaltier, die schnell und lautlos zu meiner Linken den felsigen Schlag in schaukelndem Troll überquerten. Aber es langte noch zu einer Dublette aus der an jenem Tag ausnahmsweise geführten schweren Doppelbüchse.

Am Abend erfuhr ich dann, daß ich mir die nachträglichen Selbstvorwürfe wegen mangelnder Gemütsbeteiligung bei Beobachtung des vor mir wie in einem kleinen Guckkasten abrollenden Unglücks und wegen nicht Hinuntereilens ruhig hätte sparen können. Ganz abgesehen davon, daß ich aus solcher Entfernung nicht helfen konnte oder zu tätiger Hilfe viel zu spät gekommen wäre und schon allein deshalb mich getrost der Spannung des Schauens hingeben durfte, war dem Besitzer von Haus und Scheune das Großfeuer, dem Vernehmen nach, sehr zupaß gekommen. Wer weiß, vielleicht hatte sich's sogar wunschgemäß entwickelt. Der wiedererbaute Hof ist jedenfalls, wenn auch nicht schöner, so doch noch stattlicher als der alte und durchaus neuzeitlich eingerichtet.

Jetzt im Dezemberschnee, auf derselben Aussichtswarte stehend wie damals, gab ich mich wohl etwas allzu sehr der Erinnerung hin und suchte durch das zeitweilig aufreißende Schneetreiben hindurch nach dem Anwesen drunten und draußen auf sanfter Moränenwelle. Die Büchsflinte, von deren Zielfernrohr ich nicht einmal die Lederkappen entfernt hatte, hing mir dabei über der Schulter. Und da plötzlich kam, wie von kräftigen Armen mir zugeschleudert, ein sehr starker gelbroter Fuchs hochflüchtig aus den verschneiten Jungfichten auf die offene Schneid herausgeschnellt und blieb dann, etwa fünfundzwanzig Schritt von mir entfernt, genau auf dem Kamm jäh abbremsend und verhoffend stehn. Er äugte mir mit seinen dicht beisammenliegenden schwarzen Sehern direkt ins Gesicht, meine ganz mit Schnee überpuderte Gestalt schien ihn aber keineswegs zu beunruhigen oder zu stören. Irgend etwas anderes paßte ihm nicht. Und jetzt merkte ich, wie er den Wind prüfte und wie ihm die Wittrung von meinem Nachbarn und Ehrengast links unten im Steilhang in den Windfang stach. Eben noch, trotz Flucht und Alarm, ein Bild des Selbstbewußtseins und einer allen Nöten des Winters hohnsprechenden Lebenskraft, wurde er plötzlich zum verfolgten, scheuen, erschrockenen Wild. Er machte eine schwer zu beschreibende Bewegung, indem er sich duckte, die Gehöre zurücklegte, Kopf und Nacken zur Seite drehte, ganz als sagte er sich: »Nur schleunigst fort von hier, aber so unauffällig wie möglich!« Und dann tauchte er mit einer niedrig weghuschenden Flucht nach rechts über den Kamm hinab in das dort zwischen den Felsen dicht wuchernde jungfichtendurchsetzte Gestrüpp.

Ja, ich hätte mich in jenen Augenblicken als ein anständiger und nobler Jagdherr und Gastgeber bewähren müssen. Das gesteh' ich heute gern, wenn auch tieferer Reuegefühle ermangelnd, zu. Aber ohne an den Freund mit der jetzt sicher lauernd im linken Mundwinkel hängenden oder gar in die extra tief gesteppte Innentasche der Joppe versenkten Pfeife zu denken (ihn hatte ich in der Aufregung dieses gedrängten Geschehens vergessen, was ich, sei es zu meiner Entschuldigung, sei es zu meiner besonderen Belastung – wie man es nehmen will – hier eigens anführen muß), ohne also an ihn zu denken, nahm ich die Büchsflinte rasch von der Schulter, streifte die Kappen vom Fernrohr, trat einen Schritt zur Seite, spähte hinunter ins Gestrüpp und sah es gerade noch falb über eine schmale Lücke huschen, hielt in die übernächste ziemlich breite und zog ab, als die schwarzen Läufe und der weiße Brustfleck in der Linse erschienen. Der Schuß war kaum zu hören, so laut blies in diesem Augenblick der empörte Sturm herauf, und von der Wirkung war nichts zu sehn, weil von den Zweigen abgewehter Anhang mit dichten Schleiern dem Blick zur Walstatt wehrte.

Ich lauschte, denn jetzt fiel mir der Gast wieder ein und daß der Fuchs, in der gleichen Richtung weiterflüchtend, bei ihm würde vorbei müssen. Aber es krachte nicht bei ihm, und das – *horribile dictu* – erfüllte mich mit Zuversicht und Freude. Der linke Nachbar schoß, wenn ich nicht irre, noch ein Kalb, und dann waren die Treiber da, und ich sprang von der Schneid ins verschneite Staudengewucher hinunter und griff mir nach kurzem Suchen den weiß überstäubten, prachtvoll hellkupferfarbenen Rüden aus dem Schnee.

Nun, ich habe schon etwas zu hören gekriegt, als ich zehn Minuten später dem diesmal mit gewohnt düsterer Miene mich erwartenden Jagdfreund die ganze Geschichte erzählte. Und sogar der andere Gast, auch nicht so geartet, daß er sich ein Blatt vor den Mund genommen hätte, sekundierte kräftig gegen mich, trotz seines Waidmannsheils auf das Wildkalb.

»Meinst du, ich mach dir den Deppen und stell' mich bei dem Sauwetter drei Viertelstund' lang ins Holz 'nein, damit du vor mir in den Trieb und mir des Sach wegschießt? Des san feine Manieren für an Jagdherrn. So was hat's zu meiner Zeit nicht gegeben! Des muß ich dir schon sagen!«

Während dieser seiner zierlichen Gestalt mit überraschender Lautstärke entpolternden Baßrüge hielt er den mit ganzer Hand umfaßten Pfeifenkopf nach innen gedreht und den »Beißer« mit drohendem Schütteln gegen mich gerichtet.

Ein Fuchs, zumal am hellichten Tag und in tief verschneiter Landschaft gesichtet und geschossen, war mir von allen Jagdfreuden immer schon die liebste, und überdies hatte ich im großen und ganzen gesehen dem Erzürnten gegenüber als Gastfreund ein gutes Gewissen; so kam bei mir keine richtige Zerknirschung auf. Zweimal mußte ich sogar in respektloser und den Zornesausbruch noch steigernder Weise laut lachen. Zuerst, als mein gestrenger Richter unvorsichtigerweise erklärte: »Das wird dir mit mir nimmer passieren, ich weiß nämlich, wie so Sachen gemacht werden, ich hab' des selber auch schon g'macht«, und dann, als er, sich unterbrechend und mich kritisch musternd, empört alle Hoffnung für schwache Keime des Anstandes in meiner Herrenbrust aufgebend, feststellte: »Und der Fuchs freut ihn auch noch furchtbar!«

Von dem Tag ab war dem berühmten Fuchspaß des rotblonden Hans nicht nur das Geheimnis entrissen, sondern auch der Zauber zerstört. Ich wußte jetzt genau, wie das immer so gekommen war. Der Fuchs wurde vermutlich meist in der Gegend einiger Klippen und Spalten ziemlich weit unten am Kamm locker gemacht und folgte wegflüchtend der Schneid, die schroff, felsig und kaum bestockt war und einen natürlichen, wenn auch schmalen Pfad, just den rechten für das schlaue Schnüren runder Fuchspranten bildete. Dem Grat folgend, kam er, wahrscheinlich in fast allen Fällen vertraut, oberhalb meines alten Standes aus den Fichten heraus und – schnürte direkt in meinen Wind, den ihm der Fluß der Lüfte, wie das im Gebirg Gegebenheit ist, aufwärts zutrug. Die ersten sechs, acht Meter des Wechsels auf der freien Schneid waren von unten überriegelt und nicht einzusehen. So kam es, daß fast jeder auf diesem nahezu zwingenden Paß anlaufende Fuchs, noch bevor er frei gegen den Himmel sich abhebend in meinen Sehkreis trat, sich mit rascher Wendung in das Gestrüpp des Osthanges hinunterempfahl und, um die Richtung nicht zu verlieren, dann wieder rechts abdrehte, dem hinter mir auf dem hier schon breiter werdenden Rücken ahnungsvoll passenden Hans direkt in die Drillingsmündungen hineinflüchtend.

Jetzt war ich auch bereit zu glauben, was dieser immer behauptet und was ich für Aufschneiderei gehalten hatte, nämlich, daß die Füchse auf diesem gemütlich-verschwiegenen Paß alle hochflüchtig herangewettert gekommen seien und daß man schon hübsch habe vor- und hinhalten müssen, um sie nicht vorbeizuhauen.

Von nun an verlegte ich meinen Stand ganz hinauf auf die Schneid und hatte dies im Lauf vieler folgender Jahre und Jagden nicht zu bereuen.

Auch damals also, während des Krieges, war mein Streben und Hoffen auf diesen Platz gerichtet. Wir nahmen zuerst, ohne die Hunde – eine Rauhhaardackelhündin etwas zweifelhaften Stammbaums, eine rote Dachsbracke und eben jenen alten, grundverlässigen Wachtelhund Tasso – von den Riemen zu lösen, einen runden Waldkegel, auf dessen Südseite sich eine größere Dickung befand. Sehr gern steckte der Fuchs in dieser Dickung, oder er sonnte sich oberhalb von ihr auf dem nur lückig bewaldeten zahmfelsigen Kopf, dessen mit Lahnergras bewachsenen Scheitel der Sturmwind auch im tiefen Winter meist schneefrei erhielt.

Der Forstverwalter schoß in diesem Bogen einen auffallend geringen, zurückgebliebenen Spießer, ein anderer Beamter etwas voreilig ein sehr starkes Kalb, welches aber dann doch wenigstens ein weibliches, ein Wildkalb, war. Der Fuchs kam nicht vor. Auch bei mir nicht, der ich den Hauptstand besetzt hielt und außer ein paar durchwechselnden geringen Hirschen nichts in Anblick bekam. Es war mir recht, daß ein paar Stücke Rotwild zur Strecke kamen; wir waren noch einigermaßen im Rückstand mit der hohen Abschußauflage. Aber wenn man schon während der Fuchswoche sich zu einem Riegeln entschließt, dann sollte der Rote auf der Strecke nicht fehlen. Nun, vielleicht würde die Wildleite, der nächste und benachbarte Bogen, wenigstens einen aus dem Stamme Malepart beherbergen und uns heute, wie schon manchmal, vor der Fuchsschneiderei bewahren.

Ich wies die Schützen auf ihre Stände ein. Der Forstverwalter stieg in den Westhang hinunter zu einem sehr bewährten Rotwildwechsel dicht vor einem verzweigten Felsenbau. Mehr als einmal war an diesem Stand der Fuchs gekommen, vor allem, wenn er oben Wind gekriegt hatte, verpaßt oder verpatzt oder gar verpudelt worden war; dann strebte er, wohl schwerlich in der Absicht, ihn zu befahren, sondern nur weil er dort alle Schlupf- und Fluchtwege genau kannte, dem vertrauten Bau zu und kam in windender Fahrt über eine sehr breite Schneise, auf der man ihn, ohne besondere Hast gemächlich zielend, mindestens zweimal vorbeischießen oder aber, wie das auch des öfteren schon geglückt war, radschlagen lassen konnte.

Der eine Forstwart, Erleger eben jenes nicht für den Abschuß geeigneten Wildkalbes, stand auf dem Osthang im lichten Buchenaltholz mit gutem und weitem Schußfeld. Alles war dort schon angelaufen: Kahlwild, stärkerer Hirsch, noch aufhabender guter Rehbock und mehr als einmal auch der sich abstehlende Fuchs. Ich selbst birschte, gefolgt vom bebrillten Hans, der Schneid entlang auf seinen und meinen Stand zu.

»Woaß net«, sagte mein Begleiter, »mit di Füx hat's nimmer des Rechte. Es san nimmer viel vorhanden. Ma g'spürt a koan.«

Ich deutete vor mich in den Schnee. »Is des nacha koana?«

»Ja, des is oaner, wachsfrisch! Der kunnt schier gar drin stecka in der Leiten.«

Als wir seinen Platz unter anheimelnden, weit herunter beasteten, flechtenbehangenen Altfichten erreicht hatten, trennten wir uns, und wenige Schritte von ihm entfernt lud ich die Büchsflinte. Zwanzig Jahre zuvor hatte ich mir, gleich nach der Erwerbung des Gewehrs, auch noch eine hübsche Tasche für Schrot- und Kugelpatronen gekauft. Vier Schrot- und fünf Kugelpatronen hatten darin Platz, waren streng voneinander gesondert und durch eine zuknöpfbare Lasche vor dem Herausfallen geschützt. Diese Patronentasche holte ich sicheren Griffs aus dem Rucksack heraus, ohne ihn von den Schultern zu nehmen.

Als ich aber die »Schrotabteilung« der Patronentasche aufknöpfte, fuhr ich verdutzt zusammen. Die war ja halb leer! Auf dem letzten Stand hatte ich aus der Joppentasche geladen. Der Kaspar in der Wolfsschlucht mochte wissen, weshalb ich beim Weggehen in der Früh nur zwei Patronen mit grobem Schrot zusätzlich eingesteckt hatte. Sonst waren's immer vier bis fünf gewesen, als Ergänzung für die vier in der Ledertasche; denn jeder hat in dieser Hinsicht seinen Aberglauben, und ich hatte den meinen: Wenn man wenig Patronen mitnimmt, so glaubte ich damals, dann hat man viel Anlauf, und ein paar Sechzehnerschrotpatronen kann man sich auf jeder Treibjagd, wenn's nicht gerade mit dem Teufel zugeht, ausborgen. Wenige leichte und leere, pulverrauchduftende Hülsen trag' ich auch heute noch lieber nach Hause als viele schwervollgestopfte, die ihrer feurigen Bestimmung nicht zugeführt werden konnten.

Aber wie kam es nur, daß ich mein Täschchen nachzufüllen versäumt hatte? Vorgestern abend beim Enteneinfall hatte ich ziemlich oft geschossen und schließlich auch noch die kleine Tasche zu Hilfe genommen, die ich sonst bei solchen schon mehr zum Großkampf zu rechnenden Unternehmungen nicht mit heranzog.

Als ich nun eine von den zweien, die übriggeblieben waren, schon herausgenommen hatte, um sie in den Lauf zu schieben, stellte ich, gewohnheitsmäßig nochmals auf den Schlußdeckel schauend, fest, daß es eine Siebenerpatrone war. Ja, das stimmte, die Serie in der Ledertasche bestand auf Grund langjähriger von mir streng gewahrter Einführung aus einem Siebener, zwei -Einsern und einem Dreier. Das feine Schrot benötigte ich vor allem während der Sommermonde für einen gelegentlichen Schuß auf den Ringeltauber, den ich mir, die Rehbirsch unterbrechend, herangurrte oder während einer Mußeviertelstunde anschlich. Im Herbst und Winter änderte ich meine Serie nicht, denn es konnte ja schließlich einmal, sei es beim Gamsjagern, sei es in einem Treiben, der Marder vorkommen, und in der Hirschbrunft hatte ich schon mehr als eine durchziehende Schnepfe aufgegangen und mir dann eingebildet, ich hätte sie nur deshalb gefehlt, weil ich keine anderen als die groben Fuchsschrote bei mir führte.

Auch die Doppelflinte lud ich gern mit Zweieinhalbmillimeterschrot. Auf frühen Waldjagden, so etwa bis in das erste Viertel des Monats November hinein, tötet die feine Bleibrause aus eng schießendem Lauf sehr sicher und schnell, findet mit ungezählten Körnern durch schmälste Lücken, sprüht durchs Gesträuch, schlüpft durch das Nadelwerk und liefert auf waidgerechte Entfernung verlässig alles Niederwild vom Fuchs bis zur Schnepfe ohne Zerstörung von Wildbret und Balg.

Volles Lob also dem feinen Schrot aus dem Flintenlauf eines beherrschten Schützen. Allerdings, es waren jetzt Jahre vergangen, ohne daß ich auf meinen Urlauberbirschen eine Siebenerpatrone zu verschießen gekommen wäre. Das Täschchen war während dieser langen Zeit mehr als einmal taufeucht und sogar regennaß geworden. Es schien mir zweifelhaft, ob diese alte »Siebenerin« (auch die Marke hatte ich schon seit Jahren nicht nachbestellt) im ernstlichen Verwendungsfall noch ihre Schuldigkeit tun würde. Sie war das, was man einen Ladenhüter nennt. Auf sie wollte ich mich nicht verlassen. Ich zog die andere heraus und wurde jetzt doch bedenklich: Das war ja, zum Donnerwetter, wieder ein Siebener! Vor zehn Jahren wäre mir noch keine derartige Unordnung in meine geheiligten Waffenbräuche eingerissen. Aber während dieses Jahrzehnts war ich zu mancherlei Würden und Bürden gelangt, und das Waidwerk, so wie ich es gepflegt mit ungezählten Riten, Feinheiten und liebgewohnten Besonderheiten, hatte darüber vieles eingebüßt.

Da hatte ich also jetzt, wer weiß wie lange schon, zwei Siebener mit mir im Täschchen herumgetragen! Eigentlich gehörte dieses bewährte Behältnis auch zur alten Bockbüchsflinte, und die hatte durch Jahre Feierabend gehabt, war immer wieder übergangen worden bei der Erwählung einer Begleiterin zum Jagd- und Waffengang. Vergrämt und voll Eifersucht mochte sie es erduldet haben. Es hatte doch einmal Zeiten gegeben, da sie und immer wieder nur sie es gewesen war, nach der des Gebieters Hand gegriffen, zweimal, oft dreimal am Tag. Hahn und Hirsch, die Schnepfe aus der Luft, den Gamsbock aus hohem Gewänd, die Ente auf dem See, ja selbst die hochflüchtige Bache, alle die und viele andere hatten wir schon miteinander erbeutet. Das Weggeliehenwerden an einen gerechten Jägersknecht mochte geringere Kränkung für sie bedeutet haben als die jahrelange Untreue des Herrn. Die kleine Ledertasche freilich war bei mir geblieben und hatte im Verein mit der Bockbüchsflintennachfolgerin mir weiter gedient. Mein Kriegsdienst trug die Schuld daran, daß ich die einst peinliche Ordnung in ihren Fächern vernachlässigt hatte. All das rächte sich nun zu gar ungelegener Stunde.

Aber daran ließ sich jetzt wenig ändern, und da war ja zehn Schritt hinter mir der Rotbärtige; der führte einen Drilling des Schrotkalibers 16 und konnte mir leicht aushelfen. Auch er war manchem Aberglauben verfallen, dem meinen jedoch, so wenig wie möglich Munition mit sich zu führen, schien er nicht zu huldigen. Eine ganze hohle Hand voll violetter, nagelneuer »Jagdkönig«-Patronen bot er mir bereitwillig an. Schon hatte ich danach gegriffen, schon wollte ich sie in die Joppentasche gleiten lassen, da sprang mich der Aberglaube plötzlich wieder an. Was wollte ich denn mit diesem Zeug. Zwei gute Einserpatronen, frisch gekaufte schwarze »Rottweiler«, trug ich in der Joppentasche. Ich konnte froh sein, wenn ich eine von ihnen zu verfeuern kam. Mehr als ein Fuchs war kaum je da oben angelaufen. Und wenn schon; ich führte ja auch noch meine letzte, aber auch wirklich allerletzte Kugelvollmantelpatrone mit im Etui. Die achtundachtziger Vollmantelkugel, ohne die ich, als ich meine alte »Bock« noch täglich führte, gar nicht hätte leben können, die war jetzt nirgends und bei keinem Büchsenmacher mehr zu bekommen. Sogar bis nach Klagenfurt hinunter hatte ich umsonst einen Kartengruß und Hilferuf geschickt. Es gab sie vom dritten Kriegsjahr ab anscheinend im ganzen Großdeutschen Reich nicht mehr. Ich war auch vielleicht, da ich die alte Freundin, bis zum Versagen ihrer Nachfolgerin vor wenigen Wochen, nicht mehr bei mir gehabt hatte, mit meinen Bestellungen zu spät daran gewesen. Pulver und Blei für die anderen Gewehre hatte ich mir noch rechtzeitig besorgen oder eintauschen können, so daß ich auf mindestens zehn Jahre uneingeschränkten Jagens versorgt war.

»Ach was«, sagte ich zum Hans, »nehmen Sie's wieder, ich brauche sie nicht. Ich hab ja noch zwei in der Joppentasche und werd' voraussichtlich doch nicht zu Schuß kommen. Heut mögen die Füchse nicht, das habe ich im ersten Bogen schon gemerkt. Da ist auch nur Rotwild drin gewesen. Nehmen Sie's wieder, ich brauch's nicht.«

»Ja, aber einschieben können Sie's doch wenigstens«, meinte mein hilfsbereiter Standnachbar durchaus logisch. Ich hatte jedoch schon abgewinkt und kraxelte jetzt auf meinen Stand los, denn es waren nur noch elf Minuten Zeit, bis unsere eifrige, aber ungeschulte Treiberwehr sich in Bewegung setzte.

Der Winter damals war mild, ganz so, wie man sich ihn wünscht: nicht schneelos, aber ohne besondere Schneemengen, nicht lau, aber ohne allzu strengen Frost und dabei ungewöhnlich sonnig. Wenn's nicht gerade ein paar Tage stürmte und schneite, um das dem Winter nun einmal gemäße Weiß in der Landschaft aufzufrischen, dann schien immer die Sonne aus einem blaßblauen, weißwolkigen Himmel. Von nachmittag fünf Uhr bis morgens neun Uhr war's gefroren, dann taute es tagsüber ein wenig, und das Wild hatte eine gesunde und glückliche Zeit nach drei vorhergegangenen, teils grimmigen, teils sogar mörderischen Wintern.

Ich hatte meinen Stand, seit ich von den zwei im Hang stehenden, morschen Stöcken auf die Schneid hinaufgewechselt war, bei einem flachen Felsblock, den vor ein paar tausend Jahren die Naturgewalten eigens für mich und meine Zwecke vorbereitet hatten. Er bestand aus einer Art Sessel mit Rückenlehne und einem gut meterbreiten flachen Tisch. In den Sessel pflegte ich meinen Wettermantel schön gebauscht hineinzubetten, auf daß es sich warm und bequem zugleich sitzen ließ. Auf dem Tisch breitete ich alles aus, was ich für einen längeren Vorpaß benötigen konnte: die belegten Brote, die Aluminiumdose mit Backwerk und Obst, die Thermosflasche, die Schnapsflasche, das Zigarettenetui, das Zeißglas und die Patronen.

Links von meinem Sitz war ein schon stark verwitterter magerer Fichtenstorren, in dessen paar sperrige, längst kahl und rindenlos gewordene Äste ich meinen Bergstock hineinlehnen konnte, so daß er mir für einen Büchsenschuß in den Schlag hinunter erwünschte Auflage gewährte.

Wenn wir die Wildleite riegelten und schönes Wetter war, nahm ich meinen kurzen Imbiß fast immer oben auf der sonnigen Schneid ein, entweder in der Zeitspanne, die mir zwischen Beziehen des Standes und Angehen der Treiber verblieb, oder wenn diese auf den Schlag heraustretend sich sammelten, um langsam zu mir aufzusteigen.

Meine Thermosflasche ist nur selten mit Heißgetränken gefüllt, weil ich es nicht leiden kann, wenn man sich, durstig vom schweißtreibenden Anstieg und voll Begehren nach einem tiefen Schluck, zunächst am Becher die Finger und dann am Getränk noch die Lippen und die Zunge verbrennt. Laues Getränk ist so ziemlich das Sinnloseste, was man mit sich herumschleppen kann, es erwärmt nicht und löscht keinen Durst. Aber ein kalter Tee etwa mit Zitrone und Zucker und einem kleinen Einschuß von Rum oder ein nicht gar zu alkoholischer kalter Punsch oder eine glückliche Mischung aus Tee, Rotwein und Orangensaft, irgend so etwas ist die richtige Labung für den am Ziel angelangten, lechzenden und einer kleinen Herzstärkung bedürftigen Schützen.

Einen langen Schluck solch eines kriegsgemäß etwas verdünnten Trunkes gönnte ich mir auch jetzt, nachdem ich die Büchsflinte feuerbereit gemacht und durch einen Blick auf die Uhr festgestellt hatte, daß bis zum Beginn des Riegelns noch ein paar Minuten Zeit war. Dann nahm ich einen echten Schweizerstumpen aus der Zigarrentasche, zu damaliger Zeit ein Kleinod und von gütigen Freunden mir mit der Feldpost ins heilige Rußland gesandt, nach jenem ukrainischen Industriestädtchen, in das mich während des Sommers eine nicht eben strahlende Laune des Mars verschlagen hatte. Die stramm verpackte kleine Schachtel, die etwa zwei Wochen unterwegs gewesen war, erreichte mich dort aber nicht, suchte vergeblich nach mir in den von zerschossenen Fabrikgebäuden und einzelnen unversehrt gebliebenen Backsteinhäusern gesäumten öden Gassen, die voll befremdender Gerüche waren, nach kalt gewordenem Rauch und Ruß der Kriegsbrände, nach Chlorkalk und Latrine, nach Machorka im glimmenden Zeitungspapier. Manchmal auch war der Duft zu verspüren von den Kräutern an den Ufern der sumpfumgürteten Seen im Norden der halbtoten Stadt, über denen es zu später Abendstunde rauschte und klingelte von den Schwingen zahlloser kreuz- und querstreichender Wildenten und unter deren flüsterndem Schilf zwischen algenumsponnenen Geschützen und gedunsenen Pferdekadavern tote russische Kanoniere moderten, die während der Frühjahrskämpfe von zurückrollenden eigenen Panzern aus dem schmalen Fahrdamm ins abgründige Wasser hinunter gedrängt worden waren. Dort unten also auf dem fünfzigsten Breitengrad kamen wir nicht zusammen, mein Feldpostpäckchen und ich. Es traf erst ein, nachdem eine liebende Fügung mich aus der heimwehmütigen Öde dieser Kriegsverbannung gelöst und weggeführt hatte. Da reiste es mir wiederum tausende von Kilometern nach auf viel gewundenen herbstlich verregneten und grundlos gewordenen Straßen und auf vielgewinkelten stoßenden Schienensträngen, bis ich es, von einer zweifachen dankbaren Rührung erfüllt, endlich in Händen hielt. Das war um Allerheiligen, an einem kuhglockenklingenden buntlaubigen Tag, mit kurzen Sonnenblicken auf nebelnasse Wiesen und – es war in der Heimat.

Diese edelwürzigen Stumpen hatten nur einen kleinwinzigen Nachteil und auch den nur für den Jäger: Ein jeder von ihnen war in feines, beim Auswickeln laut knisterndes Papier gehüllt. Es war unmöglich, sie lautlos auszupacken, und ich wollte dies Geknister auch gern noch erledigt haben, eh' die Treiberbuben da drunten, wo der Grat der Wildleite sich in vorgelagerten Bauernwäldern verlor, die Hunde von den Riemen lösten. Solche kleinen, aber besonderen Freuden, die Enthüllung eines selten gewordenen Tabaks, das Herumriechen daran und das endliche Inbrandsetzen, müssen auch ein wenig ausgekostet sein. Das gehört zu den Vorbereitungen auf einem frühzeitig und erwartungsvoll bezogenen Stand, auf welchem längere Zeit ausgehalten werden muß.

Heut kam ich damit nicht weit; denn gerade als ich mit dem Abstreifen der Hülle beginnen wollte, fiel mir ziemlich tief unten im weißgoldenen Schlag eine Bewegung auf. War denn das möglich …? Die drei Lauser hatten doch eigens eine Uhr mitbekommen, die genau nach meiner gerichtet war. Um zwölf Uhr zwanzig sollten sie angehen, und jetzt war's zwölf Uhr siebzehn. Gespannt spähte ich hinunter. Vereinzelte mannshohe Fichten erschwerten den Ausblick. Jetzt sah ich's wieder wischen hinter den zottigen Wedeln und – das war aber doch ein richtiger Teufelsstreich – unten im Schlag auf etwa hundertundfünfzig Schritt tauchte ein Fuchs, der Fuchs des Tages und der Woche, der Kreis-, Gau- und Reichsfuchs auf und querte mit halbhoher Lunte in langsam tändelnden Fluchten die Kahlfläche in Richtung auf das Hochholz hin. Irgend etwas hatte da nicht geklappt; vielleicht hatten die Buben einen Abschneider gewagt und so das Wild vorzeitig und in falscher Richtung angelassen.

Ich hatte es gleich gewußt, heut war kein Fuchstag! So etwas stellt sich meist schon während des ersten Bogens heraus, und der war fuchsleer gewesen. Hier dagegen hatte der Fuchs, vermutlich der, den ich vorhin zusammen mit dem Hans gespürt hatte, in der Leite gesteckt, war aber verdummt worden. Sollte ich versuchen, die Ehre des Tages zu retten? Es war ziemlich aussichtslos, aber ich ging trotzdem schnell in Anschlag, tupfte ein, zog mit, ein wenig vor und unter den Fang haltend. Schad um meine letzte Vollmantelkugel, dachte ich noch, dann krachte es. Ausnahmsweise – es gelingt mir nur selten – hatte ich gut durchs Feuer geschaut und haarscharf vor und ein wenig hangunter vom Fuchs den Schnee stauben sehen. Der, ein ziemlich schwacher, etwa zweijähriger, aber schön brandroter Rüd, schlug mit der schwärzlichen Lunte und fuhr in blitzschnell beschleunigter Fahrt, seine Richtung beibehaltend, zum hohen Holz hinein.

Na ja, ein nennenswerter Fehler war bei diesem kleinen, innerhalb weniger Sekunden sich abspielenden Zwischenfall nicht vorgekommen. Vorbeischuß über hundertfünfzig Gänge auf den halb flüchtigen Reineke, so etwas muß sich auch der gegen sich anspruchsvolle Kugelschütze verzeihen. Nur nicht ärgern jetzt, nicht den schönen Wintertag sich verderben lassen, mit dem herrlichen Blick von hoher Warte hinaus ins verschneite Land, dessen ruhevoll hingebreitetem Bild man nicht entnehmen konnte, wie heiß umkämpft es war, wie erbittert streitend seine Söhne auf fernen und fernsten welschen Böden standen. Zurückdenken, ein paar Monate! Nein, nicht zurückdenken, aber im hintersten Winkel der Seele spüren, daß man zurückdenken und sich erinnern könnte! Und alles ist wieder gut und winterlich schön und friedvoll, und der Fuchs soll leben, noch zehn, noch zwölf Jahre, wenn seine Zähne es ihm erlauben, und hochbetagt auf behaglichem Sonnenruheplatz einmal vom Herzschlag schmerzlos ausgelöscht werden!

Aber, gab es denn so was?! – Da kam schon wieder einer auf den Schlag herausgeschnürt, wieder weit außer Reichweite des Schrotrohrs! Der schien sich aus Treibern und Hunden überhaupt nichts zu machen. Mit tief windendem Fang suchte er langsam, ab und zu kleine Widergänge ausarbeitend, über die freie Fläche herüber. Einhundertzwanzig Meter! Ich hatte ein Teilmantelgeschoß eingeschoben. Jetzt verhielt er kurz und untersuchte die Buchten zwischen den rindenlosen, graugelben Wurzelschlangen eines Fichtenstockes. Wahrscheinlich hatte einmal ein anderer dahin genäßt. Im Schuß war er jäh nach abwärts weggetaucht. Ich sah nur noch die schlagende Lunte hinter dem Stock verschwinden und wußte nicht, ob er geflüchtet oder gekugelt war. Abgekommen war ich gut, der gezogene Lauf der alten Büchsflinte aber streute ein wenig, und seine Kugeln kletterten gern, wenn er warmgeschossen war. Schnell sprang ich, nach dem Glas greifend, in die Höhe. Wenn der Fuchs weggeflüchtet war, dann mußte er unten nach der Überrieglung, die ihn deckte, nochmals zum Vorschein kommen! Ich schaute und suchte und tastete in alle Lücken hinein, auf denen er sichtbar werden konnte. Es rührte sich nichts, es war nichts zu sehen.

Und doch fühlte ich auf einmal, daß irgend etwas los sein mußte, etwas Besonderes, und zwar in meiner nächsten Nähe. Im linken Augenwinkel blendete es mich. Ich senkte das Glas, kam damit aber nur bis zum Mund herunter und erstarrte dann. Von links, aus Richtung des roten Johannes mit der Brille, kam, nur zwanzig Schritte unterhalb von mir, ein Fuchs angeschnürt. Das war, beim Samiel, das war ja der erste, den ich vor ein paar Minuten auf hundertundfünfzig Gänge gefehlt hatte! Im Hochholz schien er sich besonnen, abgedreht und die Richtung gegen mich herauf eingeschlagen zu haben. Kaum zu glauben, daß er dem Hans dabei nicht vor den Drilling geduselt war! Und jetzt schnürte er langsam wieder in die Dickung zurück, nur gute hundert Meter oberhalb der Stelle, an der er sie vor fünf Minuten verlassen hatte. Wenn ich mich rührte, dann war er weg, huschte hinter den nächsten Felsblock, flüchtete in dessen Deckung davon, wischte irgendwo unvermutet heraus und blitzschnell in die Fichtenboschen hinein. Ich kannte das. Im Gebirg darf man's nicht darauf ankommen lassen, daß der Fuchs umschlägt und man ihm im Wegflüchten nachschießt. Nicht nur im Gebirg ist das abzuraten, in jedem Gelände überhaupt, das nur ein wenig Deckung für den Fortflüchtenden bietet. Kaum ein anderes

Wild versteht es so wie er, blitzschnell schützende, überriegelnde, sichtraubende Hindernisse zwischen sich und den erkannten Feind zu bringen. So ließ ich ihn also an mir vorbei. Er eräugte mich nicht, er schien ganz etwas anderes als Vorsicht und Mißtrauen im Kopf zu haben.

Mir ging ein Licht auf! Das war ein Rüd, der nach seiner Feh suchte. Er hatte, von den Treibern angegangen, vermutlich der Holden Spur verloren und wollte jetzt zu ihr zurück. Er ahnte ja nicht, der arme Schelm, daß sie wahrscheinlich, ich selbst war dessen auch noch nicht sicher, verendet da unten hinter dem Fichtenstock lag.

Ich habe ein paarmal Füchse in der Ranzzeit bei vollem Tageslicht und aus ziemlicher Nähe beobachten können. Über dem Balg des ranzenden Rüden liegt ein ganz eigentümlicher Glanz; mehr noch: Er hat so etwas wie ein elektrisches Eigenleben. Man meint, Funken müßten herausknistern, wenn man mit der Hand darüber hinfahren könnte. Ein sonderbares wohlig und gefallsüchtig gesträubtes Wabern und Wallen belebt ihn. Ich konnte mich auch diesmal während der paar Sekunden, die dem bis zum äußersten aufnahmebereiten Blick vergönnt waren, nicht daran sattsehen. Geschmeidig, fast schlangenhaft wand sich der, jetzt gar nicht mehr klein wirkende, dunkelrote Rüd mit gespitzten, samtschwarzen Gehören, mit fiebernden Schnurrhaaren, mit waagerecht getragener Lunte, deren weiße Spitzenquaste vor lauter Spannung und Aufmerksamkeit ein wenig schief gezogen war, durch die beschneiten Felsen.

Jetzt war er vorüber. Jetzt konnte keine Bewegung von mir ihm mehr in die Seher fallen. Jetzt senkte ich rasch das Glas, klemmte es zwischen die Knie und ging in Anschlag. Hielt er's wirklich aus? Spürte er's nicht durch die Antenne seiner bebenden Grannen, was da in seinem Rücken vorging und ihn bedrohte? Krach! Und da war er schon ohne Laut und Bewegung in sich zusammengesunken, rutschte ein Stück auf der steilen Lehne ab, kollerte über den weißen Schnee, eine in der Sonne glitzernde rubinrote Spur zurücklassend und blieb an einem kleinen Buchenschößling hängen.

Erst mußte sich meine Verblüffung ein wenig legen, eh' ich richtig anfangen konnte, mich zu freuen. Ja, es schien wirklich so gewesen zu sein. Die ihm dicht am Fang vorbeizwitschernde Kugel hatte seinen auf Weib und Burg, auf Malepartus schlechthin gerichteten Sinn nicht zu beirren vermocht, und er war umgekehrt, gleich nachdem er die Deckung des hohen Holzes gewonnen hatte.

Ich durfte mich freuen. Ich hatte nicht nur Waidmannsheil, ich hatte einen großen Dusel gehabt. Und ich wollte jetzt meinen Stumpen auswickeln und ihn als Rauch- und Dankopfer anbrennen.

Oder lag der zweite, eigentlich der erste, also der Kugelfuchs, lag der vielleicht gar nicht? Das konnte nicht gut möglich sein. Irgendwo hätte er, ganz gleich, wohin er abfuhr, freie Flächen kreuzen müssen. Merkwürdig, daß keiner der drei Hunde laut wurde? Waren die Füchse am Ende ganz von selbst des Passes gekommen? Schon ihr Auftauchen vor der Zeit sprach dafür. Einerlei, es war alles gut, über Erwarten günstig gekommen und abgelaufen.

Schade, daß dieses Papier um den köstlichen Stumpen gar so kantig knisterte. Es war ja, an Füchsen zumindest, nichts mehr zu erwarten. Aber so ein kratzender kleiner Lärm stört einen dennoch auf dem Fuchsstand.

Heiliger Hubertus! Da stand schon wieder ein Fuchs! Ein schwacher diesmal, von dunkler, fast hirschroter Farbe. Ein heuriges Füchslein ohne Zweifel; aber gerade die sind hellhörig und scheu wie die Hasen. Der Kleine hatte das Knistern des Papiers bereits vernommen; mit großgespitzten Gehören sicherte er genau zu mir her. Ganz behutsam hob ich die Büchsflinte und ging in Anschlag. Eräugt hatte er mich nicht. Nur das Geräusch war ihm verdächtig gewesen. Was sollte ich jetzt tun? Die Entfernung betrug gut siebzig Gänge. Das ist zu weit für einen Schrotschuß auf den Fuchs, zu weit für jeden Schrotschuß, auch dann, wenn der Hund unmittelbar zur Stelle ist und man Aussicht hat, das angebleite Wild, Has, Hahn oder Huhn, schnell zur Strecke zu kriegen. Die Teilmantelkugel 8 x 57 mit 2,5 Gramm Pulver dahinter haute aber scheußlich in einem schwachen Wildkörper herum. So ein groß zerschossenes Füchslein, dem Herz, Lunge und Leber auf einmal beim Ausschuß heraushängen, hat mir nie eine rechte Freude machen können. Wenn hinten die Treiber laut wurden, dann mußte der Kleine in der von ihm eingeschlagenen Richtung weiter schnüren und auf knappe vierzig Schritt unter mir durchkommen. Das wollte ich abwarten, es war gescheiter. Wegen dem bißchen Papierknistern würde er nicht gleich abdrehen.

Mitten in einem Sonnenfleck stand er. Wie zwei große schwarze Glasperlen glitzerten seine dicht beisammenstehenden Seher im mißtrauisch furchtsamen Jungschelmengesicht. Ein paar Minuten verhielt er so. Dann plötzlich drehte er sich um, machte einen krummen Rücken, hob steif die Lunte, löste sich gegen mich her und schlüpfte in die Dickung zurück. Drinnen, in einer winzigen besonnten Lücke, tauchte er nochmals auf. Es wäre eine richtige Lust gewesen und war für den leidenschaftlichen Kugelschützen eine arge Versuchung, auf diesen kupfrig schimmernden Fleck Fuchs mit scharfem Zusammenschauen die Kugel doch noch zu lösen. Ich tat's aber nicht, was ich mit der Vollmantelkugel ganz sicher schon gleich beim ersten Aufscheinen dieses Dritten unternommen hätte.

Lange blieb es dann still, und erst nach etwa zehn Minuten gab weit drinnen im sonnenbeschienenen, verschneiten Jungwald der alte Tasso zweimal Laut. Und da huschte es auch schon wieder gelbrot aus den Fichten heraus. War das mein Kleiner? Nein, das war ein semmelfarbener ziemlich starker Rüd, zwei-, dreijährig schätzte ich ihn. Er hatte einen auffallend breiten, schlohweißen Brustfleck, und wie eine Krause standen ihm rechts und links am Hals die langen eidottergelben Grannen weg. Die weiße Spitze der sehr dicken Lunte war fast so lang wie eine Männerhand. Es war schon zum Ärgern, daß ich kein Vollmantelgeschoß mehr zu versenden hatte! Da stand er nun wie eine Scheibe auf dem weißen Schnee. Der Zielstachel deutete ihm regungslos auf den Stich. Fast unbändig gelüstete es mich danach, den Finger zu krümmen. Auch dieser Fuchs verhoffte ein paar Minuten, und als man hinten wieder, jetzt helleren, Hetzlaut hörte, setzte er sich in schnelle, federnde Flucht.

Ich stand auf, um ihn in den wenigen geröllbedeckten Lücken da unten zwischen den Kusseln ja nicht zu übersehen. Aber wo blieb er denn nur? Er mußte doch sogleich wieder auftauchen!? Dort, dort wischte er davon schräg nach unten, verflucht weit schon für die Schrote, aber ich mußte es jetzt oder gar nimmer wagen. Er zeichnete stark auf den Schuß durch Straucheln und Schlagen mit der Lunte, kam aber dann hochflüchtig und, wie mir scheinen wollte, gesund über den Schlag und verschwand, fast an derselben Stelle wie der allererste, im Hochholz.

Gleichzeitig fielen in meinem Rücken zwei schnelle giftige Schüsse, die mir nicht recht nach Treffen klingen wollten. Der Hans hatte sich ebenfalls gelöst. Auf was? Doch nicht auf diesen Fuchs!? Den hatte er gar nicht sehen können, und es war völlig unmöglich, daß der, vielleicht von mir ungesehen einen Haken schlagend, so schnell zu ihm hinaufgekommen wäre. Also hatte ich richtig vermutet. Es waren im ganzen vier Füchse im Treiben gewesen. Der, den mir mein Stumpenpapier vertrieben hatte, dieser grundmißtrauische kleine Anfänger, hatte nicht mehr auf meiner Seite herausgewollt und sich um den Kamm herum davongestohlen. Hoffentlich hatte es ihm der Rotbart heimgezahlt. Aber ich ahnte nichts allzu Gutes aus dem Klang und dem Rhythmus seines Doppelschusses. Jetzt hörte ich die Treiber und wußte, daß sie, wenn man sie zum erstenmal vernahm, noch ziemlich weit weg und im dicksten Dickicht steckten. Der untere Teil ihres Ganges in diesem Bogen war überriegelt, und man hörte lange Zeit überhaupt nichts von ihnen. Beim fernen Aufklingen des heiseren oder hellen »Huidax-dax« und »Hurrassassa« war für die Schützen vorn höchste Bereitschaft geboten.

Jetzt gab der alte Tasso wieder Laut, etwas anhaltender als gewöhnlich; vermutlich war es Sichtlaut. Das bedeutete, daß er an Rotwild jagte. Denn der Fuchs läßt sich vom stöbernden Hund in der Dickung nicht lange anschauen. Da sah ich's, ganz unten schon, über den Schlag trollen. Bis zu den Häuptern herauf verdeckt, querte ein schwaches Rudel Hochwild die Lichtung. Es mußte beim Forstverwalter kommen. Aber anscheinend war nicht viel Gescheites dabei. Zwei Kälbertiere glaubte ich anzusprechen, das fünfte Stück konnte ein Schmaltier oder ein schwacher Spießer gewesen sein.

Ich hatte keine Zeit, ihnen lange nachzuschauen, denn auf der Spur des zweiten, des mit der Kugel beschossenen Fuchses, kam jetzt langsam und bedächtig die rote Dachsbracke, hell heiser läutend, angejagt. Jetzt würde ich gleich über Erfolg oder Mißerfolg Gewißheit haben, denn die hatte ich trotz guten Gefühls noch immer nicht. Da war die Bracke beim Fichtenstock, stutzte, sträubte, wie ich durchs Glas deutlich erkannte, das Nackenhaar, begann zu wedeln und fuhr dann hinter dem Wurzelgewirr auf etwas los, zauste, riß und rupfte und gab zwischendurch dunkleren Standlaut. Die Treiber rückten immer näher. Es war sicherlich nichts mehr im Bogen, und ich konnte guten Gewissens und frohen Jägerherzens meinen Stand verlassen, um den von der Kugel vermutlich schon bös zugerichteten Balg vor allzu grimmiger Verrupfung durch den eifrigen Hund zu bewahren. Den zweiten Fuchs konnte ich später noch aufnehmen, wenn ich zurückkehrte zu meiner Thermosflasche, zu meinen belegten Broten und zu meinem noch nicht angezündeten Stumpen.

Ich erhob mich und stieg schnell in den Hang hinunter. Aber ich hatte noch keine fünf Schritte gemacht, da blieb ich aufs neue ruckartig und versteinert stehen. Auf siebzig Gänge vor mir kamen – das ging aber schon nicht mehr mit rechten Dingen zu! – zwei Füchse aus der Dickung heraus, zwei Füchse, ein unwahrscheinlich großer dunkelroter und ein winzig kleiner maisfarbener. Sie kamen heraus, aber sie schienen sich um die lärmenden Treiber und um den verbellenden Dackel nicht im Geringsten zu kümmern. Sie scherzten umeinander herum wie zwei Junghunde. Der Große lief dem Kleinen immer wieder den Weg ab, legte sich lunteschlagend vor, sauste, wenn der Zierliche ihm mit listiger Flucht entwischt war, in wilder Fahrt hinter ihm her, fing ihn ein, machte mit steif und dabei schief aufgestellter Standarte drolligste Bocksprünge, als wolle er ihn erheitern, ihn gefügig machen zu Spiel und Tanz. Der Kleine – wie ich rasch erkannte, die Feh – wußte mit soviel Zudringlichkeit nichts Rechtes anzufangen, legte öfters mißgelaunt die Gehöre zurück und entflitzte dem närrischen Freund schließlich ins verschneite Dickicht der Fichten zurück.

Das war ja eine nette Geschichte! Teils freute mich die Beobachtung, teils aber regte mich das jagdliche Erlebnis fieberhaft auf. Diesen beiden war zuzutrauen, daß sie rückwärts durch die Treiber gingen. In seiner verliebten Kopflosigkeit ließ sich der Rüd vielleicht übergehen, und die Kleine würde sicherlich bei ihm bleiben; soweit hatte er sie mit Scherzen und Werbesprüngen schon angezaubert.

Aber da waren sie wieder, diesmal mit merklicher Neigung, die Dickung, das laut, unruhig und unheimlich gewordene Liebesnest, zu verlassen und sich woandershin zu verziehen, ohne dabei freilich den sich zu immer engeren Figuren schließenden Tanz zu unterbrechen. Ich hatte meine beiden Einserpatronen verschossen und jetzt notgedrungen einen Siebener im Lauf. Ich würde nur schießen, das hatte ich mir gleich vorgenommen, wenn ihr Fangemanndl die beiden in meine nächste Nähe führte, auf dreißig Schritt, weiter keinesfalls.

Jetzt war es der Zierlichen nimmer geheuer. Einer von den Treiberbuben hatte so laut geschrieen, daß es selbst ihren vom aufrauschenden Blut betäubten Schwarzöhrchen gefährlich geklungen hatte. Sie wollte das Weite suchen. Der Rüd setzte ihr nach. Zwanzig Schritte unter mir hatte er sie eingeholt. Sie schlug einen Haken nach unten. Er folgte. Halbspitz von hinten faßte ihn der Zielstachel und der gleichzeitig hinauskrachende Schuß.

Ich glaube heute noch, daß er die volle Schrotladung auf den Balg bekommen hat. Ohne sich zu überschlagen, ja selbst ohne zu zeichnen, fuhr er, ganz flach und niedrig werdend, davon, blitzartig sich trennend von der eben noch begehrten süßen Freundin. Die stand einen Augenblick verdutzt und folgte ihm dann wieder, jetzt zum zweiten Mal, zurück in die von Hunde- und Bubenhals hallende Dickung. Ein paar Minuten später trabte sie, bang und ratlos, mit nach rückwärts spielenden Gehören, das dünne spitze Lüntchen gesenkt, auf zwanzig Gänge an mir vorbei. Auf den Schuß rührte sie sich nicht und verschwand, als ob nichts gewesen wäre, auch ohne jede

Beschleunigung, in Richtung auf Hans Rotbart hin. Bei dem fiel aber während der nächsten fünf Minuten kein Schuß. Und dann traten die Treiber aus der Dickung. Der Rauhhaardackel war bei ihnen, der alte Tasso fehlte.

Ein starker Bergfuchs

Ich ging zunächst hinunter zur Dachsbracke und nahm ihr den kugelgeschossenen mittelstarken Fuchs ab, der, entgegen meinen Vermutungen, auch ein Rüd war. Kaum ließ ich mir Zeit, nach der Bahn des Geschosses zu sehen; es war zwischen zwei Rippen hinein – und ziemlich tief in der mir abgekehrten Weiche ausgefahren, ohne ein gar zu abscheuliches Loch zu reißen. Dann eilte ich an den Anschuß des letzten und stärksten Rüden. Der Schnee zu beiden Seiten seiner Spur war rot von hundert kleinen Schweißtropfen. Das hatte nur so gesprüht und gespritzt bis hinein unter die Schirmäste der Jungfichten. Hoffentlich hatte der alte Tasso den Kranken schon am Wickel oder zauste gar unweit vom Schlagrand bereits am Verendeten herum. In der Spur der kleinen Feh lag genausoviel Schweiß. Ich folgte ihr sechzig Meter weit und meinte, den Hans schon gleich auf seinem Stand sehen zu müssen, als sie plötzlich vor mir lag. Sie war verendet zwischen zwei Felsen hineingerutscht, und ich hätte sie dort beinahe übersehen. Unverändert zierlich in beinahe koketter Pose schien sie sich verstecken zu wollen; nur die unter hochgezogener Lefze hervorblinkenden Fangzähne gemahnten an ihr räuberisches Geblüt.

Schließlich untersuchte ich noch die Fluchtspur des einzelnen Rüden, auf den ich meine letzten groben Schrote losgeworden war. Der hatte ein wenig Wolle gelassen und gleich vom Anschuß weg mehrere schwache Schweißtropfen. In der Deckung des Hochwaldes waren seine Fluchten bald kürzer geworden, er hatte zu schweißen aufgehört, nach etwa hundert Metern war er wieder in gemächlichen Schnürtrab gefallen und schließlich ganz stehengeblieben, um – jetzt konnte ich über sein Wohlbefinden beruhigt sein – ein schwarzes Häuflein trockener Losung mitten in seine Spur hineinzupflanzen. Der hatte sich also durchzuschlängeln gewußt durch die nicht unbeträchtliche Anzahl von gefährlichen Feuerzirkeln, mit denen sein heutiger Tageseinstand, nur geringfügige, unvermeidliche Lücken freilassend, abgeriegelt gewesen war. Eine kleine Enttäuschung, die von der Freude über drei, wahrscheinlich vier, von einem Stand aus geschossene Rotröcke schnell übertönt und zum Schweigen gebracht war. Es blieb aber bei dreien, sowohl auf meiner wie auf der Strecke dieses ganzen ereignisreichen Fuchswochenunternehmens. Der Rotbart auf seinem, seit der Entdeckung des Zwangspasses entlang dem Grat für ihn mehr anheimelnden als erfolgsicheren Stand, war nicht wie sonst in den meisten Fällen »lobesam« gewesen und hatte den Jungfuchs, der ihm gar zu schnell über die breiten Lücken im Hochholz huschte, doppelläufig gefehlt. Nicht ein kleinstes Flöckchen Wolle wollte sich zwischen den Striemen der groben Schrote im Schnee finden lassen.

Der Haupt- und Platzrüde aber war, etwa hundert Meter vom Anschuß, mitten im dichten Stangenholz stehengeblieben, ohne daß bis dahin seine Flucht merklich kürzer und der Schweiß sichtbar weniger geworden wäre. An dem Platz seines Verhaltens und Verhoffens lag immer noch reichlich Schweiß, vor allem an einer bestimmten Stelle, in der Nähe des Halses vermutlich, mochte es ihm rot aus dem Balg gerieselt sein. Eine kleine Lache war hier im flaumigen Schnee entstanden und in ihrer Mitte ein Loch etwa vom Durchmesser eines Bleistiftes; der heiße Lebenssaft hatte die Schneedecke richtiggehend verbrannt und durchgeschmolzen. Von da weg wurde es schwierig, sich über den Grad des Wundseins noch ein Bild zu machen, denn jetzt war der alte Tasso auf den Kranken gestoßen und hatte ihn zweihundert Schritt weit den steilen Dickungshang nach Osten hinuntergehetzt. Am Rand des raumen Buchenhochwaldes hatte der Fuchs dann anscheinend so viel Vorsprung gewonnen, daß er sich einen scharfen Haken schräg aufwärts und ins Fichtenjungholz zurück leisten konnte. Der dort in der Nähe in den Buchen stehende Schütze hatte beide, Fuchs und Hund, kurz nacheinander eine Lücke der Dickung überfliehen und überhetzen gesehen. Dem offenen Gelände aber schien der noch vor kurzem so sorglos mit seinem Burgfräulein auf freiem Schlag sich tummelnde Ritter von Malepart gründlichst abgeschworen zu haben; sonst hätte er die bei der Nähe des Verfolgers verdammt gefährliche Schwenkung sicherlich nicht gewagt.

Der Schweiß wurde, was sich allein schon aus der Schnelligkeit der Fahrt erklärte, wesentlich weniger, hörte aber nicht auf. Ich arbeitete die

Spur weiter aus, vorerst nur gebückt im engen Stangenholz, sperriges Dürrgeäst brechend, dann quer durch die Dickung am Bauch rutschend und auf den Knien kriechend, mit viel Schnee im Genick.

Merkwürdigerweise hatte der Fuchs den unfernen Bau nicht angenommen, vermutlich weil dieser nur aus einer verhältnismäßig seichten Felsspalte mit ziemlich großer Einfahrt besteht, in die der kräftige Wachtel sicher hätte nachschliefen können. Die Jagd war über den Grat gegangen und auf der Westseite dann in der wieder etwas lichter werdenden Dickung steil bergab. Ich horchte lange, ob ich nicht von irgendwoher, aus der von einem felsübersprudelnden Bach tief eingefurchten Talsohle herauf oder vom jenseitigen Wald- und Dickungshang herüber, den eigentümlich weichen und dabei ziemlich dunklen Standlaut des alten Tasso vernahm. Ein fernes gleichmäßiges Rauschen und Murmeln der Wasser war jedoch alles, was sich aus der winterlichen Verlorenheit des Grabens heraushören ließ.

Ich gab das weitere Nachhängen auf. Dazu bestimmte mich außer der Gewißheit, daß der Hund vom Schwerkranken keinesfalls ablassen würde, auch die Überlegung, daß ich den dreihundert Meter steil abfallenden Hang nicht nur hinunter-, sondern nach gemachter Feststellung, wohin sich unten die Hatz gewendet habe, dann auch wieder heraufzusteigen hätte. Zudem hatte ich mit meinen Mannen als Treffpunkt einen Stadl am Osthang der Wildleite vereinbart, und ich konnte wegen eines angeschweißten Fuchses nicht gut meine vier Schützen und drei Treiber sich selbst überlassen, nachdem ich keinerlei vorsorgliche Weisung gegeben hatte. So kehrte ich um und fand die Wartenden frierend, mit zum Teil schon leicht bläulich überlaufenen Gesichtern um den aus schweren Rundhölzern gefugten morschen Stadl versammelt. Bei ihnen befand sich, mürrisch und mit zahllosen Eisklümpchen im Fell, der alte Tasso. Fehlhatz also, dem Fuchs schien keine der kleinen Bleiperlen bis ins Leben gedrungen zu sein.

Der letzte Bogen, ein Buchendickicht zwischen den Hochwiesen der obersten Einödhöfe, bescherte uns noch zwei Hasen und ein Wildkalb, war aber wider alles Erwarten und entgegen den Ankündigungen im Spurschnee fuchsleer.

Jedem der drei Buben baumelte ein Roter am Treiberstock, als wir schließlich auf winterlichen Wiesenwegen mit befriedendem Ausblick ins abendlich beglänzte flache Land und schließlich Einblick in unser Tal mit dem Schloß auf weißem Waldhügel und der dorfbeherrschenden doppeltürmigen Barockkirche heimwärts strebten. Jetzt endlich brannte der Schweizer Stumpen und mundete gut, hätte aber noch besser schmecken können.

Ich durfte zufrieden sein beim Anblick der hin und her schlagenden weißen Quasten an den Spitzen der drei, schon ein wenig erstarrt abstehenden und nicht mehr weich fallenden schwärzlichen Lunten. Ich war's aber nicht. Ich hatte den Aberglauben zu weit getrieben, als ich die schon in der Hand gehaltenen Verstärkungspatronen des rotblonden Hans ihm wieder zurückgab. Und wenn ich das schon getan hatte, dann hätte ich folgerichtig die ungewissen Siebener gar nicht in den Lauf schieben dürfen und mit einer ohnedies schon ungewöhnlich glückhaften Strecke zufrieden sein müssen. Dann würden sie jetzt noch im Licht der versinkenden Sonne miteinander sich tummeln, umeinander herumstreichen, zärtlich sich beißen und balgen, der alte, langgrannige Dunkelrote und seine kleine, rötlichgelbe Freundin, und sich verliebt hinüberscherzen über den Ronnerkopf und weiter der Schneid entlang bis in die Klippen und Wände der Rotlahn hinein und sich des Glücks, dieses kargen und kurzen Paarungs- und Liebesglücks im Tier- und Fuchsleben, ungehemmt erfreuen.

Hätte ich, wie sonst bei solcher Riegeljagd auf Hase, Fuchs und Hochwild, meine drei oder vier Vollmantelkugeln bei mir geführt, dann wäre ja auch alles anders gelaufen, und ich hätte zumindest noch eine grobe Schrotpatrone zu versenden gehabt, als das heckende Pärchen zu meinem maßlosen Erstaunen vor mir aus der Dickung auf den Schlag herausgewirbelt kam. Freilich, die Siebenerschrote an sich hätten auf so kurze Entfernung und trotz des Januarbalges beide Füchse auf die Stelle gebannt, wenn das Pulver in diesen zwei Patronen nicht durch Alter Kraft eingebüßt und seinen vollen Gasdruck noch hätte entwickeln können. Aber mit »hätte« ist nichts mehr gutzumachen. Und wenn ich an den kraftvollen, zärtlich selbstgefälligen Werber dachte, der jetzt irgendwo, mit vielen brennenden Stichen im Balg, in der Muskulatur und vielleicht gar im Gescheide, einer kalten Felshöhe, einer feuchtlehmigen Röhre zuhumpelte, der vielleicht doch unter Qualen noch eingehen würde, der zumindest um seine hohe Zeit in diesem Jahr leidvoll betrogen worden war, dann blieb mir nichts übrig, als mich zu schämen und zu bereuen.

Aber der Geist der Reue ist kein guter und hat in vielen Fällen schon schlimmeres Unheil angerichtet als die Schuld, die ihr vorausgegangen war. Auch der Vorsatz, der ihr so oft auf dem Fuß folgt, taugt wenig. Das Beste ist, man weise ihr ganz die Tür, und hierbei ist ein starker Helfer die gutmachende Tat.

Ich habe damals der ganzen Sippe von Malepartus, soweit sie in meinen Wäldern die Schnürspur zog, für den Rest des Winters Urfehde, Schonung, ungestörte und unbesorgte Paarung, kurz Friede vom Jager her geschworen.

Den hab ich dann im allgemeinen auch gehalten, aber im besonderen nicht. Denn bei einer Neuen, fünf Wochen später, spürten wir einen Fuchs auf drei sehr starken Pranten in die Wildleite hinein und nahmen an, es müsse der krankgeschossene Rüd vom Januar sein. Wir waren, drei Mann hoch, zum Nachschauen bei den Fütterungen ausgerückt und beschlossen, da es sich um ein unzweifelhaft alt- oder frischkrankes Raubwild handelte, so etwas wie eine Nachsuche auf gut Glück. Zwei stellten sich vor, und einer ging mit dem stöbernden Dackel durch. Der Rüd war nicht drinnen, jedenfalls lief er keinem von uns an, meine oft gemachte Beobachtung aufs neue bestätigend, daß ein auf der Treibjagd verprellter oder gefehlter oder gar angeschweißter Fuchs fast so schwer vor die Schützen zu bringen ist wie ein vielerfahrener alter Hirsch, daß sich also, kürzer gesagt, der Fuchs nur einmal mit Sicherheit geradeaus treiben läßt.

Aber es kam ein anderer, ein kerngesunder auf vier federnden rappschwarzen Pranten, gelbschwärzlich, mit taubenblaugrauem statt weißem

Kehl- und Brustfleck und ungeblumter, dicht und dick nachschleifender Lunte. Er kam, in der Sonne wie überrußtes Messing blinkend, über den weißen Schlag geschlängelt und geschlichen, über Felsblöcke und morsches Fallholz geturnt, verhoffte schließlich auch noch schlau einfältig auf etwa dreißig Schritt zu mir her, und da, so ist der Jäger, so ist der Mensch, so singt es schon der sonst redliche Max im Freischütz: »Schwach war ich, doch kein Bösewicht …«, da brach ich den Schwur und schoß ihn.

Ganz glücklich war ich nicht, als ich ihn aufhob. Ich hatte einen sehr ernsthaft gemeinten Pakt nicht gehalten, und wenn er auch nichts davon gewußt hatte, der breitkrausige Rüd mit den über perlmutterweißen Fangzähnen wie in erstarrtem, gelangweiltem Lächeln hochgezogenen Lefzen, so hatte er doch einen Freibrief bei sich getragen, unter den ich selbst das Siegel geprägt und das Signum gesetzt hatte. Um wieviel stärker und gefährlicher unsere Leidenschaften sind, als wir es wissen und glauben, darüber belehren uns solche Minuten der Feuerprobe.

Eines aber ist trotzdem geblieben von jener Erlebniskette um die Wildleite: eine vertiefte, bewußtere, verständnis- und achtungsvollere Liebe zu diesem feinnervigen, scharfsinnigen, schönen und edlen Raubwild, zu diesem romantischen Reichtum und besonderen Schmuck unserer Wälder. Und was sonst könnte unsere arme Jägerseele erlösen, als die Bruderliebe des heiligen Franz zum Mitgeschöpf, die sich einmal entfalten muß in jedem, dem es ernst ist und der es gut meint mit Waidwerk und Wild.

Grobwetter im Mai

Manches Unheil kommt auf uns zu und ist unabwendbar, aber – auch aus einigen Stellen der Bibel läßt sich das schließen – man kann wahrscheinlich in bezug auf Art und Umstände der Begegnung mit ihm sich Milderungen erbitten. In der Zeit, in der das, wovon ich erzählen will, sich ereignete, dachte ich selbst freilich wenig ans Gebet, aber irgendeine gute Seele hat es mir vielleicht doch durch das ihre erwirkt, daß ich aus leidvollem Erleben heraus mich heimflüchten durfte ins Gebirgstal, wo ich in Einsamkeit und äußerer Freiheit mit der frischen Erinnerung kämpfen konnte, und daß dies alles in die hohe Jahr- und Jagdzeit fiel, in der die Hahnen singen.

Es war aber keine lachende Aue, die mich daheim empfing. Dem März jenes Jahres, mit seinem seidenen Himmel und seinem milden Sonnenschein, diesem März voll glücklicher Hoffnungen war das stürmischste und regenschwerste Frühjahr gefolgt, dessen ich mich entsinnen kann; eiskalter Regen oder wirbelnder Schneefall, ein Südweststurm, der Bäume zerbrach, tiefhängendes Gewölk, hochangeschwollene bleigraue oder erdgelbe Wasser, damit kam der Wonnemonat ins Land. Mitten am Tag war's oft so düster, daß ich mich in meiner Turmstube ans Fenster setzen mußte, um lesen zu können oder lange Briefe zu schreiben, die ich ein paar Stunden später ins Feuer warf.

Im damaligen Hahnfalz war es so gut wie unmöglich, die großen Hähne zu bestätigen. Bestenfalls entdeckte man sie ums Grauwerden im schwankenden Geäst der kahlen Buchen, oder man trat sie weg, während man vorsichtig durch den Bestand birschte und sich mühte, aus dem Tosen des Windes, dem schweren Tropfenfall und dem Rieseln und Rauschen der Wasser einen Balzlaut herauszuhören.

Wie es Arthur Schubart, der erfahrene Hahnenjäger, damals fertiggebracht hat, seinen Auerhahn zu schießen, weiß ich nicht. Ich kam erfolglos, naß bis auf die Haut, mit wasserschwerem Hut und Mantel nach Hause. Dämmerung herrschte noch in den stillen Räumen des Schlosses, obwohl die Uhr schon die sechste Morgenstunde zeigte. Auf den Steinfliesen einer gewölbten Halle entdeckte ich mit frohem Erstaunen die Beute des Gastes, einen sehr dunkel gefärbten, richtigen Pechhahn mit mächtigem, elfenbeinfarbenem Hakenschnabel. Ein weißknospender Zweig vom Wildapfelbaum lag dabei, als hätte ihn jemand im Vorübergehen verloren. Ich kannte die Art des Freundes, den erbeuteten Urhahn also zu schmücken, und verweilte lange Zeit, in den Anblick dieses seltsamen Stillebens versunken. Das Zwielicht der Totenwachtstunde für den Großen Hahn war noch nicht gebrochen an diesem Morgen in dem uralten Raum mit den verhältnismäßig kleinen Fenstern und dem schweren, tief in die Seitenwände herabreichenden Tonnengewölbe.

Jetzt würde auch er abreisen, der seit zehn Tagen die Einsamkeit des Schlosses mit mir teilte. Nur der Umstand, daß ihm das Waidmannsheil auf den Hochgebirgshahn bisher versagt geblieben war, den er auf der Strecke seiner alljährlichen Frühlings- und Hahnenreise durch verschiedene ihm liebgewordene Reviere nicht missen wollte, hatte ihn so lange hier festgehalten. Ich selbst war ihm kein guter Gesellschafter und ein recht trübseliger Haus- und Hüttengenosse gewesen. Am Abend reiste er wirklich ab, und die Verlassenheit und die Stille waren nun vollständig geworden in dem verzweigten, vielräumigen Bau, an dem, oben auf der das Tal abriegelnden Felsenhöhe, viele Generationen von Schloßherren gebaut und gestaltet haben.

Ich setzte meine nächtlichen Gänge fort und kam auch wirklich einmal an einen Hahn. Es war so stockfinster in jener Nacht, daß ich die Laterne hatte anzünden müssen. Und während ich im nicht enden wollenden, steilen Hochholzhang aufwärts stieg, wurde allmählich der schwer klatschende Tropfenfall ein wenig leiser, und große, nasse Schneeflocken schwebten in den Lichtkegel der Laterne und verzischten auf ihrem heißen Blech. Es schneite, der Sturm ließ nach, und ich stand in einem weihnachtlichen Winterwald, als ich das Licht gelöscht hatte und in den Schlag hinaushorchte, auf dem im vergangenen Jahr zwei Hähne gebalzt und unbehelligt ihren Minnemond zu Ende gebracht hatten. Es herrschte ein kaum noch zu ahnendes bläuliches Dämmerlicht im Wald, von dem ich nicht wußte, ob es vom abnehmenden Mond herrührte oder von dem durch schweres Gewölk unendlich langsam aufkommenden Tag. Und plötzlich hörte ich den Hauptschlag, leise, aber sehr deutlich sprach er aus der Nacht heraus, und dann das Schleifen und dann die ganze mild und zart werbende Strophe. Ich hörte lange Zeit zu, ohne mich zu bewegen.

Nie ist mir das Lied des Auerhahns so zu Herzen gegangen wie damals. Er erzählte es der Nacht mit Mitteln, die man kaum Töne nennen kann, was sein Inneres heiß erfüllte. Und die Nacht nahm's entgegen. Er ging nicht verloren, dieser scheue Gesang. Es war, als ob er Eingang fände in ein ihm liebend aufgeschlossenes Herz, als neige sich tröstend das Antlitz der großen Mutter über den Sohn, während er, von Sehnsucht überwältigt, sein Bekenntnis in die Falten ihres Mantels stammelte.

Ganz langsam schob ich mich zwischen gut mannshohen, auf einer kleinen Ebene schütter verteilten Jungfichten näher an den balzenden Hahn heran und entdeckte ihn schließlich mit leisem Erschrecken auf einer aus dem angrenzenden Steilhang herauswachsenden Buche, deren Krone die schwere winterliche Schneelast fast bis zum Boden herabgedrückt hatte, so daß ihr Schaft wie ein schlanker Brückenbogen anzusehen war. Auf dem Scheitel des Bogens stand, bläulichschwarz gegen den noch im tiefsten Dämmer liegenden Schneehang sich abhebend, der Hahn regungslos, und nur das Zittern des Kragens während des Schleifens verriet, daß Leben in ihm war.

Ich mochte ihn nicht schießen. Und als sein Umriß im zunehmenden Licht klarer zu werden begann, schlich ich mich im knöcheltiefen, nassen Neuschnee lautlos fort, vom perlenden Lied verfolgt, bis hinunter ins hohe Holz.

Die Tage kamen und gingen. Eintönig, naß und düster, von Stürmen gezaust und gerüttelt. Mehr als zehn Morgen blieb ich den Wäldern fern. Dann aber zog es mich wieder hinauf. Ich wollte nicht ohne Hahn diesen Mai beschließen.

»… und die Stille in dem verzweigten, vielräumigen Bau war vollständig geworden …«

Die Auswahl war nicht mehr groß. Die meisten Auerhähne hatten schon zu balzen aufgehört. Nur einer war mir noch gemeldet, der seinen Balzplatz unfern einer auf hohem Sattel gelegenen Jagdhütte hatte. Mein freundlicher Nachbar, ein staatlicher Forstmeister, gab ihn mir frei. Er schickte mir seinen Hilfsjäger herüber, der den Hahn im April bestätigt, dann aber eine Zeitlang nicht mehr hatte finden können, weil er von einem Gast vergrämt worden war. Jetzt balzte er wieder oben in den Hemmerwänden, in einem lichten Bestand alter, sehr hoch gewachsener Buchen, von denen ein an die tausend Meter langer, schmaler Schlag steil abfiel bis zur Sohle der wildbachdurchtosten Schlucht.

Wir trafen uns gegen Abend in der Jagdhütte, der alte Rappl und ich. Er war ein ganz eigenartiger Jägertyp, unterdurchschnittlich klein, dabei zäh und knorrig wie eine Latschenwurzel. Sein im Halbrund von einem braungrauen Vollbart eingerahmtes Gesicht hatte die frische Farbe eines Apfels, die dunklen Augen blickten klug und sprühten vor Lebensfreude. Jeder Handgriff, den er machte, war flink und richtig. Die Fichtenscheite flogen nur so in den Ofen, und noch eh' sie ganz ins Feuer hineingefallen waren, schloß sich mit kurzem Klappen hinter ihnen das eiserne Türchen des Herdes. Die Lampe setzte er so sicher und lautlos in Brand, als ob er, wie im Theater, nur auf einen irgendwo versteckten Knopf hätte drücken brauchen. Und wenn er draußen etwas holen ging, dann hätte man geschworen, daß er, ohne die Tür zu öffnen, hinaus- und wieder hereingekommen sei. Ich kannte seine Vorliebe für ein Glas guten Bieres und hatte ein paar Literflaschen mit heraufgebracht. Der Trunk hob seine Stimmung und machte ihn mitteilsamer, als er sonst war. Alle möglichen Jägergeschichten erzählte er mir, denen ich gern zuhörte, vor allem wenn sie sich mit seiner Jugendzeit befaßten und er von längst verstorbenen Hütern dieser Wälder und ihres Wildes sprach, die damals hier ihre Jägerwege gegangen waren. Etwas Bejahendes, Quicklebendiges und Gesundes ging von dem kleinen Mann aus und tat mir wohl. Und es schien auch fast, als sei er dem ununterbrochenen Tief der Wetterlage gewachsen. Ich war im strömenden Regen heraufgestiegen und glaubte ihm nicht gleich, daß er, als er wieder einmal vor die Hütte getreten war, ein paar Sterne am nächtlichen Wolkenhimmel entdeckt habe. Aber es war so. Auch der Sturm, der seit drei Wochen fast pausenlos über die Berge hingebraust war, hatte sich gelegt. Das gewaltige Rauschen, welches die Nacht draußen erfüllte, rührte von den hochangeschwollenen Bergwassern her, die zornig durch ungezählte Gräben und Rinnen und Runsen zu Tal stürzten.

Auch in der ersten Dämmerfrühe des nächsten Tages waren zwischen unbewegtem, grauem Gewölk vereinzelte blasse Sternenpunkte zu sehen, und die turmhohen Buchen auf der Hemmerwand ragten regungslos in den sich langsam erhellenden Himmel. Wir verhielten lange auf dem schmalen, etwa hundert Schritt unter ihnen den Steilhang querenden Steig und lauschten. Aber es blieb still. Drei Minuten, fünf Minuten, eine Viertelstunde lang. Die Zeit war da, der Hahn mußte zu balzen begonnen haben, wenn er – woran ich allerdings manchen Zweifel hegte – überhaupt noch in der Balz stand. Mein flüsternd geäußertes Bedenken wies der Rappl mit einem heftigen Kopfschütteln zurück. Schließlich sagte er mir, daß er den Hahn auch schon etwas hangeinwärts auf einer Lärche bestätigt habe. Und so birschten wir mit möglichst geräuschloser Eile auf dem Steig weiter bis in die Nähe des am Rand eines jüngeren Fichtenbestandes stehenden einsamen Lärchbaumes. Auch hier blieb es still, bis die erwachenden Vögel den Morgen begrüßten und tief unten aus der waldigen Bergflanke heraus der Ruf des Kuckucks ertönte. Der Rappl schüttelte abermals den Kopf, und wir gingen langsam den Weg zurück, den wir gekommen waren.

Als wir wieder bei den Buchen anlangten, rauschte und polterte es plötzlich einen Büchsenschuß über uns, und wir sahen den sehr starken Hahn abreiten und mit rascher Schwenkung in eine Mulde hinein verschwinden. »Er hat eben nicht mehr gebalzt«, sagte ich, meine erste Vermutung wiederholend zu meinem Begleiter. »Das ist so gegen Ende, da kommt er noch auf den Balzplatz geritten, bleibt aber stumm bis in den hellen Tag hinein.« Der Rappl aber ließ sich nicht irr machen: »Da muß was anders schuld sein, i weiß scho, er is vergrämt. Warten S' nur, mir ham ja no etliche Tag Zeit. Den mach i scho no amal aus, werden S' sehng!«

Solche Zuversicht überträgt sich. Aber als wir bei der Hütte voneinander Abschied genommen hatten und ich allein zu Tal stieg, hegte ich doch keine rechte Hoffnung mehr, mir den Hahnenbruch in diesem Jahr noch auf den Hut stecken zu können. Die Sonne schien auf meinen steinigen Weg, der entlang dem tobenden Wildbach durch eine Schlucht steil abwärts führte. Und rings um mich her jubelte der Frühling. Links oben, zwischen den Latschenfeldern der Aschentaler Wände, hörte man einen Spielhahn krugeln. Den hatte ich heuer versäumt. Ich hatte vieles versäumt während dieser verregneten Maiwochen! Jetzt war es zu spät, jetzt ließ sich kaum mehr etwas nachholen. Ich verspürte auch keine Lust dazu. Aber den Schönheiten des Abstiegs konnte ich mich dennoch nicht verschließen. Die felsige Schlucht mit ihrem tief in sie eingegrabenen Bachbett quert viele schmale, sehr steile Seitentäler, die ebenfalls von größeren oder kleineren Wasserrinnen durchfurcht sind. Zur Maienzeit nun befindet jedes dieser Nebentäler sich in einem anderen Grad des Grünens und Werdens. Und man erlebt beim Niedersteigen vom Sattel bis hinunter ins Tal den Frühling in vielfacher Abstufung. Hinter jeder von rechts und links herunterlaufenden Felsenrippe, die wie eine Kulisse den Ausblick nach unten versperrt, tut sich ein neues Wunderland auf. Man hat das Empfinden, als stürme einem der Lenz aus den Tiefen herauf entgegen, als schlügen die Flammen seines grünen Feuers immer höher empor, und wenn hie und da zwischen den schwarzen Fichtenwipfeln und den rotbraunen Kronen des Laubholzes oder weiter oben am Rand der Schneefelder und der noch ganz erloschen anmutenden blaugrünen Latschen es unvermittelt smaragden aufzuglimmen beginnt, dann ist's wohl so gewesen, daß ein besonders kühn den andern vorangeeilter Streiter des Baldur sich hart bedrängt im Handgemenge mit den Verteidigern der Hei befindet. Und dazu rauscht und zischt und gischtet es in hundert Wasseradern herab und singt die Streit- und Siegeslieder zu diesem ewig wiederkehrenden und ewig neuen Austrag zwischen Feuer und Eis, Wärme und Kälte, Leben und Erstarrung. Nur ein schmaler Streifen Himmel wurde von den die beiden Wände der Schlucht nach oben abschließenden Felskämmen freigelassen, und dieser Himmel war blau und von weißen, rasch hinziehenden Wolken durchwandert. Im hereinstürzenden Frühsonnenlicht erschien das junge Buchengrün beinahe golden, und dem durch so viel grauverhängte Tage verzagt gewordenen Herzen blieb kein Zweifel darüber, daß des Frühlings Sieg nun gewiß sei.

Über eine Strecke von etwa zweihundert Metern traten die Wände des Grabens so nahe zusammen, daß man nichts mehr als graues Gefels und das schwarzzottige Gewipfel der darin festgekrallten Fichten über sich sah. Die Laubhölzer empfingen hier wenig Sonnenlicht, ihre angeschwollenen Knospen waren noch nicht aufgesprungen. Der eingeengte Gießbach aber, dem sich schwere Felstrümmer entgegenstemmten, die aus lichteren Höhen in sein Bett hereingestürzt waren und dort verkeilt und verklemmt lagen, gebärdete sich wie ein in Fesseln ringender Dämon. Der Staub seiner Wasser rauchte und sprühte bis auf den Zugweg herauf, und jeder andere Laut erstarb vor seiner tobenden Stimme. Endlich tat sich wieder ein grünes Tor auf, und ich wanderte in das jetzt weiter und friedlicher werdende Tal hinein. Aber wehe, die weißen Wolken oben im blauen Himmelsband waren wieder dicht und düster geworden und verbargen die Sonne. Und während ich enttäuscht diese jähe Wandlung wahrnahm, wurde mir ganz unerwartet ein seltener jägerischer Anblick zuteil. Hoch oben, zweihundert Meter etwa über mir, querte in ungeheuer schnellem Flug eine Auerhenne die Schlucht. Scharf zeichnete sich dabei ihre Silhouette vom Gewölk ab. Und als sie wie ein Pfeil in die Fichtenwipfel eines die weitere Sicht abriegelnden Waldkammes hineingeschwirrt war, tauchte genau ihrer Bahn folgend und schneller noch als sie, langstößig und pechschwarz der Hahn vor den Wolken auf. Kaum geschaut, kaum umfaßt und eingetrunken, war der beglückende Anblick auch schon vorübergeflohen.

Ich wußte um den Sinn dieser sausenden Fahrt. Da droben hinter dem Fichtenkamm lag irgendwo das angefangene Gelege der Henne versteckt.

Und dort, von wo die beiden hergekommen waren, standen die Balzbäume des Hahns, stolze, turmhohe Weißtannen und altknorrige Buchen. Über den Schnee, der in großen Platten noch auf dem Boden dieses lichten Haines trotzte, mochte er heute nach so vielen Tagen des Regnens und Stürmens lange im Balzreigen hingeschritten und aufgeflattert sein. Schillernd im Licht der Sonne, betörend in seiner Farbenpracht, hatte er die Freundin umworben. Jetzt war unheimlich schnell finsteres Gewölk aufgezogen, Sturm und Eisschauer brauste schon fern in den Lüften und scheuchte die Henne der gefährdeten Brutstätte zu, die Eier, in denen schon Leben keimte, mit mütterlicher Wärme zu decken. Und der Hahn, den Grund ihrer Flucht kaum ahnend, war sehnsuchtgetrieben gefolgt.

Die Kronen der Buchen und Ahorne senkten sich jetzt plötzlich, die Fichten bogen sich, und hier unten in der windgeschützten Grabensohle nur als schwacher Anhauch spürbar, stieß der Sturm von Westen herein. Als ich die Landstraße im Tal erreicht hatte, hing schweres Gewölk schon wieder bis zur halben Höhe der Berge herunter, düsteres Zwielicht herrschte, um die Obstbäume lag wie Schnee eine Menge weißer Blättchen auf der Erde, die der Wind aus den blühenden Kronen gerissen hatte. Gegen Sturm und Regen gestemmt, eilte ich heimzu. Ein einziger alter Holzknecht begegnete mir zu dieser frühen Stunde, eine Gestalt wie herausgeboren aus solchem Unwetter, hoch und aufrecht, mit wehender schwarzer Kotze, mit triefendem, mächtigem Graubart, die Augen von grauen Haarwäldern überbuscht, die breiten Ränder des Hutes vom Rückenwind eng ums Gesicht gelegt. Die Rechte hielt einen fast kinderarmstarken Bergstock umschlossen. So mag Allvater Wotan vor Jahrtausenden durch diese Täler gewandert sein, und solches Wetter mag ihn in die Höhlen der Schmiede und die Hütten der Hirten und Jäger ans rote Herdfeuer getrieben haben.

Oben im Schloß verschleierte wieder das mir jetzt schon vertraut gewordene, nebelhafte Zwielicht die alten Räume, in denen es sich so seltsam lautlos und ruhelos zugleich umherwandern ließ, als sei man längst gestorben, als sei das Auge schattenhaft und tränenlos geworden und als wäre dort, wo einst ein übervolles Herz geschlagen, teilnahmslose Weisheit eingezogen.

Regnerisch grau war auch der nächste Tag. Aber schon um neun Uhr morgens klingelte das Telefon. Der Rappl rief mich an. Sein Hahn sei wieder dagewesen heute früh und hätte gut gebalzt. Der Rappl wisse jetzt auch, wie man ihn anpacken müsse. Schon gut, wir würden uns am Abend auf der Hütte treffen. Vielleicht trug das stürmische Wetter die Schuld daran, daß man sich am Fernsprecher so schwer verständigen konnte.

Am späten Nachmittag stieg ich durch die Schlucht wieder zu Berg. Es stürmte nicht mehr, aber die Luft war noch unruhig, und unablässig ging der Regen nieder. Tieftraurig rauschte der Bach, und traurig und ein wenig müde setzte ich Schritt vor Schritt auf den steinigen Weg. Als ich oben den Sattel erreichte, fing es zu dämmern an, und der Regen war in leisen Schnee übergegangen. Winter war es wieder, wie vor ein paar Monaten, als ich mit der Quäke den Bergfüchsen zuliebe in die Wälder hinaufgestiegen war, nicht ahnend, daß schon ein anderer Jäger lautlos meinen Spuren folgte, auch mit der Locke, die verwundenden Geschosse im Köcher. Waren wir für das Schicksal wirklich weniger als das Wild für den Jäger!? Ward Glück und Hoffnung uns nur geschenkt um der Wunde willen, die entsteht, wenn man sie uns wieder entreißt und Erinnerung sie dann offen hält? Damals war ich noch jung und wußte nicht, daß es für alles erfahrene Leid einen Balsam gibt, der Zeit heißt, ja, daß die Zeit dem Erinnern sehr oft die Lebendigkeit beläßt und ihm dennoch die Macht nimmt. Ich wußte auch noch nicht, daß es schönes und häßliches Leid gibt, und daß dieses, an dem ich damals wund ging, ein schönes Leid war.

Wo blieb im Schnee die Spur des Rappl, der die letzte Wegstrecke mit mir gemeinsam hatte? Wo blieb der feuergelbe anheimelnde Schimmer aus dem Hüttenfenster, die Verheißung von Licht und Herdwärme? Wo der harzige Holzrauch aus dem Blechkamin? Stumm lag das Blockhaus, düster und schattenschwer auf der kleinen Schneelichtung, inmitten hochragender, todernster Wetterfichten. Unfern murmelte der Bach, und kleine Flocken schwebten federleicht und nicht allzu dicht aus dem perlgrauen Himmel hernieder, überpuderten Steine und Stämme, zottige Wedel, Gräser und Schindeln, die Bank und den Zaun und den Haufen Dürrholz neben dem Hackstock. Und mit einem Mal kam ein seltsamer, unerwarteter Ton aus dem Schneetreiben heraus, ein feiner, aber frischer und wanderfroher Stoßpfiff und dann ein behagliches Schnurren, wie das des Katers, der sich am Ofen reibt. Und wieder der Pfiff, jetzt ganz nahe, dicht über mir, und da segelte sie vorüber mit ihren schmalen, spitz auslaufenden Schwingen, dem halslosen runden Kopf und dem feinen langen Schnabel, *Scolopax rusticola,* der weltumwandernde und doch urnordische Frühlings- und Waldvogel, einer der reizvollsten für die Flinte des wartenden Jägers – die Schnepfe.

Was hatte der Rappl nun eigentlich den ihm ungewohnten quakenden Tönen aus dem schwarzen Hörer heraus entnommen? Es stimmte nicht zu seiner flinken, pünktlichen Art, daß er noch nicht da war. Entweder war ihm etwas zugestoßen, oder er hatte mich mißverstanden, oder er wollte erst in der Früh kommen, wenn's Zeit wurde für den nächtlichen Gang zu den Hemmerwänden hinauf. Ich brannte mir selbst mein Feuer an, entzündete selbst die Lampe, holte mir Wasser und goß es in den Kupferkessel, den ich dann auf den Herd stellte. Es wurde warm und behaglich in dem ziemlich großen Raum. Das Bier, das ich dem Waidgenossen zugedacht hatte, schäumte im eigenen Krug, der Rauch spann seine blauen Bilder, und ein altes Hüttenbuch, das schon begonnen worden war, als mein Vater noch ein Knabe gewesen, vertrieb mir nach einer Weile die trüben Gedanken und führte mich wieder ganz den Wäldern zu, die seit ein paar Monaten mir nicht mehr das zu sein vermochten, was sie mir vom ersten Denken an gewesen waren.

Die Nacht war rabenschwarz, und es schneite noch immer, als ich in der folgenden Vorfrühe den Gang zum Balzplatz hinauf antrat. Mit Hilfe der kleinen Laterne fand ich den mir nicht allzu vertrauten Weg, setzte mich, als ich in die Nähe des Buchenhaines an der Hemmerwand gekommen war, unter die Schirmäste einer freistehenden Tanne und wartete auf das erste fahle Licht in der Schwärze dieser Schneenacht. Es war still. Man mußte auf ziemlich weite Entfernung das Glepfen des Hahnes vernehmen. Aber es war nichts zu hören bis ins graue seidige Zwielicht hinein. Er mußte jetzt längst zu balzen begonnen haben. Ob er etwa weiter oben stand, auf dem kleinen Boden, von dem mir der Rappl gesprochen hatte? Ich suchte mit dem Glas die Kronen und Wipfel der etwa hundert Schritt vor mir in den Himmel hineinragenden Bäume ab. Nirgends ein dunkler Klumpen, nirgends ein Umriß, der an die Gestalt des hoch aufgereckten, mächtigen Vogels gemahnte.

Nur schüchternes Meisengezirp grüßte den Tag und leises Bergfinkenpfeifen, aber kein voller Vogelgesang. Also auf, um erst einmal hinten bei der Lärche nachzusehen und dann hinaufzusteigen zum oberen Boden! Mühsam genug war heute das Gehen. Bei jedem Schritt fast glitt man aus auf dieser nassen, dünnen Schneedecke, über glattem Wurzelwerk und schleimigem Fallholz, über laubbedeckten Steinplatten und durchweichter Erde. Die Lärche war leer, leer und tot ragten auch die Buchen oben auf der kleinen Hochfläche in den düstergrauen, feine Schneeflocken herabstreuenden Himmel. Während ich noch verschlafen in ihr Geäst hinaufschaute, meinte ich, einen hellen, harten Glepfer aus dem anschließenden Fichtenhochholz heraus gehört zu haben. Ich horchte aufmerksam dorthin. Da, jetzt wieder! So sonderbar hart und hölzern klingt nur der Balzlaut des schon zu Boden gegangenen Hahnes. Schnell und im wattigen Neuschnee fast ohne Geräusch birschte ich mich näher heran, und jetzt dröhnte vor mir aus dem Dunkel zwischen den Fichten der halb eherne, halb weich plusternde Ton eines Flattersprunges. Gar nicht weit weg, irgendwo in einer Mulde balzte der Hahn am Boden. Wieder hörte ich das Glepfen und dann den Hauptschlag und dann, wie einen gepreßt und gewaltsam hervorgezischten Ruf, das Schleifen und wieder die ganze Strophe, aber der Hauptschlag ging diesmal unter im Aufdröhnen des Flattersprungs. Ich war nur einen schwachen Büchsenschuß vom Balzenden entfernt und kam ihm rasch näher. Eine unterständige Fichte war mir im Weg, sonst hätte ich ihn schon sehen müssen, obwohl hier im Innern des Nadelholzes noch tiefe Dämmerung herrschte. Jetzt lockte zärtlich leise eine Henne. Hauptschlag. Mit zwei langen Schritten stand ich am Stamm der niederen Fichte und spähte in großer Spannung nach vorn. Im gleichen Augenblick aber fuhr mit prasselndem Getöse und tiefem, erschrockenem Gegacker eine Henne dicht über meinem Kopf aus dem Geäst des kleinen Baumes und stob pfeilschnell durch die Fichtenstämme waldeinwärts. Vor mir auf fünfzig Gänge stand schattenschwarz der Hahn. In voller Balzstellung hob er sich vom Schnee ab, hatte aber schon zu balzen aufgehört und war sichernd erstarrt. Sein Stoß war dabei noch weit gefächert, die Schwingen hingen herab, und der Kehlbart blieb gesträubt. Da donnerte dicht vor ihm wieder eine Henne mit gackerndem Warnruf in die Höhe, eine dritte lief jenseits von ihm ins Unterholz hinein, und dieser dritten folgte er, ohne den Stoß zusammenzufalten und zu senken, immer noch hochgereckten Kragens, mit erstaunlicher Schnelligkeit. Gleich darnach hatte der dämmernde Wald ihn eingeschluckt. Vorsichtig birschte ich nach, fand die majestätische Rune seiner Tritte im Schnee, fand die Striche, die von den scharfen Schwungfederrändern rechts und links vom Geläuf gezogen waren, fand seine Balzlosung und die Spuren der Hennen, die um ihn gewesen waren. Weiter drinnen im Bestand aber blieb es still. Vermutlich war der Hahn aus irgendeinem der vielen, den Laut verschluckenden flachen Gräben hinter seiner Lieblingshenne her abgeritten. Ich birschte ein paar hundert Meter in die Richtung, in der ich die Fortsetzung seines Balzreigens vermutete, bis eine aus dem Alpenwald ins freie Gelände steil abstürzende Felswand mich an weiterer Folge hinderte. Frostig war's im hohen Holz, der Wind pfiff und wirbelte den Schnee zwischen die rauhborkigen Stämme herein. Ich ging müde zur Hütte hinunter, die ich erreichte, eh's noch richtig Tag geworden war. Ich wollte meinen Kram zusammenpacken und gleich zu Tal steigen. Aber ich war zu müde dazu. Ich setzte noch ein hellaufflammendes, knackendes Feuer in Brand, verriegelte die beiden Türen, zog die Schuhe aus, wickelte mich in die Decken und sank sofort in tiefen Schlaf.

Meine Träume waren noch nicht zu den Wäldern zurückgekehrt. Voll Wehmut und Unruhe waren sie. Ich wanderte durch die halbe Welt, um ein Antlitz zu suchen, ohne das ich nicht sein wollte. Nur für den Bruchteil von Traumsekunden stand es klar vor mir. Zart war sein Umriß und wunderbar weich gerundet, so etwa wie die seidengefiederte Brust einer Turteltaube gerundet ist. Auch seine Farbe war zart, oft schien es ganz weiß zu sein, mit hauchfeinen bläulichen Schatten um Augen und Mund, oft auch ahnte man Farben darin, wie man sie auf den Blütenblättern der Obstbäume mehr ahnt als wirklich erkennt. Die Augen in diesem Gesicht waren blau, aber man dachte nicht an ihre Farbe, wenn man sie sah, man empfand nur, daß es blasse Augen waren. Auch wenn sie sich einem voll zuwandten, schauten sie einen nicht an, und ich hatte mich oft und oft gefragt, wohin sie blicken mochten mit ihren winzigen Pupillen. Nach innen, in sich hinein waren sie sicher nicht gewendet, aber, so unsinnig es war, dies zu denken: Sie schauten sich selbst an. Nur für sich selbst waren diese blassen Sonnen da und nie, beinahe nie zu fassen. Ich hatte überhaupt immer das Empfinden, als reichten meine Augen nicht ganz aus, den Reiz dieses Gesichtes zu umfangen mit seinem vollen Rahmen aus mattem Gold und dem Mund, der, wenn keine künstliche Farbe auf ihm lag, ein feingezeichneter trauriger Kindermund war. Aber auch im Traum, in dem sich, gemessen an unseren sonstigen Zeitbegriffen, alles mit unendlicher Schnelligkeit abspielen soll, auch im Traum war dieses Antlitz nur für Sekunden sichtbar. Das war verständlich, denn ich suchte ja nach ihm, ich folgte seinen Wegen, um ihm wieder nah sein zu können, und diese Wege führten durch große Städte. In einem engen, aber sehr vornehm ausgestatteten Lift fuhr ich viele Stockwerke hinauf. Man hatte mir gesagt, ganz oben würde ich dem Bild begegnen. Dort oben stieg ich aus und stand vor einer Tür, die von olivfarbenem Schleiflack überzogen war und eine reich gravierte Klinke aus Goldbronze hatte. Ich drückte auf einen Klingelknopf, der ein Mondstein in der Mitte einer vergoldeten Halbkugel war. Da tat mir eine freundliche Zofe auf, mit weißem Häubchen und schwarzer Spitzenschürze auf schwarzem Atlaskleid.

Das Bild sei nicht mehr hier, es sei weitergewandert, sagte sie mir und führte mich, wie um es mir zu beweisen, durch viele Zimmer. Die Böden hatten alle den gleichen blaugrauen Teppichbelag, in dem man bei jedem Schritt ein wenig einzusinken glaubte. Über die Möbel waren geblümte Hussen gezogen, gerollte Teppiche lagen quer in den Zimmern, die Läden waren überall fest geschlossen, es drang kein Licht durch sie herein, und um die Kronleuchter hatte man kunstvolle Hüllen gebildet aus weißem Seidenpapier, das mit Nadeln zusammengesteckt war. Durch die Hüllen schimmerte goldrötliches Licht, wenn die Zofe die Lüster einschaltete.

Meine Großmutter, die alljährlich im Herbst ihr Landhaus unten im Tal verließ, um dem rauhen Bergwinter zu entfliehen und die Wintermonate in großen Städten oder an südlichen Gestaden zu verbringen, ließ ihre Räume nach ihrer Abreise genau so herrichten wie diese hergerichtet waren. Einmal war sie früh am Morgen abgereist, und man hatte es mir nicht gesagt. Als ich mittags in ihr Haus gelaufen kam, um sie zu besuchen und ihr die schönen, blaugeäderten Hände zu küssen, die schwer von buntbesteinten Ringen waren, da fand ich alles so vor wie jetzt hier in dieser Wohnung, und Zofen mit weißen Häubchen standen auf Staffeleien und steckten Seidenpapier um die kristallenen Lüster zusammen. Tief enttäuscht, wie damals, ging ich auch jetzt durch die verlassenen Zimmer. Sie waren mir neu, aber ganz von der gleichen Art wie die, in denen das Bild mich glücklich gemacht hatte! Sie waren noch reicher vielleicht, nicht allzu groß und sicher auch behaglich, wenn man die Läden öffnete und die Hussen entfernte und wenn das Bild sie bewohnte und in ihnen umherging in kostbaren Kleidern, den Ring mit dem großen grünen Stein am Finger und die Perlen auf der schneeweißen Brust. Perlen paßten zu ihr. Sie haben einen matten, ungewissen Schimmer, und sie sind rund und nicht recht faßbar. Aber die Perlen wurden zu etwas Klarem, wenn sie sie trug. Sie waren viel greifbarer, viel verständlicher als dieser weiße Hals und als die Augen, die nichts sahen als sich selbst. Ich dankte der freundlichen Zofe und gab ihr Geld beim Abschied. Ich sah ein, daß ich ihr nur einen wertvollen Schein in die Hand drücken durfte in diesem Vorraum mit der gelben Marmorverkleidung und den schmalen geschliffenen Spiegeln. Dann suchte ich weiter. Die meisten Menschen, die ich befragte, waren nicht freundlich und hilfsbereit wie die Zofe im Atlaskleid. Sie waren hochmütig und abweisend und schienen daran gewöhnt zu sein, für ihre Auskünfte hoch bezahlt zu werden.

Ich saß in einem Schlafwagen. Die Wände meines Abteils waren mit himmelblauem Samt bespannt. Die Messingbeschläge und das rötliche Mahagoniholz waren so stark poliert, daß alles darin sich spiegelte. Vielleicht fand ich das Antlitz wieder in der nächsten großen Stadt. Ich fragte den Schaffner, wann wir ankommen würden. Er trug eine eng anliegende schwarze Uniform. Auch seine Handschuhe waren schwarz, nur der Rand seines Mützenschildes war breit mit Messing eingefaßt. Er zog die Brauen in die Höhe, er sah feindselig aus. »Erst kommt noch die lange Brücke«, sagte er. Und die Brücke kam, eine Eisenbahnbrücke, die auf mächtigen Steinpfeilern ruhte. Der Zug brauste lärmend über sie hin. Plötzlich aber bremste er die Fahrt ab, wurde immer langsamer und lautloser, rollte aus und schließlich hielt er an. Ich trat auf den Gang hinaus. Er war leer, die Türen der einzelnen Kabinen standen offen, die Betten waren gemacht. Das steife weiße Leinen schaute unter den zurückgeschlagenen Daunendecken hervor. Der Schaffner aber mit dem breiten Messingrand am Mützenschild war nirgends zu sehen. Kein Mensch war zu sehen.

Unten rauschte das Meer mit abertausend bleigrauen, mäßig erregten Wellen gegen die Pfeiler der Brücke. Ich stieg aus und lief am Zug entlang. Er hatte keine Lokomotive. Der vorderste Wagen sah genau so aus wie der, in dem ich gereist war. Dicht vor seinen Puffern endete die Brücke und man sah nur noch das weite, unruhige Meer, über dem ein schiefergrauer Himmel hing. Vereinzelte Möwen taumelten im Flug zwischen Wolken und Wassern umher. Weit unten, fast am anderen Ende des Zuges, war jetzt ein Mensch. Er schlug mit einem langstieligen Hammer gegen die Räder, und es gab jedesmal einen Ton, der nicht hell und metallisch war, sondern voll und weich, wie der Hauptschlag des Auerhahns. Ich ging zu ihm hin und wunderte mich darüber, daß auch in der Richtung, aus der wir gekommen, nur graue Wasser waren. Der Arbeiter war ein kleiner Mann mit einem grauroten Bart und einem apfelfarbenen Gesicht. Er hatte eine Pfeife zwischen den Zähnen. Ich erkannte, daß es der Rappl war, und freute mich, ihn hier zu finden. »Da können Sie nichts dafür«, sagte er zu mir. »Es hat ihn sehr viel Geld gekostet. Ich bring Sie trotzdem weg von hier.«

Er ging vor mir her bis ans Ende des Zuges. Dort stand ein kleiner, grüner Waggon auf den Schienen. Er war anzusehen wie ein Zigeunerwagen, schon des Blechkamins wegen, der dicht unter dem Dach aus der Holzwand herauskam und von dem der Sturmwind den Rauch in kleinen Fetzen davonwehte. Es führte auch genau so ein schmales Holztreppchen zu der offenen Tür hinauf, wie man sie an Zigeunerwagen zu sehen gewohnt ist. Wir erstiegen zusammen die Stufen. Innen im Wagen brannte eine Petroleumlampe und verbreitete ein behagliches, rötliches Licht. Ein kleiner Herd, in welchem ein Holzfeuer knackte, stand in der Ecke. Durch die Herdringe hindurch fiel flackernder Schein auf die niedrige Decke, die mit Brettern verschalt war wie die einer Jagdhütte. Der Rappl lud mich zum Essen ein. Eine große Hartwurst lag auf dem Tisch und ein angeschnittener Brotwecken. Dazu goß er uns Bier in zwei Krüge. Durch ein längliches Fenster sah ich, daß die Nacht sich über das Meer senkte. Der Sturm heulte laut um unseren kleinen Waggon und ließ die Regentropfen auf das Dach und gegen die Scheiben trommeln. Und plötzlich fühlte ich, daß der Wagen sich in Bewegung setzte. Ganz langsam rollte er durch die Nacht dahin, rückwärts in die Richtung, aus der ich gekommen war. Wir aber setzten unsere Mahlzeit fort, und ich hatte ein wohliges Gefühl des Geborgenseins und wußte, daß niemand mich hier ausfindig machen und verraten könnte.

Kam das vom Pfeifenrauch, daß die Gesichtszüge des gastlichen Rappl jetzt zu verblassen begannen? Ich wollte ihn anrufen, er solle doch dableiben, aber die Stimme versagte mir. War da der andere wieder im Spiel, mit der Macht seiner stets unsichtbaren Hand, die selbst den Laufburschen bestach, damit er meine Blumen nicht abgab, und die Zofe mit den schwarzen

Spitzen am Kleid, die kluge, die das Geld nahm und doch nicht so tat, wie er wollte? Die Lampe erlosch, der Raum, der Rappl, alles war jetzt verschwunden, und es war Nacht. Ich hörte den Hufschlag eines Pferdes auf nassem Boden. Erst nach einer Weile kam es mir zum Bewußtsein, daß ich auf diesem trabenden Pferd saß. Durch einen Morgen, an dem's nicht hell werden wollte, ritt ich auf breiter Straße dahin. Um mich her war freies Feld. Vereinzelte Büsche und kahle Bäume standen am Wegrand, aber kein Haus war zu sehen und nirgends ein Mensch. Kriegsvolk mußte vor mir hergezogen sein. Der graue Straßenkot war von Räder- und Hufspuren und von Menschenstiefeln zerwühlt. Ein zusammengebrochener Karren lag im Graben.

Tiefhängende Wolken zogen mir entgegen, und Regen rann durch die Mähne des schweren Wallachs, auf der meine Zügelfaust ruhte. Ich wußte, daß etwas hinter mir lag, vor dem ich die Flucht ergriffen hatte. Es war aber schön gewesen, hold und voller Licht, und das, worauf ich zuritt, war hart und düster. Aber aus irgendeinem nicht erklärbaren Grund stand es in mir fest, daß ich nicht umdrehen durfte, daß es besser war, von dem Holden wegzustreben, als zu ihm zurückzukehren. Nach vielen Jahren würde ich den Weg zurückkommen, das fühlte ich, ohne deshalb glücklich zu sein. Das Holde würde mir wiederbegegnen, und ich würde es dann nicht mehr lieben können. Jetzt aber hatte ich nichts als das öde Land vor mir, in das ich hineintraben mußte. Ich sah eine Schar Krähen, die, gegen den Wind ankämpfend, in die gleiche Richtung flogen, in der ich ritt, und es lag mir schwer auf dem Herzen, dieser Straße folgen zu müssen.

Dann aber waren wir plötzlich vereint. Glückerfüllt ging ich an ihrer Seite einen Wiesenweg entlang. Mein Großvater liebte es, selbst Wege anzulegen, durch die er dem Wanderer die Landschaft erschloß, und, wenn irgendwo ein reizvoller Ausblick sich bot, am Rand seiner Wege Bänke errichten zu lassen. Wir befanden uns auf einem solchen sanft ansteigenden Sträßlein des Großvaters, das von einer Eschenallee eingefaßt war. Als Kinder waren wir es oft hinaufspaziert, es sagte uns nicht mehr als irgendein anderes. Zuerst führte es durch Bergwiesen und dann in den Wald hinein. Am Waldrand stand eine Bank, vor der ich einst viel mit herumliegenden Kieselsteinen gebaut und gespielt hatte. Das lag weit zurück in der Kindheit. Seitdem hatte ich die Bank nie wieder aufgesucht, nie mehr an sie gedacht. Sonderbar, daß wir diesen längst vergessenen Weg jetzt miteinander gingen. Es mußte Spätsommer sein. Die Luft war voller Sonne und würziger Düfte und dabei noch ein wenig taufeucht. Ein Buchfink schmetterte in den Eschenkronen. Die Eschen waren zu starken hohen Bäumen geworden, der Großvater war ja schon lange tot. Das sagte ich ihr. Es machte mich jubeln, ihr von all diesen Dingen um uns her erzählen zu können. Aber ich wagte lange nicht, sie anzusehen. Ich hatte Angst, sie könnte sich plötzlich in eine andere, in eine ganz Fremde verwandeln. Endlich drehte ich den Kopf zu ihr hin und war voll Seligkeit, weil sie wahrhaftig dastand und der Traum sie nicht wieder entführt hatte.

Es war Wirklichkeit, daß wir Seite an Seite meinen Kinderweg gingen. Sie trug ein langes, lichtblaues Seidenkleid und dazu einen braunen Velourhut mit sehr breiter, weicher Krempe und einem lichtblauen Band, dessen zwei Enden ihr bis weit über die eine Schulter herabhingen. Wie aus einem Pastellgemälde der Goethezeit heraus sah sie mich an, aber ihre Augen, diese unwirklichen, sich selbst beschauenden Augen hätte keiner malen können. Heute waren sie anders als sonst. Sie waren glücklich und mir zugekehrt, ihr Schein war nicht blaß, sie leuchteten stärker als der Himmel über uns und blendeten doch nicht. Auch ihr Mund war glücklich, ohne zu lächeln, dabei so klar wie der geschwungene Rand eines Kelches.

Dann saßen wir auf der Bank am Waldesrand, und ich sagte zu ihr, daß ich die Steine unter ihren Füßen schon als Kind gesammelt und für sie hingelegt hätte. Ihre Antwort war aber nicht froh, ihre Stimme, die ziemlich hell, oft ein wenig obenhin und zugleich verhalten war, klang jetzt verschleiert und tiefer, als ich sie kannte. Und was sie sagte, mußte sie mir schon einmal gesagt haben. Ich wußte es irgendwoher aus der Ferne, aber ich hatte es nie begreifen wollen. Ich war ihr doch erst in diesem Winter begegnet. »Sie haben dich mir genommen, als ich jung war.« Das sagte sie und war dann lange still. Ich fühlte, daß sie weinte, aber sie weinte immer mit lächelndem Gesicht, ohne den Mund zu verziehen, und tupfte die nachquellenden Tränen so flink von den Lidern, daß man sie kaum zu sehen bekam.

Und mit einemmal war sie fortgegangen. Ich bemerkte es mit furchtbarem Erschrecken. Ich sah ihr lichtblaues Kleid schon ganz weit unten zwischen den Eschen wandeln. Im Gehen hielt sie ihr hauchdünnes Tüchlein an die Augen. Sie war doch eben noch glücklich gewesen! Der tödliche Schmerz liebenden Mitleids brannte in mir. Ich eilte ihr nach in fliegender, angstvoller Eile. Aber ich sah sie nirgends mehr. Die kleine, gewundene Straße war leer bis hinunter ins Tal. Mir zu Häupten im Eschengezweig schmetterte der Buchfink. Über so viele Steine mußten ihre zarten Füße gehen, dachte ich und dachte es immer wieder. Da lag plötzlich ihr kleiner Spiegel vor mir auf dem Weg; sie hatte ihn verloren. Er war ein winziges Wunderwerk aus geflochtener Schlangenhaut mit einem goldenen Stiel. Ich hob ihn auf und schaute hinein und sah mich mit weißen Haaren …

Als der Buchfink das nächstemal schlug, war ich aufgewacht, und es war mir ziemlich schnell zum Bewußtsein gekommen, daß ich auf der Dalsenhütte bis tief in den Vormittag hinein geschlafen hatte, während draußen das Schneetreiben aufgehört, die Sonne sich durch das wässerige Gewölk gekämpft und die dünne Schneedecke zu schmelzen begonnen hatte. Die Vögel, die ihrer kleinen, von lenzlicher Sangesfreude geschwellten Brust in diesem Mai nur so selten Luft machen konnten, begrüßten das langersehnte Tagesgestirn mit überschwenglichem Jubel, der in lieblichem Gegensatz zu der wintrigen Landschaft stand. Und einer, ein besonders eifriger Buchfink, saß im Gezweig der noch kahlen Holunderstaude beim Hüttenfenster und schmetterte, durch das überstehende Dach vor dem Tropfenfall geschützt, unausgesetzt mit einer ans Wunderbare grenzenden Lautstärke seine Strophe in die matt besonnte Waldlichtung hinaus, diese hübsche kleine Strophe mit ihrer unglaublich zusammengedrängten Steigerung und dem kurzen Ab- und Ausklang voll berückender Grazie. Ich wusch mich am Brunnen, zog die Bergschuhe an, faltete die Schlafdecken sauber zusammen, stellte das wenige gebrauchte Geschirr auf eine Bank neben die große Spülschüssel, ließ alles übrige so liegen und stehen, wie es war, und floh mit dem Stutzen talwärts. Wenn mich bald danach etwas solch raschen Aufbruch bereuen ließ, so war's vielleicht der Gedanke an die große Hartwurst, die mir im Traum erschienen war und die ich in der Eile im kleinen Erdkeller unter dem Fußboden der Hütte zurückgelassen hatte.

Der Abstieg bot neue, kaum je geschaute Wunder. Und hatte die Schlucht vorgestern mit all ihren Übergängen, Überschneidungen und Überraschungen ihren smaragdenen Tag gehabt, so war heute ihr Tag der Brillanten. Überall auf Tausenden von Bäumen Neuschnee, der unter dem Strahlenblick der Maisonne zerrann und in Millionen von Tropfen funkelnd niederfiel über den seidenen und samtenen, in unerschöpflichen Tönen von Grün zusammengewebten Mantel des Waldes. Dieses blitzende Herabperlen beflügelte mir die Schritte, und eh' ich's mir versah, stand ich unten im blühenden Tal, das, nach so langen Prüfungen durch Sturm und Wetter, voll tiefer Glückseligkeit dem blauen Himmel entgegenzuatmen schien.

Beinah hätte ich vergessen, den Rappl anzuklingeln. Um die Mittagszeit tat ich's, und es stellte sich heraus, daß er mich mißverstanden und sich für den heutigen Abend zum Gang auf die Dalsenhütte gerüstet hatte. Und diesmal verfehlten wir einander nicht. Es war fast Nacht geworden, als ich über die vom weggetauten Schnee feuchte Blöße leise auf die Hütte zuging. Gelbrot blickten ihre kleinen Fenster, und eine schmale, senkrecht gegen den Himmel aufsteigende Rauchsäule stand über ihrem Dach vor dem schwarzfichtenen Hintergrund. Am Himmel aber, in dessen matter Bläue noch ein klein wenig Abendgold haftete, schimmerten als winzige Silberfunken vereinzelte Sterne. Der Rappl hatte sauber gemacht, abgespült und alles blitzblank gescheuert. Auf dem Ahornbrettchen, welches hier oben als Tablett diente, lag neben einem im Licht des Herdfeuers blinkenden Messer die Hartwurst und ein halber Laib Brot. Und eh' ich den Rucksack recht abgelegt und den Mantel ausgezogen hatte, war mein selten rastender Hüttengenosse schon dabei, das Bier in die Halbekrüglein einzuschenken.

Ich hatte unten im Tal noch einen kurzen, aber ziemlich heftigen Kampf gekämpft, ob ich nicht lieber abreisen sollte, irgendwohin, mitten ins bewegte Leben einer Großstadt hinein. Meine Einsiedelei auf dem Schloß schien mir jetzt, da Sonnenlicht durch die Fenster fiel, quälender als während der letzten regengrau dämmerigen Wochen. Aber den Rappl durfte ich doch nicht versetzen, der mich in seinem auf Schienen laufenden grünen Zigeunerwagen eine weite Wegstrecke mitgenommen hatte. Der brave Jäger hatte sich meinetwegen viel geplagt und manchen nassen Nachtgang zu den Hemmerwänden hinaufgemacht. Er war voll Zuversicht gewesen am Telefon, und ich wußte, daß er oben am Hüttenherd lange auf mich warten würde, eh' er sich enttäuscht schlafen legte. Morgen war der letzte Tag der Schußzeit, und ich setzte als Jäger nur geringe Hoffnung auf einen so späten Versuch, den Auerhahn dieses Jahres noch zu erbeuten. Aber, wenn der kommende Morgen vorüber war, dann blieb ja übergenug Zeit, den Bergen und der Einsamkeit zu entfliehen. Dann hatte ich bei den Urhähnen ausgehalten bis zur letzten Stunde, und dann mochte irgend etwas Neues, von dem ich mir noch keine Vorstellung machte, beginnen. Dieser Abend aber sollte noch einmal dem Rappl und die folgende Frühe dem Hahn an der Hemmerwand gehören.

So hatte ich schließlich doch das Berggewand angezogen und die eisenbeschlagenen Schuhe, hatte den sorgsam abgetrockneten und eingeölten Stutzen wieder ergriffen und den schweren Bergstock, hatte auch die zwei großen Flaschen Bier nicht vergessen, die zu einem solchen Abend gehörten, und war, der vorgerückten Stunde halber so schnell mich die Beine trugen, durch die Schlucht wieder zu Berg geeilt.

Ich hatte dabei nicht einmal überlegt, daß mir der Jäger vor zwei Tagen am Telefon gesagt hatte, er wäre nun hinter das Geheimnis unseres Auerhahns gekommen, und merkte jetzt bald, daß ich ihn durch mein Nichtkommen noch tiefer enttäuscht haben würde, als ich es ohnedies befürchtet hatte; denn der Rappl freute sich darauf, mir seine Beobachtungen zu entdecken. Ich las es ihm von den blitzenden dunklen Augen ab, während er die Brasilzigarre, die er dankend angenommen hatte, mit einem brennenden Span anzündete. »Jetzt moan i, bin i eam hinter seine Schlich kommen«, hub er einleitend an und erzählte mir dann, daß er vorgestern früh von seiner auf dem Staatsgebiet liegenden Schutzhütte aus den Gang zur Hemmerwand angetreten hatte. Seine Uhr war ihm abends unter dem Heraufsteigen stehengeblieben, und aus Sorge, nicht aufzuwachen, hatte er kaum geschlafen und war schließlich fast zwei Stunden zu früh an den Balzplatz gekommen.

Weil noch tiefe Nacht herrschte, wagte er sich ziemlich nahe an die Balzbäume heran und setzte sich, nicht mehr als sechzig Schritte von ihnen entfernt, unter eine schütter beastete Fichte, die nur schwachen Schutz gegen den rinnenden Regen bot. Er nackelte ein. Die lange Wartezeit ging ihm im Halbschlaf dahin. Es wurde endlich grau und langsam immer heller, und schon wollte er, weil nichts zu hören war, sich aufmachen, die umliegenden Plätze abzulösen, als er, zufällig nach oben blickend, den Hahn stumm, mit langem Kragen sichernd, frei im Geäst einer Buche stehend, entdeckte. Erst nach geraumer Zeit schien sich das Mißtrauen des Urhahns zu legen. Er begann zögernd zu glepfen, spielte sich dann aber rasch ein und balzte, auch als schon die Hennen zugestrichen waren, noch lange auf seinem wiegenden Ast, um schließlich irgendwo oben im Alpenwald zu Boden zu gehen.

Aus dieser Beobachtung zog der erfahrene kleine Jäger seine Schlüsse. Der Hahn war durch einen etwas hitzigen und ungeschickten Gast vor Wochen schon mehrmals weggetreten worden, und infolgedessen fing er, wie vergrämte Auerhähne das oft tun, später zu balzen an, wenn der Schleier der Nacht ihm nicht mehr die nähere Umgebung seines Balzbaums verhüllte und er sich deshalb sicher vor erschreckenden Überfällen fühlte. Nun waren sowohl der verhörende Jäger als auch ich ein paarmal etwas verspätet an den Schlag gekommen, der genau gegen Osten lag und auf den der aufziehende Tag seinen allerersten Schimmer legte. Der noch stumm und mißtrauisch seine Umgebung abäugende Hahn oben in den Buchen hatte die vorsichtig näherrückenden, dunklen Gestalten auf dem Steig gut hundert Schritte unterhalb seines Auslugs dabei sicher wahrgenommen, was ihn veranlaßte, in jener, dem erfahrenen Hahnjäger bekannten, beinahe geräuschlosen Weise sich vom hohen Ast abzuschwingen und unbemerkt in die tiefe Dämmerung hineinzusegeln. Von irgendeinem weit entfernten Wipfel aus schaute er dann wahrscheinlich den Zweibeinern zu, bis sie sich verzogen, und fiel schließlich an einem ihm geheuer erscheinenden Platz zur Bodenbalz ein.

Wenn wir's nun genau so anstellten wie vorgestern früh der Rappl, und schon gut eine Stunde vor dem Morgengrauen zur Stelle wären und lange genug ausharrten, dann müßte es unschwer gelingen, auf den schließlich vertraut gewordenen und in voller Balz geratenen Hahn zu Schuß zu kommen. Ich mußte zugeben, daß der Rappl berechtigte Schlüsse aus seiner durch Zufall gemachten Beobachtung zog, und meine Hoffnung, am nächsten Morgen den lange Verfolgten und Gesuchten aus einer der hochschäftigen Buchen herunterzuholen, wurde ein wenig belebt.

Jedenfalls verließen wir, bald nachdem uns um ein Uhr früh der Wecker aus dem Schlaf gerufen hatte, die Hütte und traten unseren steilen, aber nicht allzu langen Weg zum Balzplatz an. Der nasse Boden ermöglichte lautloses Gehen, und ohne daß wir ein Steinchen lösten, kamen wir über den freien Schlag an den Rand des schütteren Buchenbestandes. Der Rappl hatte mir noch vorgeschlagen, daß er sich hier von mir trennen und für alle Fälle zu der Lärche hinüberbirschen wolle, die der Hahn, auch bevor er vergrämt gewesen, schon manchmal zum Balzbaum erwählt hatte. Ich selbst tastete mich vorsichtig noch etwa fünfzig Meter zwischen den Buchen steil aufwärts, um, wenn möglich schon in Schrotschußnähe am Hahn, das Frühlicht zu erwarten.

Der Himmel hatte sich ein wenig bedeckt, aber überall schimmerten die Sterne durch den dünnen Wolkenschleier. Es war kalt, der Wind zog mir von obenher scharf ins Gesicht. Es würde ein schöner Morgen werden, dieser letzte Jagdmorgen im heurigen Hahnfalz. Zwischen den dicken Wurzelschlangen zweier dicht beisammenstehender Buchen bereitete ich mir mit dem Wettermantel einen bequemen Sitz, legte Rucksack und Büchsflinte ab und kauerte mich fröstelnd und schläfrig zwischen die beiden starken Stämme hinein. Die Bäume, auf denen ich den Hahn vermutete, standen noch ein Stück oberhalb, und ich kehrte ihnen den Rücken zu. Mich umdrehend, würde es mir möglich sein, dann ums Grauwerden aus guter Deckung heraus mit dem Glas das Gezweig der Baumkronen und die vereinzelten starken Seitenäste nach dem stummen Minnesänger abzusuchen. Ich beabsichtigte auch, um allem möglichen Schabernack des Teufels vorzubeugen, gleich von hier aus zu schießen, wenn die Entfernung es zuließ. Ein Wässerlein gluckerte in meiner nächsten Nähe, aber so leise, daß es mich im Horchen nicht stören würde. Einmal kam der Wind ein wenig auf, legte sich dann aber wieder, und es wurde still unter dem Mantel der Nacht, der sich schließlich langsam, kaum erfühlbar zu heben begann. Es erging mir wie dem Rappl, ich dämmerte hinüber. Aber der nächtlichen Gänge und der ruhelosen Tage waren es zu viele gewesen, immer tiefer spann der Schlaf mich ein.

Mit jähem Schrecken riß ich plötzlich die Augen auf. Nein, die Sonne schien noch nicht in den Schlag. Der Rappl stand nicht neben mir und schüttelte mich zornig an der Schulter, wie ich es soeben geträumt hatte, aber Baum und Stock und Stein um mich her hatten im fahlen Licht schon deutliche Formen angenommen, nur die Farbe fehlte ihnen noch. Gleich würde der erste Vogelruf die Stille durchbrechen, diese enttäuschende Stille, in der vom Hahn nichts zu hören war. Oder doch?! Was war das für ein gepreßtes Zischen in meinem Rücken? Eine heiße Welle freudiger Gewißheit pulste mir zur Kehle herauf. Der Hahn war wirklich am Platz, der so oft vergeblich Gesuchte stand gar nicht weit weg in voller Balz! Vorsichtig drehte ich mich um. Gegen den blaß gewordenen Nachthimmel zeichneten sich die hier immer noch kahlen Buchenkronen schon klar mit allen Ästen und Zweigen ab. Jetzt kam aus ihnen wieder ein Hauptschlag herunter. Und als ich das Glas zu den Augen heraufgehoben hatte, entdeckte ich mit dem ersten Blick schon den großen, hoch aufgerichteten Vogel, der auf einem waagerechten Seitenast der dem Schlagrand zunächst stehenden Buche sich pechschwarz vom bleichbräunlichen Himmel abhob.

Diese Entdeckung, die mich wie stets in erschrockenem Jubel zusammenfahren ließ, enthielt aber auch eine Enttäuschung; denn bis dorthin reichte der Schrotlauf meiner Büchsflinte nicht. Der Kugellauf aber, dessen auf den Punkt genaue Verläßlichkeit mir ungezählte Freuden bereitet hatte, war, wie ich in diesem Winter mit Betrübnis hatte feststellen müssen, verbraucht und ein wenig unsicher geworden. Mehrere der im Vorlenz auf einen etwa untertassengroßen Kreis sorgfältig hingezirkelten Kugeln hatten das Ziel verfehlt, und zwar ohne regelmäßige Abweichung. Ich kannte mich und die mir durch neun glückliche Jahre vertraut gewordene Waffe und wußte, daß nur die Zeit und die große Zahl der auf alles Wild, vom Nußhäher bis zum hochgeweihten Hirsch, aus ihm versendeten Kugeln dem prachtvollen Lauf seine Sicherheit genommen hatten. Aber für Jäger- und Schützensorgen war danach in mir kein Raum mehr gewesen, und auf die Auerhähne verschoß ich ohnedies fast nie eine Kugel, weil es den Reiz der Balzjagd ausmacht, nah genug an den Urvogel heranzukommen, um mit dem groben Bleihagel ihm Lied und Leben zu beenden, ohne daß er Ahnung und Schmerz davon empfängt.

Zwischen meinen zwei Buchen und der Balzbuche des Hahns war so gut wie keine Deckung. Ein paar halbvermoderte Strünke und ein paar flache Mulden, die für den von hoch oben herab Äugenden ständig einzusehen waren, das war alles. Würde dieser ungewöhnlich mißtrauische Hahn es trotz des Schleifens nicht doch bemerken, wenn ich über den freien Schlag weg ihn ansprang? Vielleicht nahm die brave Büchse dieses eine Mal wieder ihre ganze Kraft zusammen. Auch auf der Scheibe waren ihr Treffer in alle Mitte hinein noch gelungen. Ich saß günstig für einen ruhig zu zielenden Schuß, konnte mich zwischen den beiden Stämmen richtig verspannen, und so griff ich beim nächsten Hauptschlag nach der Büchsflinte und zog sie beim übernächsten schon fest in die Schulter herein. Wunderbar klar stand im Zielfernrohr das Bild des in voller, wenn auch nicht in feurigster Balz stehenden sehr starken Auerhahns. Sein Stoß war kaum gefächert und stand schmal und waagerecht über dem Ast. Die Schwingen schienen geschlossen, so wenig ließ er sie herabhängen. Nur der Kehlbart stand in weichem Halbrund unter dem mächtigen Schnabel. Der weiße Spiegel am Ansatz der Schwinge war schon zu sehen.

Drei Finger tiefer und etwas seitlicher davon stand jetzt regungslos der Zielstachel und zeichnete sich mit scharfer Kante gegen den Vogelkörper ab. Nun war das Schleifen beendet, der Hahn schien ein wenig in sich zusammenzusinken. Selbst den Kehlbart zog er ein, um ihn nach ein paar Sekunden wieder zu sträuben. Mit kleinen Wendungen des Kopfes äugte er glepfend seine Umgebung ab. Dann aber ging ihm ein schwacher Ruck durch den ganzen Körper. Der Kragen verlängerte sich, der Schnabel hob sich verzückt hoch in den Himmel, und nun war's, als hätten sich Kopf und Hals des Hahns in eine züngelnde Schlange verwandelt, als würde der seltsame gepreßt zischende Ton des Schleifens durch ein kaum wahrnehmbares, zitterndes Nicken hervorgewürgt und aus dem Schnabel geschleudert. Jetzt war der Augenblick gekommen, da alles um ihn her versank, da er für Sekunden aus unerträglichem Sehnen heraus den Flug antrat in Reiche, in die kein Menschenhirn ihm zu folgen vermochte.

Mein Zeigefinger lag am Abzug, bog sich ein wenig, bog sich stärker, und mit kurzem scharfem Krach löste sich der Schuß. Als habe ihm jemand einen Schlag auf den Rücken versetzt, drückte es den Hahn nieder, er taumelte, schien zu stürzen, begann wie ein schwirrender Nachtfalter mit den Schwingen zu schlagen und setzte zu meinem maßlosen Erstaunen auf einen dich daneben stehenden Ast über, auf dem er, ohne zu sichern, ja ohne alle Unterbrechung, seine Balzstrophe fortsetzte.

Durch den Hall des Schusses aufgeweckt, fing unmittelbar darnach eine Henne an zu locken, dann noch eine. Mit dem Glas entdeckte ich sie beide und zwei weitere, alle in einer Buchenkrone vereint, soeben aus fröstelndem Schlaf erwacht, sich plusternd und mit den Schnäbeln das Gefieder ordnend. Dieser schneereiche Mai mochte manches Gelege zum Erkalten gebracht haben. Daraus allein ließ es sich erklären, daß zu so vorgerückter Jahreszeit sich mehrere Hennen um den Freier versammelt hatten. Noch einmal wollten sie ihr mütterliches Werk tun und hatten zum zweitenmal mit dem Legen begonnen.

Jetzt wußte ich mir auch das Benehmen des Hahnes nach dem Schuß zu erklären. Das Vollmantelgeschoß hatte wahrscheinlich sein Rückengefieder schwach gestreift, und er hörte es durch die Luft dicht an seinem Ohr vorbeisingen. Trotz aller Vergrämtheit und Scheu kannte er des Menschen Tücke nicht und mochte geglaubt haben, daß eine zustreichende Henne im nahen Vorübergleiten ihn mit der Schwinge gestreift habe, um ihn zu grüßen. Er war dadurch in höchsten Balzeifer geraten, seine Strophen perlten und schienen einander überholen zu wollen. Es war mittlerweile noch etwas heller geworden, der bleiche Himmel fing an, das Auge zu blenden, und da und dort rang sich ein Ahnen von Farbe aus den stumpfen Tönen des Zwielichts.

Was sollte ich tun? Noch einmal der unsicheren Bahn meiner Kugel vertrauen oder den nicht minder gewagten Versuch unternehmen, über deckungslose Flächen hinüber den jetzt in höchste Erregung geratenen Hahn auf Schrotschußnähe anzuspringen? Ich mußte das letztere wählen. Es war schon falsch gewesen, eine Kugel aus ungewissem Lauf an solch edles Wild zu wagen. Es zu wiederholen, wäre doppeltes Unrecht. So erhob ich mich denn vorsichtig und trat, den Stutzen in Händen, beim nächsten Hauptschlag hinter den deckenden Stämmen hervor. Tief gebückt wagte ich Sprung um Sprung. Ein Stein kollerte mir unter den Füßen weg, der Hahn beachtete es nicht. Eine Henne hatte sich gockend ihm zu Häupten im Kronengeäst seines Baumes eingeschwungen. Ja, es konnte, es konnte wirklich noch gelingen! Und wieder ein Hauptschlag und wieder ein Sprung. Die Augen vorausschickend, suchte ich jedesmal die Stellen im steilen Hang aus, auf die ich die Füße sicher hinsetzen konnte, und bückte mich so weit hinunter, daß mein Gesicht fast auf gleicher Höhe mit meinen Knien war. Schon regungslos stehend, hörte ich das letzte Ausklingen des Schleifens und erwartete das nächste Knappen, dem jetzt, da der Hahn längst alles Mißtrauen verloren hatte, fast unmittelbar Triller und Hauptschlag folgen mußten.

Aber das Knappen blieb diesmal aus. Ich vernahm, wie eine zweite Henne sich plusternd mit lautem Minneruf auf den Balzbaum des Hahnes hinüberschwang. Nein, er konnte nichts gemerkt haben! Die tiefe Erregung seiner Frauen, die jetzt um ihn waren und jede Gefahr mit scharfen Sinnen wahrnehmend ihn warnen konnten, mußte seinen Verdacht zerstreuen. Er aber blieb stumm. Den Kopf schneckenlangsam ein wenig hebend, schielte ich zu ihm hinauf und – erschrak. Hoch aufgereckt stand er auf seinem Thron, aber nicht mehr in Balzstellung, sondern in der Haltung äußersten Mißtrauens. Der Stoß hatte sich gesenkt und war noch schmaler geworden, den Kehlbart hatte er eingezogen, die Schwingen hielt er fest geschlossen. Er hatte mich eräugt, wußte nur noch nicht, ob der verdächtige Klumpen, der sich sonst an dieser Stelle des Schlages nicht befand, wirklich ein Mensch oder etwas anderes war.

Schnell erwägend maß ich die Entfernung. Der Hahn stand sehr hoch. Bis dahin, wo der Stamm seiner Buche aus dem Boden wuchs, langte es für einen weiten, aber noch sicheren Schrotschuß. Bis in die luftige Höhe hinauf jedoch war ich der Wirkung meines Bleis nicht mehr ganz gewiß.

Wieder kam eine Henne aus dem Hintergrund herangestrichen, flatterte lange im Geäst zwischen den Schwestern umher, bis sie sich den günstigsten Platz, auf dem sie fußen konnte, ausfindig gemacht hatte. Ein richtiger Lärm entwickelte sich um den verstummten Sänger her. Es war, als schrieen seine Weiber ihn an, er solle fortfahren, er solle sie doch nicht im Stich lassen, da sie seiner als Befruchter ihrer späten Gelege so sehr bedurften. Er aber schien taub für ihr Rufen und in seinem Mißtrauen erstarrt. Er rührte keine Feder, und keine leiseste Bewegung des sichernd hochgereckten Kragens gab Hoffnung, daß er weiterbalzen würde. Ich mußte handeln, oder er war mir verloren für ein langes Jahr; denn morgen begann die Schonzeit, die ich hier in den freundnachbarlichen Wäldern strenger zu achten hatte als in den eigenen.

Wie ich es gemacht habe, weiß ich nicht mehr, mein Erinnern vermag's nicht bis in die blitzschnellen Einzelheiten zurückzurufen. In einem langen Sprung, der die Entfernung verringerte, richtete ich mich auf, und gerade als der Hahn sich duckte, um sich vom Ast abzustoßen, haschte ihn der Zielstachel und der gleichzeitig hinausblitzende Schuß. Wieder schwankte der Hahn, ich sah gegen den Himmel Federn stieben, und diesmal stürzte er, stürzte haltlos und mußte aus solcher Höhe herunter furchtbar aufschlagen im felsigen Steilhang. Aber hart über dem Boden, keine Manneshöhe trennte ihn mehr davon, fing er sich mit unvorstellbarer Gewaltsamkeit und schwirrte so schnell, daß man die Flügel nur als Schatten um seinen langgestreckten Körper erkannte, wie ein riesiger schwarzer Bolzen in den mattkupfernen Himmel hinein. Er hielt auf den Gegenhang zu über die hier an die tausend Meter tiefe Schlucht hinweg. Ich bemerkte wohl, daß er krank war und daß er mitten im Flug würde herabfallen müssen. Aber wo ihn dann finden in diesem Gewirr von Gräben und Rinnen, von Felstrümmern, Dürrholz und entwurzelten Bäumen?! Und wie würde er, wenn ich ihn wirklich fand, aussehen, da ihm jetzt kurz vor der Mauser die Federn schon locker standen und er aus einer Höhe von mindestens hundert Metern heruntergestürzt sein würde.

Da ließ mit einemmal die Schnelligkeit seiner Fahrt merklich nach. Der eben noch schwirrende Schwingenschlag wurde langsamer, der Hahn schwankte und – Spannung und Freude nahmen mir den Atem – drehte im flachen Bogen wieder um, kehrte mit letzten Kräften zurück, kam näher und näher, war plötzlich dicht vor mir und fiel mit ehernem Schwingschlag drei Meter von mir entfernt auf dem Boden ein. Ich hatte mich, als er herankam, wieder tief gebückt und nur unter den Augenbrauen hervor nach ihm Ausschau gehalten. Erst als sich die Blendung meiner aus dem hellen

Himmel plötzlich zu Boden gekehrten Augen verlor, erkannte ich, daß der Schwerkranke noch nicht verendet war. Aufrecht stand er am Boden, den Stoß wie zur Balz gefächert, den Kragen erhoben, dessen Gefieder gesträubt war, als wolle er sich auf einen Nebenbuhler stürzen. Der auf dem dunklen Hintergrund schlohweiß erscheinende Schnabel war halb geöffnet, und der Hahn stieß, vom aufsteigenden Lungenschweiß bedrängt, seltsame Töne hervor, halb worgend, halb hustend.

Ich hätte gern durch einen raschen Fangschuß seinem Todeskampf ein Ende gemacht, stand aber mit leeren Läufen vor ihm. Die kleine Patronentasche hatte ich unten bei den zwei Buchen auf dem Rucksack liegen lassen. Endlich sank er zusammen, verschwand zwischen Steinen und Fallholz, und nur sein schwarzes, weit gefächertes Rad blieb aufrecht und ragte daraus hervor. Ein-, zweimal hörte ich ihn noch leise röcheln, und dann war es still in der kleinen Mulde, nahe vor meinen Füßen …

Oben im Buchengeäst standen immer noch zwei Hennen und begannen jetzt wieder zu locken. Die anderen hatte der Schuß verscheucht. Vorsichtig trat ich an den Verendeten heran. In tiefernster Würde lag er auf rot besprühten Steinen gebettet. Sein langer schwarzer Stoß, auf dem die weiße Gitterung fast ganz fehlte, stand immer noch weit gefächert in die Höhe und schwankte kaum merklich im Frühhauch. Ich setzte mich auf einen Stock und zündete mir die Pfeife an. Jetzt kamen die Minuten, in denen die Farben sich langsam herauslösen mußten aus den letzten Schleiern der enteilenden Nacht. Die Wunder des Lichtes waren im Werden. Da sah ich eine kleine Männergestalt sich von den zwei Buchen lösen, hinter denen ich den Morgen erwartet und nach dem Balzlied des Hahnes gehorcht hatte. Der Rappl kam und brachte meinen Mantel, meinen Bergstock und meinen Rucksack mit.

Untadelig hatte sich dieser kluge und grunderfahrene Bergjäger verhalten. Kein polterndes Herzurennen auf den ersten Schuß hin, keine leisen Pfiffe, kein Sichsehenlassen. Katzenleise hatte er, nachdem der erste Schuß gefallen war, sich an die Walstatt herangeschoben, hatte das Balzen des

Hahnes vernommen, hatte schließlich den noch balzenden Hahn entdeckt und das ganze merkwürdige Erlebnis aus guter Deckung heraus lautlos mitangesehen. Auf der Schnittfläche des Stockes war noch Platz für den bei aller Sehnigkeit zierlichen Mann. Er redete jetzt nicht viel und störte nicht die Wacht am adeligen Wild.

Die Sonne schien uns voll ins Gesicht, als wir voneinander Abschied nahmen. Ich glaube, dieses Scheiden fiel uns beiden nicht leicht, obwohl er es kaum ahnen konnte, weshalb ich ihn so schweren Herzens in sein Tal, das Nachbartal des meinen, niedersteigen sah. Und was ich ihm beim Auseinandergehen in die harte Hand legte, hatte dabei keinen Einfluß auf diesen in seinem Bergrevier freigebliebenen Jäger.

Ich wollte nicht mehr zur Hütte hinunter, ich wollte keinen Abstieg durch die während der letzten Tage so oft begangene Schlucht mehr. Die paar Gegenstände, die ich im Blockhaus zurückgelassen hatte, konnte mir der Forsteleve an einem der nächsten Tage holen. Ich wollte neue Wege gehen und beschloß, über den oberhalb der Hemmerwände jäh ansteigenden Hang hinauf die Schneid zu gewinnen, von oben den freien Blick bis tief in die Schneealpen hinein und hinaus ins flache Land mit seinem mitten im Maigrün liegenden Seespiegel zu genießen und dann gegen das mir zu Füßen liegende heimatliche Dorf auf steilem Alm- und Zugweg abzusteigen, wodurch mir die Talauswanderung auf der Landstraße gleichfalls erspart blieb.

Noch war kein richtiger Frieden am Himmel. Weiße und perlgraue Nebelfetzen, die darüber hinzogen, wurden von schwarzem Wolkenrauch verfolgt und überholt. Aber die Sonne bezwang immer wieder für Minuten all diese rasch durcheinander fliehenden Schleier, und dann lag ein glückliches Lächeln über den grünenden Bergflanken, schenkte Zuversicht und Beruhigung und ließ verblassend Enttäuschung und Sorge zurück. Irgendwo hoch oben im Hang mußte ich auf einen Quersteig kommen. Um die Richtung besser einhalten zu können, wählte ich für den Aufstieg ein altes Lawinenbett, das sich längst wieder begrünt und schütter bestockt hatte. Ich betrat es schräg aus dem hohen Holz herauskommend und erlebte noch eine große, freilich auch die letzte Freude dieses ereignisreichen Balzmorgens. Gerade hatte ich die Deckung der Randfichten verlassen und schaute, übernächtig und für die bevorstehende Anstrengung steilen Hinaufsteigens wenig eingenommen, die mit Geröll und grobem Fels bedeckte Rinne empor, als mir ein sonderbar groteskes Gebilde, dessen lebhafte schwarze Färbung dieser Stein- und Pflanzenwelt nicht angehören konnte, auffiel und mich gleich danach, als ich's aus seiner Umgebung herausgerätselt hatte, zusammenfahren und still verharren ließ.

In voller Balzpose, halb von mir abgewendet, stand da auf dem Rücken eines hohen Felsblocks ein Auerhahn, und ich hörte jetzt auch das harte Knappen herunter, welches auf die Entfernung von etwa hundertfünfzig Metern nur schwach vernehmbar war. Gleichzeitig schwirrte aus dem zottigen Mantel einer Fichte vor ihm eine Henne heraus und strich mit raschem Schlag der kurzen Flügel und erregtem Warnruf über den ihr huldigenden Hahn weg und durch die Waldwipfel hangeinwärts. Ohne Besinnen erhob sich mit metallischem Schwingenschlag jetzt auch der Hahn und stob ihr nach. Lang folgte den beiden mein Blick, bis sie mit stillstehenden Schwingen eine bei so schneller Fahrt kühn anzusehende Schwenkung vollzogen, sich in ein tiefes Kar hineinstürzten und verschwanden.

Jetzt war die Freude erst vollständig mit dem Weichen des unbehaglichen Bedenkens wegen der des Freiers beraubten Hennen an der Hemmerwand. Noch lebte nah ihren Gelegen ein Befruchter. Ihr Lockruf würde ihn bald heranziehen. Nun konnte ich ruhigeren Herzens meine Beute heimzu tragen. Das Ende, welches der wilde Wald seinen Kindern bereitet, ist meist grausamer, als das durch die Hand des Jägers. Und der mit geschränkten Füßen auf meinem Rucksack hängende alte Hahn war nach zwei Monden des Glücks und des höchsten Lebensgefühls ohne viel Schmerz, wenn auch nicht plötzlich, so doch rasch hinübergeglitten in die purpurne Nacht.

Oben auf der Schneid am Rand der Latschen, wo jetzt ein Blumenteppich lag, wie ihn auch die ältesten Kulturvölker des Ostens nicht nachzuknüpfen vermögen, wollte ich dem Edlen noch eine zweite Wacht halten, ein zweites Rauchopfer ihm bringen und versuchen, mich sattzusehen am Wunder seiner Farben, an der über sein Federkleid verschwenderisch ausgegossenen Liebe des Schöpfers.

Als ich aber schließlich, dampfend von Schweiß, die Schneid erreichte, ging wie aus feinen Brausen der Regen nieder auf den Zauberteppich, auf den ich mich gefreut hatte. Die Rosenheide unter den Latschen, der Steinbrech zwischen den Felsblöcken, die goldene Aurikel und ihre hübschen Basen, die Mehl- und die Zwergprimel auf grüner Rasenfläche und um sie herum ganze Beete von weißem Alpenmohn mit seinen dottergelben Staubgefäßen, von Kugelblumen, die wie winzige pastellblaue Puderquasten auf ihren kurzen kräftigen Stielen sitzen, von Frühlingsenzianen, leuchtender noch als Saphire, und am Schneerand, schütter verteilt, aberhundert Soldanellen und da und dort das Täschelkraut und das liebliche Kohlröschen und die prachtvolle, lang behaarte Küchenschelle mit dem silbernen Stengel, dem lila überhauchten Kelch, auf dessen Grund wie ein goldenes Krönchen Stempel und Staubfaden liegen, sie alle diese herzerhebenden Wunder standen betrübt und enttäuscht, nickten oder duckten sich im kalten Wind und schlossen die Kelche, als wollten sie sich zurückträumen in den schirmenden Schoß der Erde. Der Blick in die Berge war von jagenden Wolken, der ins flache Land hinaus von wallenden Nebeln verwehrt. Den Hahn hatten die fallenden Tropfen unscheinbar gemacht und ihm seinen Federn allen Glanz genommen. Der scharfe Südwestwind aber hätte es auch einem alten Seemann kaum gestattet, sich die kurze Pfeife in Brand zu setzen.

Ich war bei alledem nicht verdrossen und schaute den Wolken und den Nebeln zu, wie sie sich hoben und senkten, wie sie dahinflogen, verzerrt und zerrissen wurden und sich zu immer neuen Formen ballten, aus denen die rauhen Wetterfichten, die zerklüfteten Felsnadeln und Grate und die frischgrünen Almköpfe und Kessel für ein paar Sekunden auftauchten, um gleich wieder zu zerfließen und zu verschwinden. Tausend Landschaften vermochte das phantasievolle Auge sich aus diesen sekundenkurz frei werdenden Teilstücken zusammenzuträumen. Jetzt rissen die Nebel gerade über der Möslerschneid auseinander. Dort hatte ich manchen Spielhahn geschossen. Ein Schirm, aus Felstrümmern und Latschenästen zusammengebaut und durch viele Jahrzehnte immer wieder ausgebessert, stand auf dem Balzplatz wie eine kleine, wettergraue Turmruine und war ein Stück dieser Schneid geworden, wie die vor Jahrtausenden aus den Wänden herabgestürzten Felsblöcke. Ich nahm ihn ins Glas und glaubte anfangs nicht richtig zu sehen, als ich dicht neben ihm einen Spielhahn entdeckte, der, mißvergnügt ob des unfreundlichen Wetterumschlags, sich in eine Senke des Almbodens gekauert hatte und, ohne sich zu rühren, Sturm und Regenböen über sich weggehen ließ.

Ich überlegte nicht lange. Sowie sich der Nebel zwischen mir und dem Kamm der Alm wieder zusammengezogen hatte, sprang ich in langen Sätzen von der Schneid in den Westhang hinunter und war überriegelt. Rasch birschte ich, etwa hundert Meter tiefer als der Hahn, in der Lehne auf ihn zu, durchquerte ein uns trennendes kleines Alpengehölz aus verkrüppelten Buchen und Ahornen, und als ich auf der freien Alm angekommen war, kroch ich vorsichtig, einen vom Schmelzwasser der hier spät wegtauenden großen Schneewächten gebildeten schmalen Graben benützend, wieder bergan in Richtung des Schirms. Der Nebel meinte es mir gut. Er hüllte mein tückiges Tun in dichte Schleier, und der Sturm, der laut brausend jedes Geräusch wegschluckte, eh' es an das Ohr des scheuen und klugen Wildes dringen konnte, war auch mit mir im Bund. Dort vor mir war ein großer Stein. Wenn ich ihn erreichte, befand ich mich auf Schrotschußnähe am Spielhahn.

Ich streifte den Rucksack mit dem nassen Auerhahn von den Schultern, nahm die Lederkappen vom Zielfernrohr und wischte mit dem Taschentuch die Linsen blank. Dann schob und zog ich mich auf dem Bauch liegend durchs nasse Gras und die zerzausten, verwaschenen Bergblumen auf den Felsblock hin. Jetzt hatte ich ihn erreicht. Ich nahm den Hut ab und hob, vorsichtig lugend, den Kopf bis in die Höhe der Augen über seinen Rand. Ganz nahe vor mir stand der Schirm, triefend im schräg heranpeitschenden Regen. Und dort rechts unterhalb von ihm war die winzige Wiesenmulde, in die der Spielhahn sich hineingeduckt hatte. Er selbst aber war verschwunden. Ich ahmte nach einer Weile des Umhersuchens mit den Augen erst vorsichtig und leise, dann immer lauter werdend, den Hennenruf nach, dann das fauchende Blasen des streitbaren Nebenbuhlers, aber es blieb still. Keine Antwort ertönte, der kleine Ritter kam nicht herzugelaufen und fiel auch nirgends kampfbereit antwortend ein. Und selbst, als ich mich schließlich, des vergeblichen Bemühens satt, in ganzer Größe aufrichtete und mir das Wasser aus den Kleidern schüttelte, stob er nirgends girrend davon. Die Berggeister hatten ihn gewarnt, und er war abgestrichen, noch bevor ich in seine Nähe kam. Vielleicht aber war ihm auch das immer nasser und stürmischer werdende Wetter zu schlecht für längeres Verweilen auf freier Fläche geworden.

Langsam und müde stieg ich in die brauenden Nebel des Tales hinunter. Je weiter ich mich dabei von der Schneid entfernte, desto ruhiger wurde die Luft. Im schütteren Hochwald legte ich nochmals, an flechtenbewachsene Fichtenborke gelehnt, eine kurze Rast ein. Es war jetzt nimmer schwer, sich ein Pfeifchen anzuzünden. In blauen Schwaden schwebte der Rauch des Tabaks träg hangab, ohne sich mit dem feuchten Brodem des Nebels zu vermengen. Vor meinen Füßen war ein riesiger Ameisenhaufen, aber seine Bewohner schliefen. Einzelne Wächter krabbelten zwischen den vielen Eingängen hin und her, ab und zu nahten sich durchnäßte und ermüdete Boten auf den zur Burg führenden winzigen Straßen, wichen einander mit streichelnden Fühlern aus, verhielten rastend oft mehrere Minuten in bewegungslosem Stillstand.

Alle Formen ringsum machte der Nebel seltsam weich und alle Töne zart. Es war, als befänden sich die rauhnadeligen Bergfichten im Zergehen, als wollten sie dahinschmelzen, um ins Graue hinein sich aufzulösen. In wundersamer Geborgenheit saß ich, als zerginge ich selbst in diesen weißgrauen Schleiern, als sei die Last allen Wollens und Suchens und Sehnens von mir genommen, als schlüge ich langsam Wurzeln in die regennasse

Erde hinein und erhielte ein anderes, ganz in der Hand des Schöpfers ruhendes Leben. Dann kam der Schlaf über mich, drückte mir das Kinn schwer gegen die Brust, ließ mich tief und tiefer vornübersinken, bis ich den Kopf voll unbegründeten Schreckens wieder in die Höhe warf, schnell aufstand und heimzu strebte. Auch im Gehen entließ mich der Schlaf nicht ganz aus seinen Banden. Dumpfes, unzusammenhängendes Träumen umfing mich dichter noch als die Gespinste der Nebelfrau. Aber der Schnabel des Auerhahns schlug mir mit der kalten Spitze immer wieder in die nackten Kniekehlen unter der kurzen Regenkotze und weckte mich auf und rief mich zurück in das Bewußtsein dieses beutebeglückten Jägermorgens.

Wenn man nicht weiß, was man anfangen soll, dann schadet es nicht, sich Zufälligkeiten anzuvertrauen. Nach einem bis zur Teestunde verschlafenen Tag aß ich unten im Gasthof zu Abend und traf einen Kreis gutgelaunter Honoratioren, mit denen ich mich schließlich zu einem Kartenspiel zusammensetzte. Bei wechselndem Glück gab und nahm ich die Blätter, und als ich zu schon später Stunde wieder einmal als Geber an der Reihe war, verließ ich kurz die Gaststube und trat auf die Straße hinaus. Die finsteren Wetterkräfte, die während dieser Wochen dem Auge immer wieder den Blick in den gestirnten Himmel verwehrt hatten, waren abgezogen, vielleicht waren sie besiegt in den Schoß der Erde zurückgesunken, vielleicht auch sannen sie in fernen Schluchten oder über unendlichen Wassern auf neue Gewalttat. Und plötzlich fiel mir der Schirm auf der Möslerschneid ein und der Hahn, der nahe dabei seinen Balzplatz hatte.

Fast gleichzeitig ging jemand durch die Nacht an mir vorüber. Er erkannte mich nicht in der Dunkelheit, aber er bot mir seinen Gruß. Ich wußte gleich, wer er war: einer unserer Jäger, der Toni, der zu den Spielhähnen hinaufsteigen wollte. Erst gestern hatte er mich gefragt, ob es mir recht wäre, wenn er noch einen schießen würde, eh' die Balz zu Ende ging. »Wo aus?«, fragte ich ihn. »Auf die Steinlingalm«, gab er zur Antwort. »Wart ein wenig! Ich will mitgeh'n!« Irgendeine Ahnung, eine uneingestandene heimliche Absicht hatte mich dazu verführt, den Rucksack und den

Mantel, den Stutzen und den Bergstock mit ins Wirtshaus zu nehmen. Ich ging hinein, beendete das Spiel, und wir vertranken noch schnell mit fünf Gläschen Kirschwasser und zwei Tassen Kaffee – den Toni hatte ich auch dazu eingeladen – meinen bescheidenen Gewinn. Dann gingen wir zu zweit in die Nacht hinaus.

Die Luft war so kühl, daß sie nur einen schwachen Hauch der Maidüfte übertrug. Unser gemeinsamer Weg führte erst durch die Obstgärten am Rand des Dorfes, die verwaschenen Blütenzweige hingen tief über ihn herein. Dann ging's bergwärts zwischen bleichen Wiesen zu dem schwarz und ernst uns erwartenden Hochwald hinauf. Vor sieben Jahren war ich hier zum erstenmal in der Nacht mit auf den Spielhahn gerichteten Wünschen hinaufgestiegen, halb noch Knabe den Jahren und dem Herzen nach. Nichts hatte mir damals die Vorfreude dieses nächtlichen Weges getrübt. Die in das Leben hinausdrängende Sehnsucht ahnte nichts von Gefahr und Enttäuschung.

Ich wehrte mich gegen die Erinnerung. Es war nicht dieser Aufstieg gewesen. Der steinige Bergpfad sah wohl genau so aus, führte über die nämlichen Brücken und Gräben, folgte den gleichen Windungen, aber damals zog er sich durch ein anderes Land, in das ich nie zurückkehren würde, unüberbrückbar blieb ich auf immer von ihm getrennt. Nein, ich wollte, ich wollte mich nicht erinnern und vergleichen. Ich ging einen neuen, ganz anderen Gang und auch der war gut.

Wir waren nicht allzu früh daran, da wir unten im Gasthof Zeit verloren hatten. Der steile Zugweg im Dunkel des ihn hoch überragenden Nadelwaldes wollte kein Ende nehmen. Nur selten verhielten wir zu kurzer Schnaufpause. Dann schaute ich zu den Sternen hinauf, die mit lebhaftem Glanz aus den stahlblauen Lücken zwischen schwarzen Wipfeln und Wedeln herunter schauten. Kurz nachdem wir auf die erste Alm hinausgetreten waren, trennten sich unsere Wege. Der Toni bog links ab. Ich mußte geradeaus über die steile Leite hinauf, um oben am Rand der Latschen den schmalen Felspfad zur Mösleralm hinüber zu gewinnen. Heimgehend, wollte ich den

Jäger in einer kleinen Schutzhütte wieder treffen, von der aus wir gemeinsam abzusteigen gedachten. Ich durfte mir, eh' ich den letzten Hang anpackte, noch eine kurze Rast gestatten, setzte mich auf die Bank vor der Almhütte und zündete mir eine Zigarette an. Ich hörte die Schritte des Jägers auf dem steinigen Almpfad von mir wegklappern, hörte den gespensterhaft jauchzenden Hochzeitsruf des Kauzes, der tief unten im schwarzen Wald sein immer unsichtbares Wesen trieb, und das Murmeln des Wasserstrahls am nahen Brunnentrog. Ganz unregelmäßig erzählte dieser Brunnen seine Geschichten, stieß ein helles Gesprudel hervor, seufzte tief, gurgelte dunkel, platzte plötzlich mit plantschendem Gelächter heraus und rieselte dann wieder lange Zeit nur leise und nachdenklich vor sich hin. Weit draußen im flachen Land flimmerten viele Lichter, die Lichter einer großen Stadt, in der das Leben auch durch die Nächte weiterging, aber anders als hier, wo der Waldkauz rief und der Brunnen sprach. Ein künstliches gewaltsames Treiben durchlärmte dort die erleuchteten Straßen. Wesen dieser großen Städte ist Gewaltsamkeit, die alle Sinne stumpf macht und die zarte Hülle der Seele zerstört. Nur diese Hülle aber hütet die Kraft einer Seele, auch ihre Kraft zu lieben. Es war gut, daß ich es wußte, aber das Leid wird nicht geheilt vom Wissen um seinen Ursprung.

Die Zigarette war ausgeraucht. Halbdrei zeigte das Leuchtzifferblatt der Uhr. Ich mußte schauen, daß ich auf die Schneid hinaufkam; denn sehr viel später als um die dritte Stunde würde, wenn es klar blieb, der Hahn nicht einfallen. Die Lehne war steil, und am besten war's, sie im Sturm zu nehmen. Der schmale Pfad, der oben zwischen den Latschenfeldern und sehr malerischen scharfen Türmen und Felsnadeln hindurch zur Alm führte, gewährte bei Tag eigenartige, fast wie aus der Senkrechten wirkende Durchblicke ins Tal. Man sah aus der Vogelschau auf die Häuser und auf das stolze Schloß hinunter und hatte dabei das Gefühl, daß, wenn man die Schwingen breiten dürfte, man kerzengerade hinabstoßen und ohne Flügelschlag auf dem First des Burgfrieds landen könnte. Jetzt war das Tal von Nacht verhüllt, schwach unterschied das Auge die fahlen Mauern von den dunk-

Burg Hohenaschau, über viele Jahrzente Wohnsitz der Freiherren von Cramer-Klett

len Dächern und die verschwommene Abgrenzung zwischen grausamtenen Wäldern und silbrigen Wiesenflächen. Nur wenige blaßgelbe Lichtpunkte schimmerten herauf aus den Wohnungen der Menschen. Auch oben im Turm, in dem Treppenhaus, das zu meinen Stuben führte, hatte jemand vergessen, das Licht zu löschen. Die Luft war ganz still, so daß man das feierliche Rauschen des die Schneewasser talaus führenden Flusses deutlich vernehmen konnte. Da glaubte ich mit einem Mal, noch ein zweites Rauschen zu hören. Es war anders, als das der Bergbäche. Breiter und gleichmäßiger und es schwoll an, und es wurde lauter, und es sang und summte und kam unheimlich brausend aus Südwest heran. Und plötzlich löschten im Tal alle Lichter gleichzeitig aus. Durch die Dunkelheit sah man, wie sich dort unten ein dicker milchiger Strom, eine Hagelwolke, mit unglaublicher Schnelligkeit gegen das flache Land hinauswälzte.

Dies konnte ich noch, von der Eigentümlichkeit der Erscheinung gefesselt, beobachten, dann aber zwang mich der erste Stoß des heranstürzenden Sturmes, meinen Hut festzuhalten und mich zu bücken, um nicht das Gleichgewicht zu verlieren. Auch die Sterne wurden ausgelöscht. Ein schwarzer Teppich, dessen Saum nicht etwa zerfetzt oder langhin ausgefranst war, sondern eine fast gerade Linie bildete, rollte über den Himmel daher und zog sich schnell und wie auf ein fernes Ziel zueilend darüber. Und dann konnte ich nichts mehr sehen, weil ein mit Eiskörnern vermischter fürchterlicher Regen niederging und ich ein paar Minuten lang glaubte, es wäre dieser Nacht das letzte, aber auch das allerletzte Licht genommen. Die Luft war bisher frisch, doch nicht kalt gewesen. Jetzt wurde sie eisig, und ich begann nach kurzer Zeit schon so zu frieren, daß mir die Zähne aufeinander schlugen.

Im Eilschritt, so schnell ich konnte, stolperte ich, mehr tastend als sehend, auf dem Steig vorwärts, kam aus den Felsen und Latschen auf das Grasland hinaus und überlegte kurz, ob ich mich zu den ziemlich weit abliegenden Almhütten hinüberflüchten oder oben im Schirm Schutz vor dem Orkan suchen sollte. Nur weil die Schneid schon dicht über mir war, entschloß ich mich für den Schirm, erreichte ihn buchstäblich taumelnd von den mit ungeahnten Kräften in sekundenkurzen Zwischenräumen auf mich eintobenden Windstößen. Halb fallend, überkletterte ich seine Brüstung und kauerte mich im Innern sofort auf den Boden, dicht an die gegen Südwesten gekehrte felsgefugte Wand. Hier lag ich keuchend und durch das Heraufaufen ein wenig erwärmt, etwa zehn Minuten lang, während der Sturm die vom Jäger als Deckung zwischen die Felsen gesteckten großen Latschenäste aus ihrer Verklemmung herausriß und hohnheulend mit sich forttrug. Ich wollte das erste Tageslicht abwarten, um aus dieser Wetterhölle talwärts zu fliehen. Der Durchstieg in Richtung auf die Hütte, in die sich der Toni wahrscheinlich inzwischen schon geflüchtet hatte, war im Dunkel nicht leicht zu finden und bei solchem Rütteln und Reißen der Lüfte nicht einmal ganz ohne Gefahr überwindbar. Was war das für ein Mai! Was für Kräfte verschleuderten sich im Wechseln und Werden!

Nach einer Weile ließ das Stürmen kaum merklich nach, der Regen aber fiel doppelt schwer und dicht. Ich hatte mich ein wenig aufgerichtet und lag nicht mehr, sondern saß an die Schirmwand gelehnt, und es kam mir so vor, als wäre meine Regenkotze ein kleines rundes Zelt, aus dessen Spitze ich den Kopf herausgesteckt hatte, um nach dem Wetter zu sehen. Das Wasser perlte über den fetten Loden nur so hinunter, in einzelnen Falten hatte es sich zu kleinen Pfützen gestaut. Jetzt wurde es Tag. In hundert verschiedenen Tönungen kann das Licht des Tages durch die Nacht dringen. Heut' kam es weiß wie Schnee. Es rang sich nicht durch, grau und mühsam, wie man's an solchem Schlechtwettermorgen erwarten mußte. Es war mit einem Male da, ganz gleichmäßig von allen Seiten blendete es herein, nicht trüb und milchig, sondern frisch und weiß, wie nur der Schnee sein kann. Und dabei ließ die Heftigkeit des Regens nicht nach, und auch der Wind sang sein Lied aus vollen Lungen mit hohen, langgezogenen Tönen.

Endlich reichte die Helligkeit für den Durchstieg am Fuß der Kampenwand. Aber ich konnte mich nicht dazu entschließen, aufzustehen. Bleierne und dabei doch wohlige Müdigkeit lag mir in allen Gliedern. Wahrscheinlich war ich im Halbschlaf und würde erfrieren, wenn der Regen zu Schnee wurde, wie so mancher schon erfroren war um diese Jahreszeit. Ich überdachte dies ein paarmal, fand aber trotzdem nicht die Kraft, mich aufzumachen, sondern dämmerte immer tiefer in die gleichgültige Erstarrung hinein. Und war dann doch plötzlich wieder vollkommen wach. War denn das möglich!? Dicht neben meinem Ohr hatten stählerne Schwingen geschlagen. Es war möglich, ja! Zehn Schritte vom Schirm entfernt blies jetzt frisch und völlig unbeirrt durch die Willkür der Elemente der Hahn. Und blies wieder und tat einen frohfeurigen Flattersprung nach dem andern. Der energische Schlag seiner kleinen Schwingen meisterte sogar diesen wütenden Wind.

Ich wagte mich nicht zu rühren. Die Spitze meines Hutes schaute sicherlich über die Schirmwand hinüber, und aus solcher Nähe bei der sonderbaren durch das Sturmgewölk abgeblendeten weißen Helligkeit konnte der Hahn eine schnelle Bewegung bemerken. Dieses ungebärdige Frühwetter schien ihm zu gefallen und ihn ganz außer Rand und Band zu bringen. Wieder und wieder schnellte er empor und übertönte dabei mit seinem zischenden Kampfruf das Brausen der Lüfte. Nach einer Weile glaubte ich zu bemerken, daß er sich etwas von mir entfernt habe. Jetzt bückte ich mich behutsam vornüber. Ich war durch die Kälte schon so steif geworden, daß ich dabei das Gleichgewicht verlor und beinahe nach der Seite umgefallen wäre. In den auf den Boden gestützten Händen war kein Gefühl mehr. Endlich hatte ich mich doch umgedreht. Kniend schaute ich durch einen Spalt der Ringmauer meines Schirms.

Ja, da stand er wirklich und wahrhaftig auf der ebenen kleinen Grasfläche, die er sich zum Tanzboden auserwählt hatte. Die heftigen Windstöße bogen seine aus dem weißen Unterstoß gespreizten schwarzen Krummfedern vornüber, und bei den Flattersprüngen trugen sie den ganzen Hahn sogar immer ein Stück weit durch die Luft, so daß er mit einer Leichtigkeit auf den Boden zurückkehrte, als ob sein Körper nur aus Federn bestünde und ohne Schwere sei. Jetzt fing er zu krugeln an, aber es verriß ihm die Töne und schob ihn aus der Richtung, wenn er mit schnellen kleinen Schritten umherlaufen wollte. Immer wieder kam er ins Girren und ins Fauchen. Ich hatte die Büchsflinte unterm Mantel hervorgeholt, die durchweichten Lederkappen vom Fernrohr genommen und hob mit steifen Armen langsam den Kolben zur Wange. Ich konnte es schon wenige Stunden später und gar jetzt nach vielen Jahren kann ich es kaum mehr verstehen, daß ich gerade diesen Spielhahn nicht schonte, diesen einen kleinen Sänger, den alle Unbill des Wetters und alle Gewalttat der Lüfte in seinem Lied und in seinem minniglichen Tanz nicht zu beirren vermocht hatten. Aber trotz Erstarrung und Zähneklappern schlug mir in diesen Augenblicken das Herz so heiß und heftig, daß ich's bis in die Kehle herauf spürte. Jetzt hatte ich den Hahn in den nässebeschlagenen Linsen des Fernrohrs, in verschwommenem Schwarz, ohne klaren Umriß, stand er vor dem Zielbalken. Ich schielte noch einmal hinunter zum Abzug, ob der Zeigefinger den richtigen Drücker ertastet hätte. Dabei wußte ich nicht einmal sicher, ob geladen war. Dann zielte ich, so gut ich's vermochte, und zog gegen den harten Widerstand, den ich undeutlich im fast gefühllosen Finger spürte. Und dann schlug mir plötzlich der Rand des Zielfernrohrs schmerzhaft gegen die Braue. Mit einem trockenen, vom Sturmwind halb weggeschluckten Knall hatte sich der Schuß gelöst. Absetzend, sah ich den Spielhahn regungslos im Almgras liegen.

Es war nicht leicht, mit einem Gefühl in beiden Füßen, als ob sie eingeschlafen wären, die Schirmwand zu übersteigen. Unsicheren Trittes ging ich auf die Beute zu. Der Hahn lag auf dem Rücken. In dem seltsamen Licht, von dem man nicht wußte, woher es kam, bot er dem von der furchtbaren Unruhe der Luft geängstigten Auge einen deutlichen Halt, überwirklich, wie eine Erscheinung lag er in den fahlgrünen, vom Sturm niedergepreßten und zugleich gezausten Gräsern. Nur der stahlblanke Glanz schien von seinem Gefieder genommen zu sein. Schwarz wie Ruß waren Hals und Brust, waren die weißgebänderten Schwingen und die langen Sicheln zur Rechten und Linken des schlohweißen Unterstoßdreiecks. Die hochgeschwollenen Balzrosen leuchteten mit merkwürdigem Feuer aus der Stumpfheit der sie umgebenden Farbtöne. Während ich den stumm gewordenen Sänger zum Schirm hinübertrug, entglitt er zweimal den klammen Fingern, ohne daß ich's recht bemerkte. Aber allmählich begann das Blut wieder voll zu kreisen, und nachdem ich mein Zauberzeug aufgenommen hatte, strebte ich dem Felspfad zu, der mich unter den Wänden vorbei und über die gleichfalls hahnberühmte Steinlingalm zur Schutzhütte führen sollte. Ich hatte den Wind im Rücken und lief den grasigen Kamm entlang mit einem Empfinden, wie's uns sonst nur im Traum geschenkt wird, als wäre ich im Begriff, auf starken Schwingen mich vom Boden zu erheben. Auf diese Weise kam ich sehr schnell vom Fleck und in den Windschutz der schieferschwarz in den Himmel ragenden Kampenwand. Die ungeheure Sturmgewalt hatte die Wolkenmassen in winzige Fasern zerrissen und zerrieben und jagte sie über diesen Himmel, der wie eine riesige Tafel aus angelaufenem Silber wirkte, die von unsichtbarer Hand in zitternde Schwingung versetzt wird. Ein gedämpftes Flimmern und Flirren zog ununterbrochen darüber hin.

Aber noch während ich das große Latschenfeld, welches mich von der Steinlingalm trennte, durchquerte, hörte das Singen in den Lüften schlagartig auf, als wären die Saiten der Windharfe jäh zersprungen, und auch das silberne Glitzern am Himmel erlosch. Eine wundersame Dämmerung senkte sich über die stumm gewordene Felslandschaft, verdichtete sich schnell zu violetter Dunkelheit, aus der heraus, wie nach einer Pause tiefen Atemholens, lautloser Flockenwirbel sich löste. Das sind die Tränen, dachte ich, reine, beschwichtigende Schneetränen, die endlich, endlich hervorbrechen und den sturmvollen Kampf dieses Tagwerdens beschließen.

Zum guten Glück hatte der Toni die Hütte schon eine halbe Stunde vor mir erreicht und Feuer gemacht. An die letzte, weiß eingehüllte Wegstrecke und an die Ankunft unter dem schützenden Dach habe ich kaum mehr eine Erinnerung. Ich weiß nur noch, daß ich auf dem Feldbett schon eingeschlafen war, als mir mein braver Begleiter die Tasse voll rasch gebrauten Tees brachte. Er mußte mich erst wecken, und halb im Traum schlürfte ich die heiße Labe in mich hinein. Es folgte dann ein langer, versteinerter Schlaf.

Ich glaube nicht, daß er, obwohl ich es so empfand, traumlos war. An dem unterbewußten Auge sind während dieser Stunden sicher aberhundert Bilder vorbeigezogen. Vielleicht ist man nur im Schlaf wissend und weise und erlöst vom Wahn. Vielleicht führt er, der Bruder des Todes, uns den Reichen zu, von denen wir ausgegangen sind und die wir nur an der Hand eines dieser beiden Brüder wieder zu finden und zu fassen vermögen. Einmal wachte ich auf. Helles Licht fiel durch die kleinen Fenster und zeichnete blaßgelbe Quadrate auf den Bretterboden. Ich sah den Toni am Herd sitzen und mit halb geschlossenen Augen seine Pfeife rauchen. Dann dämmerte ich wieder hinüber und sank in tiefe Verwunschenheit, aus der mich nach langer, langer Zeit ein plötzlicher heftiger Aufschlag mit Klirren und Poltern zurückrief. Dem Toni war einer seiner über dem Herd hängenden Bergschuhe, als er ihn herunterholen wollte, ausgekommen und zwischen ein paar Kochtöpfe hinein auf den Boden gefallen.

Bald darauf gingen wir heim. Die Sonne schien. Sie hatte die Schlechtwetterwolken wahrscheinlich schon vor Stunden durchbrochen und aufgelöst. Enzianblau war der Himmel, soweit das Auge reichte. Nur noch ein paar verlorene schneeweiße Fetzen schwammen darin hoch über den Bergen. Aus den Latschenfeldern unter der Grenze des Firnschnees hob sich da und dort wie ein goldener Schleier der Wasserrauch gen Himmel, und überall an Blatt und Halm hingen funkelnde Tropfen. Ein Geruch war im Wald, ein kaum zu beschreibender starker Duft, der nichts mehr von zarten Frühlingsblüten und jungem Laub erzählte. Das volle Grün strömte ihn aus, die üppig durcheinander wuchernden Gräser und Kräuter und Stauden, die nicht Künder waren vom beginnenden Werden, sondern Zeugen des seine jungen Früchte ansetzenden Seins. Was jetzt noch nicht mit starken Stengeln und entfalteten Trieben im Licht der Sonne stand, das würde nicht mehr zählen im Leben des Waldes, das würde keinen Samen streuen, wenn diese vollschaffende Erde Rast hielt vor der Starre eines neuen Winters. Es war überall Vogelsang in den Kronen und Wipfeln, aber es waren keine schüchternen und keine jubelnden Solis und Quartette und Quintette mehr.

Er gehörte einem hundertfaltigen Tongewebe an, das außer dem Zwitschern und Flöten, dem Schmettern und Pfeifen auch alles Brummen und Summen und Sirren und Zirpen unzählbarer Insekten in sich schloß. Nur den Kuckuck hörte man noch deutlich heraus und den Ringeltauber, der seiner brütenden Liebsten etwas vorgurrte. Die Fichten waren in ihre hellen jungen Triebe gekleidet und hoben sich nicht mehr ernst und dunkel ab von den belaubten Schwestern. Drinnen im Wald verwehrten die lichtgrün sich wölbenden Buchenbaldachine den Ausblick zum Himmel. Nur vereinzelte Sonnenlanzen stachen blendend herein durch die Lücken im Blättergewebe.

Der Toni hatte sich den Spielhahn auf den Rucksack gebunden und trug ihn mir voran, damit ich ihn während des ganzen Weges vor Augen haben und mich ausgiebig daran freuen sollte. Ich tat es auch, aber nach einer Weile konnte ich nicht mehr recht auf ihn achten. Ich schaute umher, ob nicht irgendwo ein Reh auf den Blößen stand oder durchs hohe Holz zog. Ich lauschte auf das Locken der Wildtauben unten im Buchenwald, und als wir schließlich eine Krümmung des Zugwegs erreichten, von der aus man einen weiten Blick ins flache Land hatte, sah ich die roten und die silbergrauen Dächer der Höfe herausragen über die Obstbaumkronen, deren letztes weißes Blühen vom erstarkten Laub schon überwuchert wurde; da wußte ich mit einemmal, daß es jetzt Sommer war …

Eine Geschichte vom Schneidhahn

Als ich Arthur Schubart, der dem Zauber des Großen Hahns verfallen war wie kein anderer der vielen Jäger, die ich im Lauf der Jahrzehnte kennengelernt habe, einmal mit Begeisterung ein Spielhahnerlebnis erzählte, unterbrach er mich plötzlich und fragte mich mit seinem ungewöhnlich lebhaften Blick fixierend, im Scherz halb und halb im Ernst mißtrauisch: »Sie werden doch nicht auch zu den Kerlen übergegangen sein, denen der Spielhahn genau soviel oder gar mehr bedeutet wie der Große?« Damals wußte ich ihm keine rechte Antwort, denn ich liebte die Jagd auf den Urhahn. Heut könnte ich sie ihm geben. Er war trotz seiner Naturverbundenheit und Liebe zur Jagd und Fischwaid ein Städter und hat die Jagdgezeiten wohl als Abschnitte des Jahres gekannt und ausgekostet, aber sein Jahresablauf war doch der des Stadtmenschen: Wenn der Fasching vorüber ist und im Garten des Herzog-Karl-Palais der Krokus aufgeht, dann wird es Zeit, die Reise nach irgendwelchen Auen oder Vorbergen zum Schnepfenstrich anzutreten, und wenn im Hofgarten die Knospen der Kastanienbäume platzen und das noch winzige hellgrüne Laub sich daraus zu entrollen beginnt, dann hat der Auerhahn irgendwo zu balzen angefangen, und man muß sich rüsten zur Fahrt ins Hahnenrevier.

Der auf dem Land lebende Jäger, der, wenn's irgend sein kann, täglich, und war es nur für eine Stunde, in seinen Wäldern untertaucht, erlebt die Jahres- und Jagdzeiten anders.

Sie gehören zueinander, lösen sich ab und ergänzen sich. Man kann sich die eine ohne die andere nicht denken, und die *eine* Liebe zu Wild und Wald gehört immer dem jeweiligen Augenblick im Kranz der Monate. Natürlich glüht sie zu bestimmten Zeiten stärker auf als sonst. Aber dadurch, daß man selbst mit hineingeflochten ist in den langsam fortgleitenden Lauf, fällt es schwer, einzelne Abschnitte herauszulösen und zum Gegenstand besonderer Neigung zu erheben. So gibt es, um ein Beispiel zu nennen, auch nicht *den* Auerhahn, sondern es gibt deren viele. Der letzte einer Frühlings- und Balzzeit ist ein ganz anderer als der erste. Belaubte Baumkronen hindern beim Aufstieg den Ausblick zu den Sternen, der ein paar Wochen vorher beim ersten Verhörgang durch kahles Gezweig hindurch noch offen war. Und oben am Balzplatz, wo vorher nur der feuchte Geruch von Erde und Fallaub lagerte, der schwere, noch mit dem winterlichen Schneehauch ringende Atem des Vorfrühlings, da duftet jetzt wie Honig schon das junge Laub, vermischt mit allerhand Blüten des zur vollen Wirklichkeit erstarkten Frühlings. Die Vogelstimmen sind zur Gewohnheit geworden, und eine unter den Füßen des anspringenden Jägers ins Zwielicht hinausbrummende Hummel weckt schon Sommergedanken. Abschied ist zu solcher Zeit der mildverzückte Sprechgesang des Großen Hahns, Abschied vom Erwachen aus der Zeit des Schnees und der langen Nächte, Abschied vom Werden, das vom Sein verdrängt worden ist. Der Große Hahn mit seinem Lied war Ausdruck dieses Erwachens und Werdens, und wenn all das, was er ankündigte, zur Wirklichkeit geworden ist, muß er verschweigen.

Die Wiesen blühen, durch die man diesen letzten Großen Hahn eines Frühlings nach Hause trägt, und auch die Beute ist eine andere. Die Rose über dem bernsteinfarbenen Licht ist schmal geworden, die Tritte sind nicht mehr die des Rauhgrafen, der im einsamen Balzreigen über Schneeplatten hingeschritten ist. Nur ein paar Hornstifte sind daran übriggeblieben, und die sechs Wochen der hohen Zeit haben seiner Gestalt die kraftgeschwellte Rundung genommen. Der Tannenbruch aber im wachsfarbenen Schnabel trägt an seinen Spitzen schon winzige smaragdgrüne Triebe.

Solche Spätlinge der Urhahnbalz hat Arthur Schubart kaum gekannt und wollte sie auch nicht kennen. Sie gehörten für ihn nicht mehr zu der Stimmung, die ihm der Auerhahn bedeutete, und deshalb ist ihm auch der Zauber des Bergspielhahns nie zugänglich gewesen. Denn während man im Zwielicht des Hochwaldes dem Großen die besinnliche Wacht hält oder später auf dem Heimweg an einem solchen Maimorgen, lockt das von den Höhen fern herabschwingende Krugeln des Kleinen Hahns unwiderstehlich zu etwas Neuem, zu etwas ganz anderem im vollerstandenen Frühling der Berge und des Bergjägerlebens. So recht bis ins letzte erschöpfend kann ich es nicht erklären, was diese überstarke, beinah magische Anziehung bewirkt, die vom Lied des kleinen Hahns ausgeht. Mehr als fünf Monde herrscht in unseren Bergen der Schnee, und knappe vier Monde dauert unser Sommer. Man müßte ins flache Land hinauseilen und sich am saftigen Grün erlaben, das wie Fontänen aus den Wäldern emporrauscht ins tiefe Blau des Himmels. Man müßte sich nach den Margeritenwiesen der Niederung und nach den ersten Blumen des Sommers sehnen; statt dessen zieht es einen hinauf, machtvoll mit jubelnder Vorfreude in die Bereiche, wo der Winter, zwar schon geschlagen, aber noch mit Spuren von Herrscherkraft zäh seinen letzten Kampf kämpft. Vielleicht bezaubert auch hier die besondere Schönheit, die jedem großen und würdigen Niedergang verbunden ist, vielleicht ist's der Wunsch nach einem versöhnten und liebenden Abschied von dem Schnee, der uns durch Monde vertraut geworden ist und der uns, wenn er auch als ein neuer wiederkehrt, niemals mehr als dieselben finden wird. Oder es zieht uns nur das Wunder des Übergangs hinauf, wie wir es auch in den Viertelstunden des Zwielichts erleben, der Zauber von etwas, was man als schön empfindet, aber nicht festhalten kann und um so tiefer genießt, als man weiß, daß es sich gleich verflüchtigen wird.

Der Balzlaut des Auerhahns ist ein Laut der Nacht, das erste Blasen des Spielhahns ist ein Laut des Zwielichts, und auch sein Kollern, das ein ganzes weites Schneekar in Schwingungen zu versetzen vermag, ist mir am liebsten im blauen Licht, in dem die Sterne erblassen. Wenn es in unserem drangvollen Dasein Stunden wunschlosen Glücks gibt, dann gehören für mich die dazu, in denen man es erlauscht, wenn oben zwischen dunklen Latschenbeeten auf fahlen Schneefeldern der Spielhahn mit seinem Lied anhebt.

Es liegt schon mehr als eineinhalb Jahrzehnt zurück, da überkam mich, der ich so um den 12. Mai herum für eine Woche hatte verreisen müssen, ganz plötzlich die Sorge, ich könnte in diesem Jahr das Erlebnis solcher Berghahnmorgen versäumen. Ich benützte anstatt des ursprünglich erwählten Frühzugs noch schnell einen späten Abendzug zur Heimreise und fuhr unter Zischen und Pfeifen der kleinen altväterischen Lokomotive etwa um halb zehn Uhr nachts in den Bahnhof unseres stattlichen Gebirgsdorfes ein. Das Schloß, vor dessen Anfahrt mich die zwar alten, aber nicht minder edlen Hackneys in windender Fahrt befördert hatten, war leer, nur ein paar dienstbare Geister empfingen mich in den festlich erhellten Räumen und zogen sich bald zurück, nachdem ich das Nachtmahl eingenommen und den Vorschlaftabak in Brand gesetzt hatte. Die Hahnenunruhe, die mich hergetrieben, ließ nicht nach. Ich trat in den Schloßhof hinaus. Groß geballte weiße Wolken zogen hoch über mir am Himmel, nur da und dort schimmerte manchmal ein Stern auf. Es war kalt, und es roch nach Schnee. Mochte sein, daß es oben ein wenig geschneit hatte, während in der Stadt ein Dauerregen niedergegangen war.

Gutes Wetter war vorausgesagt. Ich hatte den letzten telegraphischen Wetterbericht, bevor ich den Zug bestieg, in der Bahnhofshalle studiert.

Weshalb nicht diese Nacht schon benützen? Ich war ausgeruht, der längste Aufstieg schreckte mich nicht. Aber ich mußte mich rasch entschließen, denn es hatte soeben elf Uhr geschlagen, und der Weg vom Tal zu den Spielhahnplätzen hinauf würde mehr als drei Stunden in Anspruch nehmen. Noch war ich nicht ganz entschlossen, während ich in die wohldurchwärmte Bibliothek zurückging. Da wurde mir plötzlich klar, daß es ein Platz, ein ganz bestimmter war, der mich so mächtig anzog. Es war der weitest entfernte, den bis zum Grauen des Morgens zu erreichen mir beinahe unmöglich erschien: Die Sulzingalm, weit hinten an der Landesgrenze, ein ganz für sich abgeschlossener Almkessel, zwischen Felsköpfen und Latschenbeeten, rauhem Alpenwald und unwirtlichen Geröllhalden, mit einem einzigen langgestreckten Almkaser dicht am Waldrand. Verwunschen und verlassen war diese Alm und doch anheimelnd als kleines, in sich gerundetes Stück Welt. Irgendeines der schönsten von den schwermütig kraftvollen Berglerliedern hätte vom einsamen Senn dort ersonnen sein können. Und hoch auf ihrem obersten Rand, auf einer kleinen ebenen Fläche, am Sulzingkopf, balzte seit Jägergedenken alljährlich im Mai ein Spielhahn. Vor Jahren hatte ich mich um ihn bemüht und ihn mir auch schließlich ertrotzt, obwohl er seinen Platz nicht einhielt, das Wetter mich mit allen Tücken verfolgte und ihn mir einmal ein Tiroler Wilderer vergrämte, der es gleichzeitig mit mir auf ihn abgesehen hatte. So ein extra starker Hahn ist's damals gar nicht gewesen, wiewohl er vier Krumme trug. Und ich schwur mir, künftig diese recht unwirtliche Gegend zu meiden und mich freundlicheren, auch jagdlich ergiebigeren Spielhahnplätzen zu widmen. Aber, unabweisbar wie die Erinnerung an irgendwelche Stunden der Minne stand jetzt das Bild des fernen Almkessels mit allen Einzelheiten vor mir und damit die Sehnsucht, mich dorthin aufzumachen.

Wie nur? Es waren etwa zehn Kilometer auf der ins Tal hineinführenden Landstraße zurückzulegen, eh' der gut dreistündige Aufstieg beginnen konnte. Ein Wagen stand mir nicht zur Verfügung, einen der Fahrer aus dem Dorf jetzt noch durchs Telefon heranzuholen, widerstrebte mir, ganz abgesehen davon, daß es zweifelhaft war, ob ich ihn würde aus dem Schlaf läuten können. Da fiel mir mein Rad ein. Rasch stieg ich durch gewölbte Gänge und über dunkle Treppen zum Kellerraum hinab, wo man es verwahrt hatte. Es hing an seinem Platz, und ich pumpte in großer Hast die Reifen auf. Dann eilte ich, mich umzukleiden. Meine schweren Bergschuhe packte ich in den Rucksack; sie würden bei dem langen und steilen Aufstieg hinderlich sein. Ich zog statt ihrer ein paar ganz leichte Birschschuhe aus Segeltuch an. Ich bin sonst ein langsamer Mensch, und auch wohlwollende Freunde, die sich durch viele Jahre daran hätten gewöhnen können, wundern sich stets aufs neue, wie lang ich brauche, um meinen Kram für einen einfachen Berggang zusammenzutragen. Aber diesmal ging mir's flink von der Hand: Rauchzeug, Patronen, Fernglas, Perspektiv, Wolljacke, Schokoladetafel, Schnapsflasche, Feuerzeug, Taschenlampe, Halstuch, Handschuhe, und damit war's geschafft. Knapp zwanzig Minuten später strampelte ich auf kotiger Straße einem kalten und starken Wind entgegen ins Tal hinein.

Gut gestrampelt! Nach einer halben Stunde schon stellte ich mein Rad in einem leeren Feldstadel ein, wischte mir den Schweiß von der Stirn und bog, den Fluß auf schmaler Holzbrücke überquerend, von der Landstraße ab, den steilen nächtlichen Aufstieg zu beginnen. Meine Heimatberge gehören zu den letzten Ausläufern der Alpenkette nach Norden in die Hochebene hinein. Es ist, als wollten sie mit besonderer Schroffheit sich von den vereinzelt vorgelagerten sanfteren Waldhügeln unterscheiden. Während in den weiter nach Süden zu im Herzen der Alpen befindlichen Hochtälern der Aufstieg bis zum Fuß der Felswände hin sich meist in gleichmäßiger, nicht zu steiler Steigung vollzieht, gilt's vom Aschauer Tal aus den Hauptteil des Höhenunterschieds schon gleich beim ersten Ansturm über jähe und felsige Bergflanken zu überwinden. So war's auch hier. Wenn ein Maultier schwer bepackt den Zugweg zur Niederalm hinaufgesäumt wird, dann spannt es den Rücken nach oben, fast wie ein abwehrbereiter Kater. Und ich mußte die Knie in einem recht spitzen Winkel anziehen, um schnell vorwärts zu kommen. Glückliche Jahre, da man solchen Aufstieg nur zeitraubend und nicht kräfteverbrauchend empfindet! In dieser guten Jugendzeit befand ich mich damals!

Die Wolken hatten sich ein wenig auseinandergezogen, an vielen Stellen gaben sie den klaren, stahlblauen Nachthimmel frei mit seinen kalt und fern funkelnden Sternen. Der abnehmende Mond war anscheinend schon über die Schneid heraufgestiegen, denn der Westhang auf der gegenüberliegenden Talseite wurde von seinem Licht erhellt. Bei mir auf dem Zugweg, der teils durch lärchenbestandene Viehweiden, teils dichtes, gut zwei Mann hohes Jungholz führte, herrschte ein wundersames Dämmerlicht, gemischt aus tiefer Nacht und indirektem Mondschein. Ich konnte, wenn ich zu kurzer Schnaufpause stehen blieb, auf die jenseitigen Berge blickend feststellen, daß es oben wirklich angeschneit hatte. Wie mit Zucker überpudert lagen Felsgehänge, Almen und ein Teil des Hochwaldes im matten Licht, wurden grau und kalt, wenn eine Wolke sich vor das Antlitz der Luna schob, um dann wieder um so heller mit goldenem Schimmer aufzuleuchten, sobald der wandernde Schatten weitergeflohen war. Nach einer halben Stunde war das erste Steilstück erstiegen, und nach links in höheres Holz einbiegend, hörte ich mit kurzem Erschrecken das laute Rieseln und Plätschern eines Wasserstrahls, das die tiefe Nachtstille jäh zerriß. Ich wußte gleich, daß es der Brunnen vor einer alten Holzerstube war, der im Schatten der morschen Blockhauswand Selbstgespräche führte.

Nur weiter, die Zeit drängt, der Tag wartet nicht auf den verspäteten Jäger! Aber dort auf der kleinen Lichtung im hohen Holz mußte ich nochmals den Schritt verhalten. Hier gaben die zwischen schweren Felstrümmern fußenden rauhen Tannen und Fichten zum ersten- und letztenmal den Blick frei hinunter ins Wiesental auf das kleine uralte Grenzdorf. Im Licht des Mondes lag es schlafend da, aber es war kein Schlaf, von dem man glauben mochte, es gäbe daraus ein Erwachen. Ich hatte die Empfindung, als stünde ich auf dem Grund eines großen und tiefen Wassers, als wäre die ganze Welt um mich her und dort unten Dorf und Kirche einmal davon überflutet worden und lägen jetzt in Vergessenheit und in ewigem Schlaf auf dem Boden des Sees.

Weiter! Eine Klamm rauschte auf, mit erregter, unverständlicher Sprache tosten ihre Wasser talab, und endlich lichtete sich der Wald und, schon weiß vom Neuschnee, ward die Fläche der Niederalm sichtbar, auf der ich zur Zeit der Hirschbrunft manche Stunde des Waidwerks erlebt hatte. Und wie zur Bestätigung, daß die Niederalm das Reich des Rotwildes sei, brach jetzt zu meiner Linken im Waldhang ein plötzlicher Lärm los. Auf meinen leisen Sohlen hatte ich einige Stück Kahlwild aus nächster Nähe überrascht. Ich sah ihre Schatten durchs Hochholz fliegen, tief erschrocken, in gewaltigen Fluchten brachen sie davon. Polternde Steine, krachende Äste, und aus der Ferne hallte dann vier-, fünfmal empört hervorgestoßen der Warnruf des Leittiers. Ich ließ den Almkaser rechts liegen, und nur ein kurzes Stück ging's über die dünn beschneite Almfläche an einer alten Linde vorbei, die in solcher Höhe ein sehr einsames, von den Baumbrüdern und -schwestern kaum verstandenes Dasein führte. Ehrfürchtig schienen die Fichten, die Lärchen und die Buchen um sie einen Halbkreis zu bilden, die in ihr Gebiet verbannte einsame Königin nicht zu behelligen und sie dennoch zu schützen.

Jetzt wurde es stockdunkel im Wald. Fünfzigjähriger Fichtenforst wehrte mit dicht ineinander verflochtenen Wedeln jeden Ausblick zum Himmel. Ich liebe dieses Walddunkel. In tiefer Geborgenheit kann man darin wandern, die Füße ertasten sich durch die dünnen Sohlen den Weg. So können nur noch die Geister zur Nachtzeit die Wälder durchschweben, keinem lebendigen Auge wahrnehmbar. Dann wurde es wieder hell, durch einen schmalen langen Windbruch führte der Zugweg seinem Ende zu. Und da erlebte ich die erste Überraschung, der heute noch einige folgen sollten. Es hatte hier oben viel stärker geschneit, als ich es vom Tal aus angenommen hatte. Knöcheltief lag, von den nahen Hochalmflächen hereingeweht, der eiskalte Pulverschnee.

Ich mußte jetzt eigentlich die Bergstiefel anziehen. Aber ein Blick auf die Uhr ließ mich von diesem Vorhaben abkommen. Seit fast zwei Stunden war Mitternacht vorüber, und um die dritte Frühstunde wollte ich am Platz sein. Denn es würde ein klarer Morgen werden. Eine letzte breite Wolkenbank schob sich schneckenlangsam gen Westen. Hinter ihr war der Himmel völlig frei. Wenn diese weiße Wand fortgezogen war, würden nur noch die Sterne und die Sichel des Mondes den Himmel beherrschen. Ungehemmt durch irgendwelches Gedünst, würde das herannahende Tagesgestirn heute sein Licht weit voraus senden. Ich war schnell heraufgekommen. Der Schweiß stand mir auf der Stirn, der Atem dampfte nur so in der Schneeluft. Aber mit einer Stunde zügigen Steigens von hier weg mußte ich noch rechnen. Also weiter! Der erhitzte Körper erschauerte nicht beim Hineinwaten in das glitzernde weiße Pulver, freute sich vielmehr der unerwarteten Kühlung. Die Schneestrecke war auch nicht lang, weiter oben im hohen Holz wurde der Weg wieder freier, und dann trat ich auf die Lichtung, auf der die alte Jagdhütte stand. Seit dem Herbst war sie kaum mehr benutzt worden. Damals ward der Revierjäger auf die andere Talseite hinüber versetzt. Er hatte hier in der Nähe einen blutigen Zusammenstoß mit Wildschützen gehabt, die über die Landesgrenze gekommen waren, und man mußte ihn der ihm geschworenen Rache entziehen. Andere Jäger halfen nur ausnahmsweise im Schutzdienst aus, und ein Nachfolger war noch nicht bestellt. Deshalb auch war ich heute allein, und deshalb hatte, als ich gestern von der Stadt aus in vorfreudiger Ungeduld das Forstamt anrief, mir niemand etwas über die Spielhahnbalz in diesem Revierteil sagen können.

Schon war ich an der kleinen, unfreundlich und grantig zwischen Schneeplatten kauernden Hütte vorbeigegangen, da zog's mich doch noch schnell zu ihr hin. Im Herbst hatten hier die Lumpen einen alten Büchsranzen an die Tür genagelt und die Pfosten mit Schweiß vollgeschmiert. Es tat not, daß der Jäger solcher Herausforderung entgegentrat. Eine Woche später lag einer der Burschen tot unter der Schneid, den Stutzen fest in der erstarrten Hand.

Durch den eingefriedeten Vorplatz trat ich leise an das verwitterte Blockhaus. Die Läden waren fest geschlossen, der kleine Blechkamin trug eine weiße Haube. Es konnte niemand darinnen sein. Aber etwas trieb mich, an die Tür zu klopfen. Erst leise, dann noch ein paarmal ein wenig verstärkt. Gespenstig hallte es drinnen im Dunkel nach. Dumpf und ausgefroren war sicher die Luft in dem kleinen Raum. Ich sah jede Einzelheit des oft benützten Innern vor mir, den Kreister mit dem Lahnerheu, den Wandschrank mit Töpfen und Geschirr, den Sesselofen mit der rostzerfressenen Platte und die blechbeschirmte Petroleumlampe. Und als ich für ein paar Sekunden die Augen zumachte, war mir, als war das alles von dem warmen kupfrigen Licht dieser Lampe erhellt und ich mitten drin, behaglich rastend und mich erwärmend. Weiter! Noch schloß sich das Himmelsgewölbe in ganz einheitlichem kalten Blau an die Kämme der östlichen Berge, noch schimmerten die Sterne im Osten genau so stark und hell wie die oben in der Kuppel. Der Tag kündigte sich noch nicht an, aber die Mitte der Nacht war schon lang vorbei. Nicht viel mehr als ein Monat trennte den heutigen Tag von Johanni, und um solche Jahreszeit hat es die Sonne eilig mit ihrer Wiederkehr. Auf steinigem Viehtrieb ging's jetzt im fußtiefen Schnee über Almen. Oben starrten dichte Nester rauhen Alpenwalds, weihnachtlich verschneit, dazwischen ragten Felsköpfe, zogen sich Schutthalden herunter, und hohe Schirmfichten standen unregelmäßig über die steilen Lehnen verstreut als die ernsten Vögte des Waldes und der Wildnis in der von des Menschen Hand gerodeten, aber nicht von ihr bezwungenen Landschaft.

Da tauchten die Sennhütten auf, bei denen der Viehpfad zu Ende ging. Ich mußte dicht an ihnen vorbei. Obwohl von den Menschen hergebaut, schienen sie genauso erstarrt wie die sie umgebende Alm. Die Dachschindeln und die darauf liegenden Steine waren vom Schnee leicht zugedeckt, die kleinen Fensteraugen tot, ohne anheimelnden Blick. Aber der Brunnen murmelte lebhaft, ganz mit seinen Gedanken beschäftigt und unbekümmert um seine Verlassenheit. Auch der starke Geruch des Kuhdüngers hatte sich frisch erhalten, als habe man erst gestern das Vieh zu Tal getrieben.

Vor den beiden Hütten stand eine eigenartige vierarmige Fichte. Die Sennen hatten in sie eine Art Hochsitz eingebaut: Ein Treppchen führte in die Gabelung starker Äste hinauf, die durch Holzbänke miteinander verbunden waren. Ein wenig von dem lustigen Leben der Almzeit, vom Klang der Zither und der Harmonika und vom zärtlichen Geflüster in warmen Sommernächten schien an diesen Bänken haften geblieben zu sein. Der Frost eines langen Winters war nicht Herr solchen Hauches geworden.

Von den Kasern weg mußte ich pfadlos weitersteigen, quer durch eine bis zur Schneid hinaufreichende Almmulde auf einen Baumgrenzwald zu, der in solcher Hochlage nur noch halbwüchsige Maße hatte erreichen können, obwohl seit urvordenklichen Zeiten nie ein nennenswerter Eingriff in seine knorrigen Fichten gemacht worden war.

Zu meiner Linken, ganz oben, unterhalb der Schneid zwischen einem Fichtenhorst und einem zackigen, von Latschen durchsetzten Kamm, hatte voriges Jahr im Spätherbst der erschossene Wildschütz gelegen. Zusammen mit Förstern und Jägern der Herrschaft hatte ich an diesem Tag auf der gegenüberliegenden Talseite, weit weg von hier also und in ganz anderen Gefilden, ein kleines Riegeln abgehalten. Als der Oktobersonne schon abendlich schräge Strahlen die Buchen und Ahorne vor dem schwarzgrünen Samthintergrund des Hochwaldes rotkupfern und gelbgolden aufleuchten ließen und wir mit der Strecke von zwei Wildkälbern und einem Gamsbock unter gutgelauntem Geplauder zu Tal stiegen, kam mir ein Bote entgegen und übergab mir einen Zettel, auf dem mir von dem Vorgefallenen kurz Kenntnis gegeben wurde. Der Beamte dieses Revierteils war auch aufgefordert gewesen, an dem Riegeln teilzunehmen. Die beiden Bögen waren groß und jeder orts- und bergkundige Schütze erwünscht. Er hatte aber gebeten, fernbleiben zu dürfen, um Jagdschutz zu machen. Weshalb ihm der so wichtig war, wußte ich damals noch nicht, auch von dem Büchsranzen und vom Schweiß an der Hüttentür hatte er nichts gemeldet. Der immer höher sich stauende Grimm über die Frechheit der Lumpen machte ihn schweigen. Kirchweih stand ein paar Tage bevor, und an diesem das ländliche Arbeitsjahr beschließenden Festtag will der Raubschütz Wildbret auf fremde Tafeln liefern oder auf dem eigenen Tisch haben. Auch der Großbauer und sein Sohn halten es nicht anders, wenn ihnen das in manchen Linien unausrottbare Wildererblut in den Adern brennt.

Damals schien auch der Mond in diese Mulde hinein, und sie war weiß vom Rauhreif. Lang vor dem Frühdämmer saß der eisengraubärtige Förster oben zwischen den Latschen. Er hatte sich gerade einen Apfel aus dem Rucksack geholt, da wurde sein Schweißhund unruhig und windete in großer Erregung gegen die Mulde hin, an deren Rand sie sich niedergelassen hatten. Dort kam einer langsam herangestiegen, statt des kecken Hütchens einen das Gesicht beschattenden breitrandigen Schlapphut auf dem Kopf. Er trug ein Gewehr im Arm, Lauf und Kolben blinkten im blauen Licht. Anruf hier, stutzen und auffahren dort, und dann gellte der Schuß aus dem 6-Millimeter-Mannlicher des Schutzbeamten und rollte über die nächtlichen Berge hin. Mit einem hellen Aufschrei sprang der Wilderer talwärts. Der andere lauschte ihm nach, hörte ihn mit dumpfem Aufschlag zusammenfallen, aber kein Stöhnen folgte dem Sturz. Es blieb ganz still … Drei Stunden später fanden die vom Förster heraufgeholten Gendarmen die Leiche eines jungen Tirolers. Seine Fernrohrbüchse hielt der Tote noch fest in den Händen. Durch den Sturz war das Magazin aufgesprungen, und die Patronen, bis auf eine, die im Lauf stak, waren herausgefallen. Ein hübscher Bursch war's mit kastanienbraunen Locken und einem gut geschnittenen, schmalen und kühnen Gesicht. Seine Augen hatten die Farbe und den Glanz von blassen Aquamarinen. Im Tod noch, ins Leere gerichtet, hatten sie einen frechen, durch nichts zu beirrenden, unbeugsamen Blick.

Um halb sechs Uhr früh war der Schuß oben am Kamm gefallen, und genau um die gleiche Stunde wurde die alte Mutter des Erschossenen von angstvoller Unruhe aus dem Schlaf getrieben. Sie versicherte ihren anderen Kindern, daß dem Sohn etwas zugestoßen sei, und gab keine Ruhe, bis der Gendarmerieposten des kleinen Tiroler Dorfes die bayerische Polizei in unserem Grenzort anrief. Auf diese seltsame Weise geschah es, daß die Meldung des zu Tal geeilten Försters den Kommandanten nicht unvorbereitet traf. Niemand soll aus der sehr verschlossenen Greisin je herausgebracht haben, wie ihr die Gewißheit, denn eine bloße Ahnung war es nicht, vom jähen Tod ihres Lieblings geworden war.

Unwillkürlich folgte mein Blick dem Weg, den die Seele des Toten genommen haben mußte, über weite Almmatten, schäumende Bäche, felsige Schluchten, ernste Wälder und steil abfallende Bergwiesen hinweg bis hinab ins Tal, in das kleine Haus, an die ärmliche Bettstatt der Mutter. Um dieser tiefen Verbundenheit der beiden Herzen willen, des heißpulsenden jungen und des müden, sorgevoll pochenden alten, möchte ich da oben einmal einen Bildstock setzen. Der soll ab und zu jemand von den dort herumsteigenden Almleuten zum Gebet rufen für die Ruhe einer Jägerseele, die so rasch, ohne letztes Vaterunser, aus dem Leben gerissen ward.

Man hatte mich benachrichtigt, weil die Polizisten abgelöst sein und heimgehen wollten. Die Leiche durfte während der Nacht nicht unbewacht liegenbleiben. Die ganze Jägerei war mit mir zusammen ausgerückt, aber niemand außer mir kannte den auf dem Zettel vom Förster gekennzeichneten Platz. Was blieb anders übrig, als daß ich selbst trotz der Müdigkeit eines mit vieler Auf- und Absteigerei verbrachten Jagdtags noch die Ersatzleute für die sonderbare Nachtwache, ausgerüstet mit Fackeln und ein wenig Proviant für sich und die Wartenden, an Ort und Stelle führte. Die Nacht brach schon herein, als ich im Tal anlangte, und nach kurzem Imbiß stiegen wir selbdritt wieder bergwärts, genau den gleichen Weg entlang, den ich jetzt hinter mir hatte. Ich traf die Gendarmen in der Jagdhütte. Wir gingen zum Tatort hinauf, und ich schaute mir den Toten an.

Ich saß eine Weile neben ihm. Nachdem die Laternen gelöscht worden waren, hatte dies Bild aus einer sich immer wiederholenden uralten alpinen Tragödie allen Schrecken verloren. Von den Nachtgestirnen friedsam beschienen, lag der Erschossene wie schlafend im Gestein. Ich dachte anderer, mit denen es ein ähnliches Ende genommen hatte, die gleich diesem das nächtliche Hinübergehen in den Jagdbann des Nachbarlandes nicht hatten lassen können. Keine Spur von Not, nur die bedenkenlose Gier nach rascher und reicher Beute trieb sie. Und die Rückflucht über die Landesgrenze sollte sie danach der Verfolgung durch rechtmäßige Hüter dieses Wildes entziehen. Ich hatte, soweit man sich dem bei menschlicher Verfehlung überhaupt entziehen kann, kein Mitleid.

Nur eines Einzigen gedenke ich zuweilen mit Rührung. Er war blutjung, und – wenn es auf das erste Anhören hin auch merkwürdig klingt – er war ein Sohn. Sein Vater war der ruheloseste und gefährlichste unter all diesen Raubschützen gewesen. Sein Schicksal hatte ihn spät ereilt; lange war der Krug zum Brunnen gegangen, eh' er zerbrach. Im Nachbarforstamt, drüben im Marquartsteinischen, kam es eines Spätherbsttages bei wirbelndem Schnee und auf weite Entfernung zum Kugelwechsel. Am übernächsten Morgen erst fand man den Erschossenen: als sei noch Leben in ihm, mit einem erschreckend wilden, haßerfüllten Blick soll er die ihn aus dem Schnee grabenden Jäger angestarrt haben. Das weiße Bahrtuch hatte seine Züge frisch erhalten, wie im letzten Atemzug. Er hinterließ eine Witwe und einen vierjährigen Sohn. Das einst schöne Gesicht der Frau war gezeichnet von ständiger Sorge, von fruchtlosem Ankämpfen und fortwährender Auflehnung gegen das Wildschützenleben des ihr zum Schicksal gewordenen Gefährten.

Sein Tod kam auch ihr nicht unerwartet, sie war nur schon zu müde geworden, ihn zu beklagen. Aber sie trug bis ins Alter die paar kleinen Schmuckstücke, in Gold gefaßte Grandeln, die der sonst so ungebärdige, vielleicht doch zu zarter Regung fähige Mann ihr geschenkt hatte. Geblieben war ihr der Sohn, ein hübscher, aufgeweckter Bub, und mit ihm wuchs ihr neue Sorge heran bis zum bittersten Leid. Siebzehnjährig kam er als Wilderer ums Leben, und auch ihn fand man nicht gleich. In der Nacht hatte er sich heimlich aufgemacht, um, wer weiß, vielleicht zum erstenmal, ins Bayerische hinüber zum Wildern zu gehen. Einen ganz versteckten, jeden nur halbwegs begangenen Alm- und Bergweg meidenden Pfad hatte er sich ausgedacht. In der Dunkelheit muß er ihn aber verloren und sich verstiegen haben, und dabei ist er dann tödlich abgestürzt.

War es nur das ererbte Blut – von der Mutter früh und angstvoll erkannt –, das ihn getrieben hatte, oder die nie schweigende, verklärende

Sehnsucht nach dem geheimnisumwobenen Vater, ein aus nur halb bewußter Sohnesliebe, die sonst keinen Anhalt fand, geborener Wunsch, es ihm gleichzutun, vor ihm, der doch vom Jenseits herübersah, zu bestehen? War's von einstigen Genossen des Toten genährter Bubentrotz, den Kampf fortzuführen? Oder gab es doch Geister? Hatte der Vater ihn gerufen, ohne Unterlaß mit einer dem Ohr nicht vernehmbaren Stimme ihm zugeraunt und zugesetzt, ihn gezogen, ihn gedrängt, ihm im Traum Bilder von Wild und verwegener Tat erscheinen lassen, ihn nachts aus dem Schlaf geweckt und ihn begleitet, weil er in ihm einen Rächer für sich heranwachsen sah, oder nur weil er mit ihm, den er so früh hatte verlassen müssen, Fleisch von seinem Fleisch, Blut von seinem Blut, die alten, im Leben oft und oft beschlichenen Wildschützenpfade noch einmal gehen wollte? Waren auf dem heimlichen Felssteig dann andere Geister dazwischen getreten, die selbst Rächer waren für irgendeine ungesühnt gebliebene Untat des Vaters? Oder war's überhaupt anders gewesen, hatte er drüben Einsicht gewonnen für das Verfehlte des eigenen Erdenweges und um dessen Wiederholung oder noch Schlimmeres zu verhüten, den Sohn schon beim ersten nächtlichen Gang heimgeholt? – Was wissen wir!? Aber wenn ich an dies junge Leben denke, greift mir etwas wie Wehmut ans Herz, obwohl ich mich sonst bei Wildererschicksalen nicht lang aufhalte.

Wie friedsam lag dies kleine Stück steiniger Bergwelt im Silberlicht vor mir, und wie viele Leidenschaften hatten es dennoch schon umkreist und heimgesucht, und wie viele Seufzer, wie viele angstvolle Gebete hatten die wiederum begleitet, wie viele Frauentränen waren darum über jugendfrische und altersgefurchte Wangen geronnen.

Meine Genossen damals wollten in die Hütte zurück, und so brach ich die Nachtwache beim Toten ab. Hundert Meter unterhalb von ihm schaute ich noch einmal zu ihm hinauf, dessen Gestalt längst nicht mehr zu erkennen und verschmolzen war mit dem Almboden und seinem Gestein.

Dann stieg ich durch die vom Mondlicht übergossenen Wälder wieder zu Tal und erreichte um Mitternacht den Wagen, der unten auf der Straße, wo heute nahebei mein Rad stand, verabredungsgemäß angefahren kam, als ich gerade über die Brücke ging. Somit hatte ich damals an einem Tag bis hin und her zum ersten und zum letzten Mal einen Höhenunterschied von etwa tausendzweihundert Metern berg- und talwärts zweimal durchmessen und die beiden voneinander entferntesten Teile des Reviers im Zeitraum von etwa zwölf Stunden aufgesucht. Um halb zwei Uhr nachts hatte ich mir dann noch ein warmes Bad bereitet, und das Plätschern des Wassers weckte den besorgten Vater aus dem Schlaf. Er war damals schon leidend und sein Schlummer nur leicht. Er kam herein, setzte sich zu mir neben die Wanne und ließ sich berichten. Er war zufrieden mit dem Sohn, der unter mühsamen und erschwerten Umständen den Guts- und Jagdherrn richtig vertreten und die Jägerei in ernster Stunde nicht im Stich gelassen hatte. Es beruhigte ihn, aus diesem Vorfall schließen zu können, daß es nicht nur ungezügelte Leidenschaft war, was mich immer wieder in die Berge trieb. Und ich war glücklich, das aus seinen Fragen herauszuhören. So fand dieser an Eindrücken und Anstrengungen reiche Tag damals für mich noch einen gesegneten Ausklang.

Der Alpenwald mit den flechtenbehangenen Zwergfichten war durchquert. Ich hatte den unteren Rand der Sulzingalm erreicht und Einblick in ihren schmalen Kessel. In tiefem Frieden lag er vor mir, von den Gestirnen matt beglänzt. Wieder befragte ich die Uhr, ob ich mir hier eine kurze Rast gönnen durfte. Ich war gut vorwärts gekommen, obwohl der jetzt bis zur halben Wade reichende Neuschnee meiner Eile ein unerwartetes Hemmnis gewesen. In etwa zwanzig Minuten konnte ich unschwer den kleinen Schopf aus Latschen und zerzausten meterhohen Fichten erreichen, der am jenseitigen Abhang nahe der Schneid jetzt schon zu erkennen war. Von dort aus hatte der alte Oberförster Schrobenhauser, der starb, als ich noch ein Knabe war, schon seine Berghahnen geschossen. Die Sulzingalm war sein Spielhahnrevier. Niemand außer ihm durfte zur Maienzeit hier oben waidwerken. Nur die letzten Jahre seines Lebens mied er den bewährten Lieblingsplatz aus einem recht sonderbaren Grund. Es war dem Treffsicheren ganz gegen seine Gewohnheit vorgekommen, daß er seinen Schneidhahn, als ersten seit vielen Jahrzehnten, glatt fehlte. Von da ab war ihm die Sulzingalm verleidet. Solch eigenhändige Verletzung seines überspannten Jägerstolzes und die Angst, alt und unzulänglich geworden zu sein, hatten ihn tief vergrämt.

Ich breitete den Wettermantel über einen schneebedeckten Felsblock, setzte mich nieder zu kurzer Rast und brannte mir eine Zigarette an, sie mit tiefen Zügen genießend. Mein Blick wanderte weit ins verschneite Gebirg hinein, hinüber zum Balzplatz, zur langen, niederen Sennhütte und schließlich hinauf zu den Sternen. Der Nachthimmel im Osten erblaßte jetzt kaum merklich. Der Sternenschein von dorther wurde matt, und lichteres Blau säumte schon die Schneid. Der Tag nahte und mit ihm die zauberische Zwielichtstunde des Kleinen Hahns. Nach zehn Minuten erhob ich mich wieder und packte das letzte Stück des Aufstiegs an. Es war kurz, aber höllisch steil. An- und Auslauf dieser Nachtwanderung waren in der Hinsicht einander gleich, und ich mußte nochmals alle Kräfte zusammennehmen, um so wie in der ersten auch in der letzten halben Stunde vor dem herannahenden Morgen und den unaufhaltsam kreisenden Zeigern der Uhr zu bestehen. Ich ahnte, während ich in den Kessel schräg aufwärts einstieg, freilich nicht, wie sauer mir diese letzte Strecke werden sollte. Ich mußte eine sehr tiefe und dadurch schattige und zur Winterszeit ungeheuer schneereiche Mulde von etwa dreihundert Schritt Breite queren. Metertief lag in ihr noch der alte Schnee und trotzte hier bis in die Mitte des Sommers hinein. Die Stürme der letzten vierundzwanzig Stunden hatten die fest zusammengefrorenen Platten mit beinah knietiefem Neuschnee bedeckt.

Mit der Kante eines groben Nagelschuhs wär's nicht schwer gewesen, durch den frischen Pulverschnee hindurch sich schrittweise Treppen in die vereiste Unterlage zu treten. Mit den dünnen Sohlen meiner Segeltuchschuhe war das aber unmöglich, und schon beim ersten Tritt in die Mulde hinein glitt ich aus und konnte mich nur mit dem schnell eingesetzten Bergstock vor dem Abrutschen bewahren. Eine Fahrt in die Tiefe wäre hier gar nicht harmlos gewesen. Über gut hundert Meter solch unfreiwilliger Rodelpartie erreicht man eine bedeutende Geschwindigkeit. Das Schneefeld lief oberhalb von haushohen Wänden aus, zu deren Füßen sich ein wildes Getrümmer zu Tal gegangener Felsbrocken gehäuft hatte. Wieder erwog ich, rasch die Beschuhung zu wechseln, aber meine Ungeduld und die jetzt aufsteigende Angst, zu spät zu kommen, ließen's nicht zu. Immer wieder sandte ich den Blick gen Osten, immer mehr fieberte es mir in allen Sehnen, nicht um den Preis des langen Nachtweges betrogen zu werden. In durch das ständige Rutschen erzwungenen grotesken Sprüngen, fast mehr den Bergstock als die Füße benützend, schlitterte und tastete und schnellte ich mich vorwärts. Dabei verlor ich an Höhe, gewann aber schließlich eine aus der Schneefläche herausragende felsige Rippe, auf der ich nun steil nach oben sicheren Tritts den Aufstieg fortsetzen konnte. So kam ich an eine Stelle, an welcher der noch zu überwindende Teil des Schneefeldes wesentlich schmäler war als auf der ursprünglich gewählten Höhe. Mit äußerster, beinahe verzweifelter Anstrengung überwand ich – ohne, daß ich heute noch recht sagen konnte, wie – die hier besonders steilen Eisplatten und atmete glücklich auf, als ich endlich wieder den nur mit Neuschnee bedeckten Almboden unter den Sohlen spürte.

Ich hatte viel Zeit verloren. Keuchend, im Eilschritt, erklomm ich das letzte Stück zum Latschenhorst hinauf, zwängte mich durch die weiß bestäubten Nadelquasten bis zu einer kleinen Fichte vor, unter deren dicht verfilztem Schirmgeäst sich der bequeme flache Felsblock befand, den ich mir vor Jahren und vor mir vermutlich schon so mancher andere Waidgeselle sich als Sitz in diesem natürlichen Schirm ausgesucht hatte. Ich dampfte am ganzen Körper, unablässig rann mir der Schweiß über Stirn und Wangen, ich mußte jetzt verschnaufen, ich konnte an nichts anderes denken als an Atemholen und Rasten. Diese letzte Kraftanstrengung hatte für eine Weile alles aus mir herausgeholt.

Ich mochte, mit geschlossenen Augen vor mich hindämmernd, schon gute zehn Minuten so zusammengesunken auf dem Stein gekauert sein, und mein Atem hatte sich wieder beruhigt, als ein eisiger Windstoß mich daran gemahnte, daß es hier nochmals Winter geworden war und die weißen Berge ringsum nichts von den lauen Lüften des späten Wonnemonds zu ahnen schienen. Seit etwa anderthalb Stunden war ich mehr oder minder strumpfsockig im Schnee herumgewatet. Meine Kniestrümpfe waren durchnäßt, die leichten Schuhe mit Eiswasser getränkt. Der Morgen, der solch aufgeklarter Schneenacht folgt, bringt auch zu fortgeschrittener Jahreszeit in Hochlagen spürbaren Frost. Ich durfte so nicht sitzenbleiben, wenn ich mir nicht die Füße erfrieren wollte. Aber, was sollte ich tun, da ich keine Ersatzstrümpfe mitgenommen hatte? Es fiel mir sehr bald eine Lösung ein. Ich zog Schuhe und Strümpfe aus, umwickelte die nackten Füße mit der Wolljacke, zog den Rucksack darüber und schnürte ihn unterhalb der Knie zu. Vorher hatte ich mir noch ein paar Daxen (Fichtenzweige) abgeschnitten und damit meinen steinernen Sitzplatz bequemer gemacht. Eng in den Mantel gehüllt, mit fest geknotetem Halstuch ließ es sich so schon eine Weile aushalten. Der Mond hatte bisher nicht ohne Erfolg das heraufdrängende Tageslicht bekämpft. Aber jetzt war der Himmel hinter der Schneid rötlich gefärbt, und die Sternpunkte darüber im aufgelichteten Blau waren klein und blaß geworden. Die Stunde des Zwielichts war da, in dieser verschneiten Landschaft von ganz besonderem blaudämmerigem Zauber. Dies sah und empfand ich noch, dann fielen mir, übermüdet, wie ich war, erneut die Augen zu, und das Kinn sank mir gegen die Brust, um aber ein paar Minuten später schon wieder jäh in die Höhe zu fahren.

Links drüben, irgendwo am Rand der dort die Schneid überwuchernden Latschen, hatte der Hahn geblasen und blies wieder und wieder und abermals, um dann lang zu verschweigen. Da konnte ich's nicht lassen und blies ihn an, nicht ohne vorher die Büchsflinte entsichert zu haben. Gleich kam die Antwort und gleich nach der Antwort ein langgezogenes Zischen und metallisches Schwingenschwirren. Jetzt sauste es über meinem Kopf durch die Luft, kam so nahe, daß ich meinte, der Hahn würde auf der kleinen Fichte zu meinen Häupten aufbäumen. Er hatte aber einen scharfen

Bogen über mir geschlagen und mit erneutem stählernen Klirren der Flügel, schneeaufwirbelnd und unverzüglich das Spiel breitend, fiel er am oberen Rand der steil vor mir aufsteigenden Wächte ein. Wie ein großer Nachtfalter flatterte er mit bösem Zischen in den blassen Himmel hinein und setzte im abermals stäubenden Schnee wieder auf. Das vollführte er ein halbes dutzendmal, bis er langsam, erst unsicher und girrend, dann immer tiefer und klangvoller werdend, zum Kollern ansetzte. Der Hals schwoll ihm gewaltig, und um mich her zitterte die ganze Luft und schwang von seinem unvergleichlichen Lied. Er trippelte mit so schnellen winzigen Schritten auf der Wächte hin und her, daß es den Anschein hatte, als würde er von unsichtbarer Hand gezogen und liefe auf Rollen, statt auf den kleinen, mit rauhen Balzstiften bewehrten Hahnenfüßen. Immer mehr versenkte er sich in seinen Gesang und verzichtete aufs kampfbereite Sichbehaupten durch Blasen und zornig fauchende Luftsprünge. Gegen den Frühhimmel sah ich deutlich seine kaum glaublich langen krummen Federn, sie hoben und senkten sich und zitterten mitschwingend im Lied.

Ich hatte nicht aufs Schießen vergessen. Solch nächtlicher Gang will seinen Preis, will seinen Heimweg mit diesem Farbenwunder von Beute, das man immer wieder, ohne des Anblicks satt zu werden, gegen die Sonne heben kann. Ich wollte schießen und wollte damit auch nicht zu lange warten. Denn jeden Augenblick dieses ungewöhnlich klaren Morgens konnte es geschehen, daß irgendwo eine Henne zu locken begann und den Sänger zu sich rief oder ihn im sanften Vorübergleiten mitnahm.

Aber die Schneid war etwa neunzig Schritt weit von mir entfernt. Ganz gegen die Gewohnheit der Sulzinghähne war dieser eine nicht unterhalb der Wächte eingefallen, um balzend sich dann immer höher hinaufzubewegen und erst zur Sonnenbalz ganz oben auf ihrer Plattform zu landen. Vermutlich hatte der Sturmwind die Schneid vom Neuschnee freigeweht, der diesen kleinen Sichelträger bei all seinem inneren Feuer mehr zu stören schien als mich während der letzten zwei Stunden. Der Büchslauf meines Stutzens schoß haargenau hin, und ich getraute mich, auf die Entfernung bis zum Hahn hinauf, jedes Fünfmarkstück zu treffen. Aber für einen Kugelschuß langte das Licht noch nicht ganz, und überdies stand der Hahn in so vollfeuriger Balz, daß er sich kaum eine Sekunde ruhig verhielt.

Noch ein paar Mal versuchte ich, ihn anzublasen. Er unterbrach dann sein Krugeln, flatterte senkrecht empor, fauchte und blies und girrte kampfbereit. Undsobald er den Erdboden wieder berührte, drehte er sich dem immer goldener werdenden Frühhimmel zu, zeigte mir seine alles Jagdfieber entfesselnden langen Sicheln rechts und links des steil emporgespreizten weißen Unterstoßes, der mit dem Schnee zusammenzufließen schien. Immer wieder prüfte ich das Abkommen. Die Umrisse des Hahnes waren allmählich klar geworden, aber er stand nicht am äußeren Rand der Wächte, sondern stets ein, zwei Handbreit von ihr entfernt auf der oberen ebenen Fläche. Ich sah den Rücken, ich sah das Spiel, ich sah den geblähten, wie in gewaltiger Anstrengung zitternden Kragen, den halb offenen Schnabel und die hochgeschwellten Balzrosen. Aber die weiße Flügelbinde, neben die hin ich meine Kugel setzen mußte, war fast ständig verdeckt.

Jetzt brannte der ganze Osthimmel rotgolden hinter der Schneid, und überall lag rosiges Erglühen auf Kämmen und Gipfeln. Jetzt mußte es endlich zu einer Lösung kommen, denn zur Sonnenbalz würde der Hahn sich wahrscheinlich überstellen, und auf diesen sichtigen Schneeflächen ihn anzubirschen, war ziemlich aussichtslos. Nochmals blies ich ihn an. Und nun schien es gelingen zu wollen. Ein zorniger Flattersprung trug ihn an die vorderste Kante der Wächte. Nicht zu fehlen in seiner ganzen Größe, hob er sich vom Himmel ab und hielt kurz verschweigend Ausschau nach dem lästigen Nebenbuhler.

Und da geschah etwas, was nur der erfahrene Kugelschütze mir wird nachfühlen können. Es ging mir, wie der Bergjäger sich ausdrückt, nicht gleich der Finger. Wohl stand der Stachel des Fernrohrs in Allermitte der schwarzen Brust, wohl lag der Finger am eingestochenen Abzug, aber der leichte Druck, der den Schuß lösen sollte, war zu zaghaft. Der Abzug wollte nicht nachgeben, und der Finger wollte nicht weitergehen, und da hatte der

Hahn sich auch schon wieder gewendet und in Bewegung gesetzt, krugelnd lief er am Rand der Wächte entlang, blieb nicht mehr stehen, wandte sich abermals gen Sonnenaufgang, und jetzt war's wieder wie die ganze Zeit vorher. Ich sah nur noch die Spitze des Spiels, den Rücken und das Köpfchen mit den lebhaft glühenden Rosen. Tief enttäuscht sicherte ich, setzte die Waffe ab und ließ den Stecher wieder ausspringen.

Ich begann am Erfolg zu zweifeln. Aber noch balzte der Hahn ja vor mir auf knappe Büchsenschußweite, noch konnte es gelingen. Und wieder blies ich ihn an. Und wieder bolzte er mit metallischem Schwingenschlag senkrecht gen Himmel und hörte dann plötzlich zu balzen auf. Ich glaubte nicht, daß er etwas spitzgekriegt hatte. Die Zeit der Pause war gekommen, der seltsamen Stummpause zwischen Frühbalz und Sonnenbalz, des Verschweigens vor dem immer wieder alle Kreatur überwältigenden Erlebnis der heraufkommenden Sonne. Ich lag im Anschlag und tastete mit dem Zielstachel des Fernrohrs das winzige Fleckchen Leben ab, das der Hahn mir zeigte, und kam, soviel ich auch suchte, zu dem Ergebnis, daß sein kaum fingerstarker Stingel innen im dichten Halsgefieder kein Ziel für eine sichere Kugel sei. Das kleine, rosengekrönte Köpfchen zu zerschießen, war eine Vorstellung, die mir gegen das Gefühl ging. Und weiter war nichts vom Hahn zu sehen, nichts sonst gab die deckende, sicherlich hartgefrorene Schneekante frei.

Jetzt blies er, ein wenig müde schon, mehr in Erinnerung, als summe er die vorher so oft gesungene Weise noch einmal nach, und dabei schob er sich einen halben Hahnenschritt auf mich zu. Da legte ich alle zögernden Bedenken beiseite. Ohne leisestes Zittern stand das Abkommen mitten im schwarzen Kragen, mitten drinnen, unbeirrt vom rechts und links sich plusternden Gefieder, dort, wo die zwei Zentimeter Leben saßen. Hier war die Mitte des Talers, die ich treffen mußte. Und diesmal ging der Finger. Ein schwacher Knall nur schlug in die kalte feierliche Vorsonnenfrühe. Und der Hahn oben kippte um und war verschwunden. Eine einzige kleine schwarze Feder sah ich gegen den Himmel dicht über der Wächtenkante zur Seite schweben. Tief atmete ich auf, und mit dem Atem zog mir tiefer Jubel in die Brust. Er war also gelungen, dieser Glücksschuß! Ich hätt' mir's nicht verübelt, wenn die Vollmantelkugel nur Federn gefaßt haben würde.

Langsam lud ich die Büchsflinte nach. Langsam zog ich die Füße aus dem Rucksack und schlüpfte wieder in die nassen Strümpfe und dann in die schweren Bergstiefel. Ich verstaute meinen Kram, erhob mich und stieg, vom langen Sitzen steif geworden, die achtzig Meter zum Grat hinauf. Ich mußte ein wenig nach links ausbiegen, denn an der Stelle, wo der Hahn gestanden hatte, fiel die Wächte sehr steil und eisig ab und wäre nur mit Mühe zu erklimmen gewesen. Jetzt hob ich den Kopf über den Wächtenrand. Das Licht der eben aufgehenden Sonne brannte mir blendend entgegen. Alles ringsum war in kupferrotes Feuer getaucht. Ich wandte den Blick dahin, wo der Hahn verschwunden war, dort lag er, etwa fünf Meter von mir entfernt, zusammengesunken, so wie er dagestanden hatte. Das Spiel war nur schwach gefächert und flappte leise im Frühwind, der Kragen lag der ganzen Länge nach wie hingeschmiegt auf dem Schnee, nur die Rosen erschienen mir merkwürdig klein, als ob sie eingesunken wären. Und war nicht noch – jetzt zog es mir das Herz in plötzlichem Schrecken zusammen – war nicht noch Leben in seinem weit offenen Auge? Wie es dann kam, weiß ich nicht mehr. Aber auf einmal war mit einer blitzschnellen, unbeschreiblich gewaltsamen Bewegung und einem polternden, schwirrenden und klirrenden Lärm der Hahn abgestrichen. Aber das war doch ganz unmöglich!

Er mußte ja sofort wieder fallen, er mußte teilweise gelähmt sein oder zumindest sehr viel Schweiß verloren haben! Es gab doch keine Betäubung bei einem Schuß durch den Stingel. Ich entsinne mich heute noch genau, daß es mir zum Bewußtsein kam, meine 7-mm-Kugel müsse beinahe den halben Hals zerstört haben, wenn sie ihn, worüber kein Zweifel bestand, getroffen hatte.

Ich hatte das Glas an die Augen gerissen und verfolgte den in windender Fahrt abstreichenden blaublitzenden Hahn. Er war kerngesund. Unten über der Niederkaseralm senkte er sich eine weite Strecke im Gleitflug.

Schon stieg erneute Hoffnung in mir auf, schon malte ich mir die schwierige Suche auf der gut sechshundert Meter entfernten steinigen Alplichtung aus, da regte er wieder die schimmernden Schwingen, hob sich höher und höher. Himmelte er jetzt, um doch noch herabzustürzen? Nein, er schwenkte ab und weit, weit drüben auf nahezu zweitausend Metern Entfernung sah ich ihn in einem Latschenfeld am Osthang des Geigelsteins untertauchen.

Es scheint, daß unser Herz in solchen Augenblicken starke Abwehrkräfte bereit hat, um den jähen Sturz aus der Höhe des Glücks ertragen zu können. Ich glaubte, als ich aus einer Art Erstarrung erwachte, erst ein paar Sekunden lang verzweifeln zu müssen. Und dann überkam mich mit einem Mal eine große, allen Jammer mit sich fortreißende und versöhnende Heiterkeit.

Krellschuß auf einen Spielhahn! Das werden nur wenige Jäger erleben. Meister- und Glücksschuß ohne Glück. Aber der Meisterschuß blieb, den konnte mir keiner nehmen. Und daß dies schöne Geschöpf, dieser Sänger des heraufziehenden Tages und vollendeten Frühlings nun noch am Leben war und weiter sein Lied singen würde – war's wirklich so schlimm?

Ich ging an den Anschuß. Er war kaum zu finden. Ein paar winzige schwarze Federfasern und zwei sehr kleine Halsfedern lagen im Schnee und daneben, doppelt so groß wie ein Stecknadelkopf, ein Tropfen Schweiß, der nur noch ganz blaß wie ein rosiges Blättchen anzusehen war.

Während ich, das Hineinrollen des Sonnenwagens in den weiten freien Himmel dankbaren Herzens genießend, in den Latschen an der Schneid saß und schließlich meinen Morgentabak in Brand setzte, hatte ich mir längst einen Reim auf dies unglaubliche Erlebnis gemacht. Drei Gramm Pulver waren abgebrannt hinter dem schlanken Geschoß, das mit unvorstellbarer Fluggewalt den muskelzähen Hals des Hahnes gestreift hatte. Dieser Schlag konnte ihn schon zu Boden schleudern und für mehrere Minuten betäuben. Vermutlich hätte ich ihn greifen können und wäre er mein gewesen, wenn ich, wie hundertmal in anderen Fällen, gleich nach dem Schuß zur Beute hingeeilt wäre. Aber welcher christliche Jägermensch hätte noch einen Zweifel hegen können, einen verendeten Hahn auf der Wächte vorzufinden, wenn er kein anderes Ziel als den oberen Teil des Kragens freigehabt und ihn auch getroffen hatte?! Wenn es möglich gewesen wäre, diesen Schuß hundertmal so zu wiederholen, dann wären die meisten Kugeln wahrscheinlich vorbeigeschwirrt oder hätten höchstens ein paar Federn mitgenommen, einige wenige hätten den Stingel getroffen und den Hahn sofort getötet, aber nicht eine von hundert Kugeln hätte so gewirkt wie gerade die eine, die allereinzige, die auf dies Ziel wirklich versendet worden war.

Ich konnte getrost sein. Solchem Zufall ist kein Meister der Büchse gewachsen. Ich durfte mir einen kleinen Latschenbruch brechen, ihn durch das blasse Schweißtröpflein am Rand der Wächte ziehen, meinen Hut damit zieren und zu Tal steigen in den strahlenden Morgen hinein, um einen Hahn betrogen, den ich mir vielleicht doch noch holen würde, aber mit einem Erlebnis beschenkt, das ich nie wieder machen würde, mein Leben lang, und wenn mir noch hundert Waidmannsjahre beschieden sein sollten.

Auf der Niederalm

Mein Vater ist der nobelste Jagdherr gewesen, der mir zeit meines Lebens begegnet ist. Und er war dieser noble Jagdherr nicht nur von der Mitte seines Lebens ab, zu welcher Zeit ihn ein ständig sich steigerndes Asthmaleiden nötigte, das Jagen im Hochgebirg aufzugeben, sondern schon in seinen jungen Jahren, da er noch freudig und mühelos in seinen großen Revieren umhersteigen konnte als wählerischer Jäger und sehr sicherer und weithin treffender Kugelschütze.

Sechs Jagdhütten mit den dazugehörigen Revierbeamten standen alljährlich der Schar seiner Gäste zur Verfügung, und während der drei Hirschbrunftwochen gingen außer den Jägern und Trägern auch die Kutscher und Diener, der Küchenchef und die einkaufende Beschließerin darin auf, eine bedeutende Anzahl von Jagdgästen sowohl im Schloß zu betreuen als auch ihre Bergfahrten und Hüttenaufenthalte allseitig sicherzustellen. Auch mir, dem Sohn, war er ein großzügiger und gütiger Jagdherr, und als ich der Schule entwachsen war, durfte ich, ganz gleich zu welcher Zeit des Jahres, meine Jagdzüge unternehmen, wohin ich nur wollte.

Nach dem Ersten Weltkrieg aber hatte sich das Revier verkleinert. Wir teilten uns in die Abschüsse mit einem für mich ebenso grundgütigen und verständnisvollen Jagdpächter, und da nun eines Jahres in der Hirschbrunft von beiden Seiten mehr Jagdgäste zusammenkamen, als ursprünglich beabsichtigt gewesen war, blieb für mich von den Hauptplätzen der Brunft keiner mehr offen. Ich mußte mir an den Rändern des Reviers, wo das Rotwild vereinzelter seine Fährte zog, wo auch keine recht komfortable Unterkunft zur Verfügung stand, einen Platz suchen, um die drei Wochen, auf die sich der Bergjäger das ganze Jahr über freut, mit einigem Behagen und genügender Aussicht auf Erfolg hinbringen zu können. Ich tat es gern, eingedenk aller Freiheiten, die mir des Vaters Güte Jahr für Jahr eingeräumt hatte, und ich hatte mich auch bald für einen Bereich entschlossen, wo ich niemanden stören, wo aber auch mir niemand in die Quere kommen würde.

Weit hinten im Süden des Reviers, sehr nahe der Landesgrenze, lag eine kleine Alm, die ich jetzt, da ich davon erzähle, die Niederalm nennen möchte. Von der Landstraße, die unten dem Tal entlang nach Tirol hinüberführt, stieg man in einer guten Stunde hinauf durch den dichten Wald, mit wenigen kurzen Ausblicken aufs Tal, auf ein kleines Grenzdorf, um dessen Kirchturm sich die Häuser lieblich und heimelig scharten, durch eine ziemlich weite und nicht allzu schroffe Schlucht, und wenn man schließlich an den Rand der Alm gelangte, dann fiel einem zuerst eine prachtvolle Linde auf, die irgendein sinniger Almbauer vor mindestens einem Jahrhundert gepflanzt oder sie, wenn ihr Same von fern her angeflogen war, rechtzeitig und liebevoll vor seinem Almvieh in Schutz genommen hatte.

Zur Rechten drüben über der Schlucht lief auf halbem Hang die Landesgrenze, von der her, zur damaligen Zeit wenigstens, jagdlich nicht viel zu erwarten war. Es gab dort wohl ein paar dichtbewaldete, ganz unzugängliche Felsenköpfe, um die herum sich während des Sommers ein paar alte Gamsböcke aufhielten und sich vor den die Grenze nicht immer achtenden nachbarlichen Büchsenrohren durchzuschwindeln verstanden. Einzelne, oft sehr starke Rehböcke blieben in den wild verwachsenen erlenreichen Schlägen jahrelang unentdeckt, und im Sommer war wohl auch ab und zu ein Kälbertier dort zu fährten oder gar ein kleines Rudel Kahlwild zu sehen. Aber im großen und ganzen zog es das Rotwild mehrere Kilometer nach Norden, dorthin, wo die letzten Ausläufer der Hochalpen ins Voralpengebiet übergehen, wo Almen und hochgelegene Wiesen die erwünschte reichere Äsung, wo geschlossene Jungwälder und Altforste den richtigen dunklen Einstand gewährten.

Zur Linken, also gegen Norden, begrenzte hoch über der Niederalm ein mehr als tausend Meter sich hinziehender Kamm, eine richtige Schneid, das jagdliche Wirkungsfeld der vor mir liegenden Wochen. Mehrere Almen zogen sich bis zur Schneid hinauf, riesige zusammenhängende, nur da und dort von felsigen Waldstücken durchsetzte Weideflächen. Zur Sommerszeit tönte von Käser zu Käser fort und fort das Jodeln der Almleute in nicht enden wollender Kette und Verschlingung über sie hin, sobald der Jäger sich irgendwo sehen ließ. Aber nur zum geringeren Teil bedeutete dies ein freudiges Begrüßen, weit mehr war's als Warnung für die sich etwa an der Landesgrenze herumdrückenden Tiroler Wildschützen gedacht.

Schwach eine Wegstunde oberhalb der Niederalm stand am Rand eines kleinen, suhlenreichen Hochmoors eine Schutzhütte mit herrlichem Ausblick in die Tiroler Berge. Aber es war nicht ratsam, sich während der Hirschbrunft dort einzuquartieren. Ein Freund der Natur, ein sinniger Bergwanderer und kluger Forstmann, hatte es vor vielen Jahrzehnten veranlaßt, daß gerade auf diesem für den Jäger so wichtigen Platz eine Hütte erbaut wurde. Ein Waidmann hätte es sicher anders gemacht, hätte diese Lichtung sicher unberührt gelassen, die den letzten Ausläufer eines weiten Almgebietes in groß zusammenhängende, dichte Jungwälder darstellte, und hätte sich irgendwo ein wenig abwärts eine Bleibe errichtet, von der aus er sich am Abend und Morgen mit gutem Wind an diese Blöße und die sich daran anschließenden fünf Almen hätte vorschieben können.

Das war nicht nur meine Weisheit, sondern ich hatte sie vom alten Drixl, der, zu damaliger Zeit ein Achtziger, nur noch von der Ofenbank oder von der Bank vor seinem kleinen Bauernhaus aus die Berge sah, in denen er mehr als sieben Jahrzehnte lang zu allen Jahres- und Tageszeiten herumgestiegen war. Er war kein richtiger Berufsjäger im heutigen Sinn, sondern das, was man in früherer Zeit einen Reisjäger nannte. Für geringen Sold und die Erlaubnis, ab und zu einen Rehbock, einen Spielhahn oder gar ein Gams zu schießen, hatte er neben der Bewirtschaftung seines kleinen Anwesens den Jagdschutz an dieser von jeher recht unsicheren Grenze ausgeübt, hatte auch hie und da einen Gast geführt, an den herbstlichen Riegeljagden teilgenommen und eine große Anzahl von Füchsen und Mardern gefangen oder sonstwie erlegt und als junger Bursch den letzten Adlerhorst oben in den Zinnkopfwänden ausgenommen. Ihn hatte ich, als ich mich für mein diesjähriges Brunftrevier entschlossen hatte, aufgesucht und mich von ihm beraten lassen, denn – und das war für mich eine besondere Lichtseite dieses neuen Unternehmens – ich wollte allein, ganz ohne Führung und Begleitung, ins Revier hinaufsteigen. Der Schutzbeamte dieses Teiles unserer Jagd hatte andere Gäste zu führen, und die Begleitung eines Forstbeamten, der überdies viel Arbeit versäumt hätte, nahm ich nicht in Anspruch.

Der auch schon grauhaarige Eidam des alten Drixl, der Michl, sollte mir den Träger machen, was zu bedeuten hatte, daß er am Vormittag um neun Uhr auf die Alm hinaufkommen, Post und Proviant bringen, abspülen und Holz spalten mußte, um dann noch ein wenig mit mir zu plaudern und um zwei Uhr wieder ins Tal hinunterzusteigen. Ein zweiter Träger mit einem Tragtier stand für den Tag des Aufstiegs zur Verfügung. Diese Aussicht, allein sein zu dürfen, begleitet und bewacht nur vom alten Vasco, einem hannoverschen Schweißrüden, war für mich vor allem erfreulich, denn damals liebte ich die Einsamkeit, auf jene Weise, die alle Liebe besonders glücklich macht, nämlich ohne es bewußt zu empfinden.

Es waren zwei gemütliche Stunden, die ich mit dem alten Drixl zusammen ein paar Tage vor Michaeli in seiner niedrigen Wohnstube, über deren Wände sich der in Töpfen gezogene Efeu rankte, beim Rauch der Pfeife und vor einer großen Kaffeetasse zubrachte. Da, wo die nicht eben zahlreichen, aber dennoch die ganze Stube beherrschenden Trophäen seines langen Jägerlebens an der Wand hingen, war der Efeu fein säuberlich ausgeschnitten oder beiseite gebunden und gab die Krucken und die Kronen und die Geweihe frei, deren Hirnschalen zum Teil schon die rötlichbraune Farbe der gedrechselten Kirschholzschilder angenommen hatten, auf die sie aufgesetzt waren.

Der Drixl hatte erzählt. Was wußte er doch alles zu erzählen, langsam, mit bedächtigen Worten, aber angenehm dahinfließend. Schließlich gab er mir den Rat, die Jagdhütte zu meiden und auf dem Herrenkaser der Niederalm Quartier zu nehmen. Da sei es »komod«, die Schlafkammer sei sogar getäfelt, denn in alter Zeit habe diese Alm zu einem Kloster gehört, welches

Auf der Niederalm

drüben im Tirolerischen lag, und sei schließlich einmal von einem Aschauer Schloßherrn den Mönchen gegen ein Waldstück in der Grafschaft Kufstein abgetauscht worden. Der Abt und der Cellarar sollten dort öfter genächtigt haben. Gut zum Hausen sei es da oben, den weideberechtigten Bauern müsse es auch recht sein, und ich würde, wenn auch nicht gleich in den ersten Tagen, aber ich würde schießen, etwas Ausnahmsgutes sogar, denn das Gute und Alte und Überreife sei immer dort oben herum irgendwo im Oktober zu finden gewesen, weil es auch in der Brunft seine Ruhe haben und nicht belästigt sein wolle von den lauten jüngeren Nebenbuhlern, die doch nur dem Jäger Wechsel und Einstand verraten.

Und wenn erst die Almleute abgezogen sind, dann kommt kein Mensch mehr in dieses Gebiet. Starke alte Gamsböcke sind da an schönen Tagen stundenlang auf schattigen Plätzen, oft sogar auf ganz freier Almfläche niedergetan und gar nicht mehr heimlich, gerade als ob sie wüßten, daß sie jetzt niemand stören würde. Ich sollte sie mir nur genau anschauen, es wäre mancher darunter, den man zu keiner andern Jahreszeit, selbst in der Brunft nicht, zu Gesicht bekommt und der auch jetzt schon, in der Feiste, eine Kugel wert ist. Und sollte wirklich irgendwer des Weges kommen, dann müßte ich ihn genau visitieren; von dreien, die da im Spätherbst herumsteigen, sind zwei mit Sicherheit Lumpen, die den Abschrauber im Rucksack versteckt haben. Und nicht beirren lassen, wenn kein Hirsch schreit, die Fährten studieren und an den Suhlen nachsehen und früh und abends am Niederalmköpfl sitzen und beobachten. Nach ein paar Tagen weiß man dann so ziemlich, was los ist, und kann es richtig anpacken.

So belehrt und ermahnt und gesegnet, verließ ich schließlich den Patriarchen und fuhr wieder nach Hause durch den goldenen Septemberabend voll Kuhglockengeläut, voll Schnarren später Grillen und dumpfen Birnenfalls ins kurze frühlingsgrüne Gras der Obstgärten rings um die schon dem Winter entgegenrüstenden Höfe.

Wollte ich jetzt auch noch davon erzählen, was alles ich während der nächsten Tage vorzubereiten hatte, mit der Auswahl von Gerät, Konserven,

Früchten, Flaschen, Tabaken und Büchern, alles schon seit Monaten angeschafft oder ausersehen für die drei Wochen der Hüttenzeit, dann kämen wir heute wohl nicht mehr zu ihnen, denen all diese Zurichtungen galten, zu den Hirschen rings um die Niederalm.

Es kann nichts fehlen, hatte mir der Drixlvater gesagt, aber wahrscheinlich hatte er an eins nicht gedacht, nämlich an die Laune des Wetters. Denn als ich unten auf der Landstraße aus dem Wagen stieg, da sah ich sein nicht allzu fern liegendes kleines Haus kaum mehr vor lauter Regenschleiern, und die vor Nässe triefenden Pferde taten mir leid, und zugleich freute ich mich für sie, daß sie dem warmen Stall, dem trockenen Stroh und der vom Stallburschen inzwischen gefüllten Marmorkrippe über eine gute halbe Wegstunde wieder zutraben durften. Ich selbst stieg schwer bepackt bergwärts, dem vorangegangenen Michl und dem Knecht mit dem Tragtier folgend. Durch die Lücken im Wald sah ich das Dorf nicht liegen, so wie ich mir's vor drei Tagen, als ich vom Drixl heimwärts fuhr, ausgemalt hatte. Die Linde am Rand der Niederalm troff und tropfte vom Regen und hatte aus ihrem eigenen Fallaub schon einen goldenen Teppich um sich gebreitet, und der Herrenkaser, sein stattlicher Küchenraum sowie das jahrhundertealte getäfelte Schlafgemach des Cellarars waren erfüllt von beißendem Holzrauch.

Der Knecht schaute, daß er mit seinem Muli bald wieder hinunterkam. Der Michl half mir gutwillig und durchaus nicht so unbeholfen, wie ich mir's vorgestellt hatte, beim Ordnen der Vorräte und alles übrigen mitgebrachten Hausrats und brachte es schließlich fertig, daß der Kamin den richtigen Zug bekam und die Petroleumlampe nicht mehr als roter Punkt inmitten grauer Schleier glühte, sondern ein behaglich tiefgelbes Licht verbreitete, als der früh hereinbrechende Abend die kleinen Fenstervierecke rechts und links der Tür zu verdunkeln begann. Und endlich nahm der Michl seinen zum Trocknen über den Herd breit hingehängten Mantel wieder um die Schultern, setzte den Hut mit der weißen Gockelfeder aufs üppige, gekräuselte Grauhaar, gab mir die gute feste Hand und wünschte mir ein kräftiges Waidmannsheil, um dann den Bergstock zu ergreifen und in den Nebel und in den Regen hinauszugehen.

Ich war allein, und ich war glücklich, obwohl's der Sturm mit den Regentropfen so heftig trieb, daß sie auf das Schindeldach niederknatterten und auf den Fensterscheiben Trommelwirbel schlugen. Der treue Vasco faltete die Stirn und musterte den ihm unvertrauten Raum. Er fühlte sich nicht behaglich. Mit klappernden Zehen wanderte er in der Küche unstet auf und ab, prüfte mißmutig die ihm zum Teil nicht zusagenden oder fremden Gerüche nach Kuhdünger, eingetrockneter Milch, Käswasser, hornhäutiger Menschensohle, nach Kernseife, Wachs, Ruß, Petroleum und Holzrauch, die in den bleichen, ausgetretenen Fußbodenbrettern, an Tisch- und Stuhlbeinen, in einem alten Putzlappen am Herd und im Kalk der Wände hafteten, und beruhigte sich erst, als ich ihm seine eigens für ihn mitgebrachte Decke auf die Wandbank gelegt hatte, in das Eck zwischen den Herdkacheln und meinem Sitzplatz vor dem grobschlächtigen Tisch. Der Michl hatte noch Wasser aufgesetzt. Es sang und summte in der Messingpfanne auf dem Herd. Ich hatte Kiplings Roman »Kim« vor mir liegen und fing, unlustig zu später Abendbirsch mit erneutem Beregnetwerden, zu lesen an. Nach einer Weile aber fiel mir ein, daß im grauen Tonkrug nicht mehr viel Wasser war und daß ich jetzt im letzten Tageslicht den Weg zum Brunnen, der einen Schrotschuß unterhalb der Hütte lag, leichter finden würde, als wenn es völlig Nacht geworden wäre. Ich hing mir den Mantel nochmals um und ging mit dem Krug zum Brunnen.

Und da war's nun auch wieder ganz anders, als mir's der Drixl vorausgesagt hatte. Durch den Regen wirbelte ein wenig nasser Schnee, der Sturm fuhr heftig und unruhig hin und her, trotz der Dämmerung sah man, daß die alten Schirmfichten das Wasser nur so versprühten, und in großen Fetzen und lang aneinanderhaftenden Bändern zog der Nebel durch die Almmulde. Dazu sprudelte und spritzte der Brunnen, und ich mußte achtgeben, daß der vom Wind immer wieder aus der Bahn geworfene Strahl die Öffnung meines Kruges fand. Da fiel mir auf, daß der Hund mit hochgezogenem

Behang bergwärts zum schon schwarz erscheinenden Hochwald hinaufsicherte, und jetzt erst begann ich aufzupassen und hörte es von dort oben heruntergrollen. Als der Wind für ein paar Sekunden aussetzte, wurde mir klar, daß sich da mehrere Hirsche unter dem schützenden Mantel der rauhen Fichten anröhrten in einem durch die lauten Elemente hindurch dumpf verworren klingenden Wechselgesang. Da hatte ich alles, was ich zu meinem Hüttenglück brauchte. Ich hielt's nicht recht lang aus im Freien, aber bis tief in die Nacht hinein öffnete ich immer wieder die niedrige Tür des Käsers und horchte ins Dunkel und ins Brausen der Winde und Wasser hinein und erlauschte ab und zu ein paar dieser rätselhaften, stets aufs neue beglückenden und erschütternden Rufe des großen Waldgeistes, des Königs der Wälder.

Der Wecker war gestellt, aber ich wußte, daß auch der Morgen wahrscheinlich nur Sturm und Regen und Nebel haben würde, kaum Sicht und jedenfalls keine Möglichkeit für eine sinnvolle Birsch. So konnte ich weiterlesen, solange es mich freute, bis die dicke Kerze im Leuchter heruntergebrannt war. Vom Küchenraum zog die Wärme herein, es knackte und puffte im Herd, es knisterte und tickte in der altersschwarzen Lärchentäfelung. Der Hund lag am Fußende des Bettes zusammengerollt und schlief. Und ich träumte wachen Auges über mein Buch hinaus und sah die Mönche und die Laienbrüder roden und ihr Vieh aus dem Inntal herüber und hierher auf die frische Lichtung treiben, Einzug halten in der neu erbauten Hütte. Wenn dann die Almzeit zu Ende ging, beim Abendgebet zusammen mit den Hirten im Flackerschein des offenen Herdfeuers, dröhnte ihnen von da draußen aus Nebel und Nacht schon der rauhe Ruf der Herbsthirsche in die gemurmelten frommen Worte. In viele Träume dieser alten Schlafkammer mag sich der Schrei der brunftigen Hirsche eingewoben haben, in die habsüchtigen alter Bauern, denen das Wild den verhaßten Schützling der Großen, der Grundherren, bedeutete, in die Wildererträume der Kuhburschen und in die Sehnsuchtsträume der kraftvollen Mägde, wenn die lange, einsame Almnacht des Frühherbstes sie umfing. Trauer und Sehnsucht und suchende Einsamkeit liegt in diesem Ruf, Einsamkeit, die nicht mehr erträglich ist, die nach Paarung schreit. Liebe, aber eine ganz andere Art von Liebe, als wir sie kennen, die ursprüngliche, die aus den Wäldern geborene, die nur der Erhaltung dient. Schließlich fing die Kerzenflamme zu schwanken an, durch irgendwelche Fugen blies der Wind herein, und ich machte Schluß, löschte das Licht und verfiel in tiefen Schlaf.

Am nächsten Mittag endlich hörte es zu regnen auf, und als sich der Nebel verzogen hatte, sah ich, daß es bis auf dreihundert Meter oberhalb der Alm angeschneit hatte. Als der Michl mich am frühen Nachmittag verließ, hatten die Hirsche schon heftig zu melden angefangen, und zwar wieder in dem großen Alpenwaldgebiet, welches an den oberen Rand meiner Alm anstieß und sie in einer Breite von etwa sechshundert Metern von jener Lichtung trennte, auf der die Jagdhütte lag, von deren Benützung der Drixl mir abgeraten hatte.

Ganz scheu, eilig und nur noch tuschelnd machte der Michl sich davon, als befürchtete er, das auflebende Konzert der Hirschstimmen durch seine Anwesenheit stören zu können. Ich stieg voll kaum bezähmbarer Spannung, Neugierde und inneren Jubels gegen den Rand des Alpenwaldes hinauf, hinter den Schirmfichten auf der Alm Deckung suchend. Denen, die so etwas nicht erlebt haben, kann man es schwer schildern, wie es an besonders belebten Tagen der Hirschbrunft zugeht. Ein Klappern von Steinen, ein Krachen von Ästen, ständiges Rasseln und Stoßen und Stöhnen der Hirschdrosseln, eine Unruhe, die den Wald in Schwingung versetzt und unwiderstehlich auch vom Jäger Besitz ergreift. Ich fand einen knappen Büchsenschuß vom Waldrand entfernt eine Schirmfichte, die so zwischen großen Felsblöcken emporgewachsen war, daß man auf Steinen und Wurzelschlangen sich einen behaglichen Sitz bereiten konnte und Ausblick, Deckung und Auflage für die Büchse fand. Da saß ich, den Hund zwischen den Knien, und lauschte und wartete auf das Austreten von Rotwild, denn es war mir klar, daß ein Brunftrudel – und nur um ein solches konnte so viel Unruhe entstehen – heute aus diesem Wald nach abwärts und höchstwahrscheinlich auf die Niederalm herunterziehen würde, da der frischgefallene Schnee höher liegenden Äsungsplätzen die Anziehung genommen hatte.

Nach einer Sturzflut von Regen, wie die letzten vierzig Stunden sie gebracht hatten, würde das Hochwild den Wald sicherlich gern verlassen, um sich im Luftzug einer freien Fläche die Decke zu trocknen. Keinesfalls durfte ich schon heute am ersten Tag den Alpenwald betreten, denn bei einem Mißlingen der Birsch konnte meine frische Fährte den Einstand des Kahlwildes so stören, daß es sich nach einem anderen umsah, und der konnte in diesem weiten und dünnbesetzten Revier weiß Gott wo, unzugänglicher und weniger bequem, wenn nicht gar jenseits der Grenze liegen. Schließlich und endlich wollte ich ja auch erst einmal feststellen, was für Hirsche hier auf den Plan getreten waren, welcher von ihnen ihn beherrschte, und mußte vielleicht dann abwarten, ob nicht ein Besserer endgültig Platzhirsch im Reich der Niederalm würde.

Ich unterschied sehr bald vier Stimmen. Eine war hell, aber markig und hatte einen merkwürdig bösen Unterklang, eine ließ sich abseits von dem Haupttreiben in kurzen Pausen vernehmen. Diese letztere ertönte mehr sehnsüchtig als böse, zwar voll, aber nicht tief und rauh, und gehörte, das durfte ich mit ziemlicher Sicherheit annehmen, einem Beihirsch. Über die beiden besten Stimmen kam ich mir lange nicht ins Klare. Die eine war die mir nächste, sie erscholl aus einer Entfernung von kaum dreihundert Metern. Ein auffallend tiefer Hals war es, der sich mit kurzen Unterbrechungen in rauhen, zornigen Stößen vernehmen ließ. Zweifellos stand der Hirsch, dem er angehörte, bei einem Rudel. Man vernahm, daß er während des Schreiens in Bewegung war; hin und wieder stieß er kurz an, und aus den Geräuschen von klappernden Steinen und splitternden Ästen ließ sich unschwer erkennen, daß er sprengte. Schließlich war noch hoch oben im Alpenwald, nicht allzuweit weg von der suhligen Blöße bei der Jagdhütte, eine vierte Stimme da; sie ließ sich nur in großen Abständen hören, dunkel und kurz, immer so ziemlich von derselben Stelle, und ich nahm an, daß dieser Hirsch noch niedergetan war.

Eine gute halbe Stunde mochte ich so gesessen haben, als plötzlich in der Gegend, in der ich den Platzhirsch beim Rudel vermutete, noch größere Unruhe entstand. Die Stimme des zuerst weit entfernt, anscheinend im Bett sitzenden alten Hirsches dröhnte jetzt plötzlich viel näher als vordem und mit merklich gesteigerter Kraft. Der Platzhirsch stieß einen Kampfruf nach dem andern hervor, während sich die helle böse Stimme langsam von den beiden aufeinander zurückenden Hauptgegnern entfernte. Und dann war's eine Weile, vielleicht zwei Minuten lang, vollkommen still, und dann hörte ich das, was ich erwartete, das helle wütende Aufeinanderprallen starker Geweihe.

Was folgte, läßt sich wiederum schwer beschreiben: Durcheinander von ungehemmt loslegenden Stimmen, Krachen von Ästen, Klappern flüchtiger Schalen über das Felsgeröll hin. In einer Lücke des Alpenwaldes erschien sekundenkurz flüchtig ein im Wildbret starker Hirsch, den ich nicht ansprechen konnte, und über ihm trieb murrend und wieder sehr spärlich röhrend der Sieger, vermutlich der von oben gekommene Althirsch, das Rudel bergabwärts. Bergabwärts? Ja, aber nicht auf mich zu, nicht niederalmwärts. Schräg von mir weg konnte ich den Wechsel des Rudels am Steinschlag und an der Stimme des Hirsches verfolgen. In einem Abstand von etwa hundert Metern zog, unausgesetzt fortgrollend und gehässig verwünschend, der andere nach.

Wohin? Ich brauchte nicht lange zu überlegen. Auf ungefähr gleicher Höhe mit meiner Alm, nur etwas bergeinwärts, lag, durch Schläge mit vielen Buchenüberhältern und durch einen breiten Streifen Hochwald von ihr getrennt, der nächste große Almkessel, die Oberwiesenalm, deren Hütten ganz unten im Grund standen, und die sich walddurchsetzt hinaufzog bis zur Schneid. Es war noch ziemlich früh am Tag, fast kam es mir so vor, als sei es heller geworden, denn durch den grauen Himmel schlug sich an ein paar Stellen lichtes Blau, und ein ganz klein wenig Sonnengold lag drüben im Tirolerischen auf schneeigen Gipfeln und Kämmen. Es wollte mir nur nicht gefallen, daß diese fernen Schneeberge zum Greifen nah erschienen.

Ich wußte, was ich zu tun hatte. Ich mußte hinunter zu den Niederalmhütten. Von dort aus führte ein schmaler Birschpfad durch eben diese Schläge und Hochholzstreifen genau an den unteren Rand der Oberwiesenalm, und ich hielt es für sicher, daß das Kahlwild, nach grüner Äsung begierig, die frischgedüngten Anger rund um die drei dort befindlichen Almkaser aufsuchen würde. Hochwild zieht viel schneller, als ein Jäger birschen kann. Noch dazu führte mein Weg über einen breiten Rücken, der nach oben hin immer schmäler wurde und sich in dem Alpenwald, aus dem das Rudel hinauszog, dann verlor.

So kam es, daß, als ich mich vorsichtig an die letzten Randfichten der Oberwiesenalm heranbirschte, mir schon mitten aus ihr heraus das gleiche Konzert entgegendröhnte, das ich eine gute halbe Stunde zuvor aus dem Alpenwald herunter gehört hatte. Die ganze Gesellschaft stand auf der freien Matte, und ich wußte, von der schnellen Birsch noch ganz außer Atem, kaum, wohin ich das Glas zuerst richten sollte.

Sieben Stück Hochwild, darunter zwei Kälber, zogen hintereinander aufgereiht über den Schneehang, als ginge es auf eine Futterraufe zu. Ich sah zunächst bei ihnen keinen Hirsch und wollte gerade das Glas weiter nach rechts auf eine steile Fläche oben in der ziemlich zerklüfteten Alm richten, wo ein anscheinend starker Hirsch bei einem Kälbertier und einem Schmaltier stand und auf das heranwechselnde Rudel hinäugte, als hinter einer kleinen, gipfeldürren und zerzausten Schirmfichte der Platzhirsch heraustrat und mit einem gewaltigen Schrei seinem Rudel folgte. Ja, das war er, das mußte er sein: mächtig im Bau mit dem tief sich herabwölbenden Vorschlag alter Hirsche und mit einem sehr hohen Geweih. Er blieb wieder stehen und hob das bis dahin waagerecht vor sich hergetragene Haupt. Es war ein Zehner mit sehr langen Aug- und Eisenden und verhältnismäßig kleinen Gabeln, aber mit pechschwarzen, gleichmäßig sehr starken Stangen, denen man trotz der weiten Entfernung von zweihundert Metern ansah, daß sie rauh geperlt waren. In der unteren Hälfte waren sie nicht schlecht ausgelegt, vom Mittelende ab aber strebten sie beinahe senkrecht nach oben, so daß das Geweih ein gotisches Aussehen bekam und vielleicht noch höher und getürmter wirkte, als es wirklich war.

In diesem Augenblick hätte ich den Entschluß zu schießen, fassen und durchführen müssen, aber ich tat es nicht, ich legte mich auf den Bauch, breitete den Wettermantel über einen vergrasten Ameisenhaufen und schaute mir den Hirsch durchs Perspektiv genau an. Er stand regungslos, von der leicht beschneiten Almmatte sich lehmrot abhebend, das helle Haupt mit der breiten schwarzkrausen Stirn verdrossen zum Kessel hinuntergewendet. Es war mir sofort klar, daß da einer der besten Hirsche stand, die mir in meinen Heimatbergen je begegnet waren, ein ungewöhnlich stark veranlagter und voll ausgereifter. Der Anblick seiner langen Augenden, der fast ebenso langen Eissprossen und der Höhe des Geweihs konnte einem den Atem verschlagen. Ich weiß bis heute wahrhaftig nicht, warum ich nicht wenigstens nach einer Minute des Schauens die Büchse nahm und den sicheren Schuß über knapp zweihundert Meter auf den ruhig und breit Stehenden tat. Beim Hirsch gibt es ja vor dem Schuß fast immer erst ein Schauen, Zählen und Abwägen, aber bei diesem stand es gleich für mich fest, daß mir nicht nur hier in dieser verlorenen Revierecke, sondern im ganzen väterlichen Jagdgebiet kaum etwas Wünschenswerteres begegnen konnte. Eine Art von Lähmung hatte mich erfaßt, vielleicht wollte ich mir den Zauber dieser eben erst angefangenen, beglückenden Einsamkeit, dieses ganz auf mich gestellten Entdeckungszuges nicht schon am ersten Abend beenden.

Und dann geschah auch gleich wieder etwas auf dieser an plötzlichen Wendungen und Überraschungen reichen Birsch: Etwa sechzig Gänge links von mir rasselte ein dunkler Schrei aus den Schirmfichten, und in diese Richtung den Blick wendend und mich nach dem Windfang des zitternd neben mir sitzenden Hundes richtend, sah ich zwei Stück Kahlwild auf einer ins Hochholz einbuchtenden Zunge des Almbodens dicht beisammen ruhig äsen. Der Zehner drüben am Hang warf das Haupt herum und äugte ein paar Sekunden böstrotzig herüber, dann wandte er sich wieder in die Richtung seines Rudels und schrie eine lange Kette von Sprengrufen hinaus.

In den Schirmfichten blieb es zunächst still, aber der Hirsch, der drüben im Steilhang bei dem Kälbertier und dem Schmalstuck stand, antwortete mit seiner hellen bösen und sehr starken Stimme. Er war etwas weitergezogen und stand auf einem Köpferl oberhalb seiner Stuck. Ich nahm ihn ins Spektiv: Ein Pferd von einem Hirsch war es, mit ockerfarbener Decke und mächtiger, gleichfalls lichter Mähne, schwarz nur der Brunftfleck und die sehr langen, weit wie im Halbkreis ausgelegten Stangen. Ein ungerader Achter und ohne Zweifel auch ein alter Hirsch. Während ich ihn mir ansah, tupfte der weiche Fang des Schweißhundes gegen meine Schulter, und da blendete es mich auch von links, und der schwarze Baß, der vorher aus den Schirmfichten erschollen war, dröhnte fünfzig Meter vor mir auf der freien Alm.

Da stand der dritte, auch ein Roter, aber dunkler als der Platzhirsch, länger und hochläufiger, mit starkem, dunklem Hals. Fast war ich im ersten Augenblick versucht, ihn für den stärksten zu halten und zu schießen, denn ich sah auf ziemlich hohem, kräftigem Stangenpaar Enden über Enden bis in die vierfachen Kronen hinauf. Und was für langendige Kronen waren das! Das Bild eines auf der Höhe seiner Entwicklung stehenden Berghirsches, verhoffte der gerade Vierzehnender auf Schrotschußweite vor mir und orgelte nochmals los, daß mir die ehernen Schallwellen das Herz erzittern machten. Aber nur kurz war mir der Anblick vergönnt.

Die zwei Stück Kahlwild, auf deren Fährte dieser Hirsch anscheinend herangezogen war, nahmen Richtung auf den Grund des Kessels und die Almhütten zu, wo schon das Rudel des Zehners in den frischgrünen Angerflächen zu äsen begonnen hatte, und das paßte dem Vierzehner nicht. Er fuhr mit kurzem Sprenglaut auf die beiden Tiere los, schnitt ihnen den Weg ab, um sie ins Holz zurückzutreiben; sie wichen ihm aus, und da trennte sich der Zehner drüben plötzlich von seinem Rudel, trollte ohne einen Laut heran, nahm die jetzt in wilder Flucht auf ihn zustürmenden zwei Stuck in Empfang und trieb sie seinem Rudel zu. Mit wütendem Schrei folgte der Vierzehnender, wagte sich aber nicht in die nächste Nähe seines unzweifelhaft stärkeren Gegners, der ihn heute schon einmal vom Rudel abgeschlagen hatte. Unausgesetzt röhrend, zog er höher in die Alm hinauf. Ab und zu drohte der Zehner grimmig zu ihm hin, schenkte ihm aber keine große Beachtung mehr. Während ich ihm und seinem Prachtgeweih mit dem Glas nachschaute, war er mit einemmal in graue Schleier gehüllt. Ich hatte, ständig durch neue Bilder gefesselt, das rasche Abnehmen des Lichtes für den Anbruch der Nacht gehalten und merkte erst jetzt, daß der Himmel wieder bleigrau geworden war, und gleichzeitig schlug mir auch schon der Regen ins Gesicht.

Ich mußte mich schnell zum Schuß auf den Zehner, den stärksten dieser drei Starken, entschließen, sonst würden die auch von unten heranwogenden Nebel mir das Schußfeld gänzlich verhüllen. Der Platzhirsch zog langsam spitz von mir weg den Almhütten zu, hoch überragt von seinem Geweih. Die Entfernung war jetzt ziemlich weit geworden, aber wenn er sich breit drehte, mußte es noch langen. Jetzt blieb er stehen und grollte finster in den Kessel hinein, und plötzlich war alles milchweiß um mich her, und wie aus einer Brause ergoß sich ein Regenschauer auf mich und den vor Erregung bebenden Vasco.

Es war kein enttäuschter Jäger, der bald danach auf dem schmalen Pfad zur Niederalm im Stockdunkeln zurücktappte, sondern ein hochbeglückter. Auf nur einer Alm beisammen drei starke Hirsche und ein größeres Rudel zu wissen und Bilder geschaut zu haben, um die man jahrelang birschen muß in unseren Bergen, wo das Hochwild scheu und nachtliebend ist und ungezählte Plätze hat, auf denen es sich frei bewegen kann, ohne daß des Menschen Auge es dabei zu beobachten vermag, ist's nicht genug an jagdlicher Seligkeit? Stille Tage, verträumt wie die zwischen Hirschbrunftende und Gamsbrunftanfang, hatte ich mir erwartet, ein Hocken an Suhlen, ein Birschen und Schauen und vielleicht einen stumm und allein auf der Suche durchwechselnden oder einen sparsam beim Rudel meldenden, bedächtig angesprochenen und schließlich weithin erlegten Althirsch. Das war das Höchste an Erwartung gewesen, womit ich heraufgestiegen war, und statt dessen rollte sich hier, aus Gründen, die ich nicht recht enträtseln konnte, vielleicht nur aus einer einmaligen Laune des Waldes heraus, ein Schauspiel ab, auf das ich an viel reicher besetzten Brunftplätzen der großen Herrschaft seit Jahren vergeblich gewartet hatte.

Ein herrliches Feuer prasselte alsbald im weißgrünen Kachelherd, der vom braven Michl schon am Vormittag zugesetzte Suppentopf begann wieder zu dampfen, allerlei sorgsam ausgewählte Gewürze und Kräuter streute ich wie ein Hexenmeister in seine brodelnde Tiefe und goß schließlich das solch regnerischer Herbstzeit gemäße Labsal in eine kleine Terrine über die saftigen Schnitten aus der Lende des Ochsen und die darumgruppierten gerösteten Scheiben vom weißen Weizenbrot und schlug ein paar Eier darein. Dazu holte ich mir aus dem sonst nur der entgiftenden Milch bestimmten Kellerloch unter dem Fußboden eine Flasche alten, düsterrot funkelnden Franzosenweins und feierte den hinter mir liegenden Tag so guten Anblicks und so freudiger Überraschungen. Und danach mußte es auch die wertvollste flache Kiste aus Zedernholz sein, ganz überklebt mit bunten Bildern von Frauen, Heroen und goldenen Münzen, der ich das dieser Feierstunde würdige Räucherwerk entnahm. Ein langer Abend mit Hund und Buch und wieder durchlebten Bildern des ersten Jagdtages folgte, und der Rauschegesang des Herbstregens draußen vor der Hütte und droben im hin und her gezausten Bergwald erhöhte mein Behagen mehr, als er es störte.

Wie würde es weitergehen? Was für ein Austrag würde schließlich erfolgen zwischen den drei starken Hirschen, die jetzt sicherlich mit von Nässe tropfender Decke brummend und trenzend auf der Oberwiesenalm umherzogen? Der alte Achter hatte zunächst sein Teil, und niemand würde es ihm streitig machen. Der Zehner jedenfalls nicht, denn der stand beim Hauptrudel und hatte genug damit zu tun, es zu verteidigen und im Zaum zu halten. Vielleicht würde der Vierzehnender versuchen, sich eines der zwei Tiere, die beim Achter standen, zu bemächtigen? Anstalten dazu freilich hatte er heute niemals getroffen, und der Achter sah mir auch nicht danach aus, als würde er ihm das Feld räumen. Andererseits würde dieser starke und alte Kronenhirsch bestimmt nicht Beihirsch bleiben. Am nächstliegenden war es, daß er nach Norden abzog, einem der vielen Jagdgäste direkt vors Rohr. Schade um ihn! Er war reif für die Kugel, denn ein so starker Hirsch ist jagdbar. Aber hier wäre er sicher gewesen und hätte, wenn die Götter mir hold gewesen wären und mir den Zehner gegönnt hätten, dessen Erbe antreten dürfen. Aber was half's, ich konnte ihn nicht halten! Würde denn der Zehner, der wahrscheinlich der älteste von den dreien war, die ganze Brunft über bei einem so vielköpfigen Rudel stehen bleiben? Würde er nicht, wenn die ersten wildesten Tage vorüber waren, sich mit einigen Tieren absondern und dann wahrscheinlich oben im Alpenwald unsichtbar und unhörbar sein Wesen treiben? Teilung des Rudels mit dem Vierzehnender dadurch, daß der Alte freiwillig einen Teil seines Harems abließ? Das blieb meine einzige, wenn auch schwache Hoffnung. Eines aber stand für mich fest: daß ich nicht allzulang zuschauen durfte und zu Schuß kommen wollte, eh' das Bild auf diesem Brunftplan sich unverhofft veränderte.

Offen und ehrlich und allen Frühaufstehern zum Tort sei es gestanden, daß ich nur äußerst selten in meinem Jägerleben enttäuscht und betrübt gewesen bin, wenn in die nächtliche Frühstunde, nachdem der Wecker seinen rücksichtslosen Ruf heruntergeklirrt hatte, vor den Fenstern Sturm und Regenklopfen ertönte und mir verriet, daß ein Aufbruch zwecklos wäre, ich also guten Gewissens mich herumdrehen und weiterschlafen dürfte. Mag sein, daß die Freiheit, die ich durch viele Jahre meines Lebens ziemlich uneingeschränkt genießen konnte, solch faule Zufriedenheit gefördert hat. Aber ich bin auch nie ein Freund der frühen Morgenstunden gewesen. Die Morgenröte in den Städten, etwa gar zur Winterszeit, wenn man zur Schule ging oder später durch irgendeine unerfreuliche Obliegenheit gezwungen war, sich zum Bahnhof hinzubegeben, oder wenn man in der Militärzeit zum Exerzierplatz ausrückte, war mir verhaßt und wird mir zeitlebens verhaßt bleiben. Im Berg und im Wald freilich ist es anders, da gehört meine Liebe dem Übergang der Nacht zur ersten Dämmerung, ganz gleich in welchem Licht er sich abspielt, ob grünsilbern an sommerlichen Regenmorgen, ob schattenblau im dichten Schneefall, ob blaugolden, wenn die kurze

Sommernacht scheidend das Seidengewand zusammenrafft, ob mit mattem Perlmutterschimmer nach langer herbstlicher Nebelnacht, ob in eisigem Violett zu frostiger Frühe am Entenbach. Wenn's aber einmal »nicht kann sein«, weil sich etwa die Elemente allzu unfreundlich gebärden, dann rinnt mir deshalb keine enttäuschte Mannesträne in meinen nicht vorhandenen Vollbart.

So ein verstaubtes altes Fläschchen Burgunder, wohl vorgewärmt in der Nähe eines freundlichen Hüttenherdes, erschwert auch noch die Lösung aus dem beglückenden tiefen Schlummer, bei nur um wenige Stunden überschrittener Mitternacht. Es waren also durchaus keine ärgerlichen Gefühle, mit denen ich beim sanften Hinüberdämmern den Regen so wild wie am Vorabend gegen das kleine Fenterviereck schlagen hörte, und auch sicherlich nicht die besten Vorsätze für ein »Froh erwache früh am Morgen«! Aber trotzdem war ich plötzlich hellwach, noch eh' der Wecker aus harmlosem Ticken heraus seinen Alarmkoller bekommen hatte, und obwohl es draußen lustig weiterregnete, stand ich eine halbe Stunde später, diesmal den verschlafenen Hund bei der letzten Wärme aus den Herdkacheln zurücklassend, draußen auf der Alm und schob mich behutsam, das schneckenlangsame Hereinkriechen der Dämmerung in den nebeligen Hochwald mit vollen Zügen genießend, gegen den Rand der Oberwiesenalm hinüber.

Als ich den Platz erreichte, an dem ich mich am Vorabend aufgehalten hatte, war es noch lange nicht Schußlicht. Der Wind aus Südwesten kam unter mir die Schlucht herauf und brach sich am jenseitigen steilen Almhang, so daß er mir ziemlich stetig ins Gesicht blies. Über Gräben und Kessel hinweg bekommt im Gebirg das Wild nur selten Wind, und so kauerte ich mich unter die Schirmäste der Randfichten und wartete auf irgendeinen Laut, der mir den Standort der Hirsche und die Richtung, in der das Wildbret zog, verraten würde. Wie sehr oft nach am Vortag besonders bewegtem Brunftbetrieb herrschte heute tiefe Stille. Endlich kam ein verdrossener Brummer ungefähr aus der Gegend, in der ich gestern den Platzhirsch und sein Rudel zum erstenmal gesehen hatte, als sie gerade in die Alm hineinwechselten. Und dann entdeckte ich mit dem Glas nach langem Suchen auch die wolfsgrauen Schatten von Hochwild, die sich träg durcheinanderschoben und dabei ganz langsam auf den Alpenwald zubewegten.

Als wieder einmal so ein verschlafener grantiger Brummer sich aus dieser Richtung vernehmen ließ, fand ich unter den Schatten einen wesentlich stärkeren, lang hingestreckten heraus und sah, daß der Hirsch niedergetan war. Das lichtstarke Zielfernrohr vermochte aber noch nicht seinen Umriß festzuhalten, und als ich wieder nach ihm suchte, war er plötzlich verschwunden, die Nebelgestalten des Kahlwilds bewegten sich rascher auf die Randfichten zu, und ein voller tiefer Schrei erklang dann ganz unerwartet schon drinnen im Wald. Hirsch und Harem waren eingezogen, die Alm, auf der es nun wahrnehmbar zu tagen begann, lag leer, durchrauscht von einigen Wasseradern, die weißgelb herunterschäumten durch steil eingeschnittene Gräben auf den Grund des Kessels zu. Oben, unfern dem Platz, an dem gestern der Achterhirsch mit seinem kleinen Rudel gestanden war, ästen zwei schon ziemlich schwarz anzusehende Gams, verzogen sich aber in einen Waldschopf hinein, eh' ich sie ansprechen konnte, und plötzlich ertönte der Schrei eines Hirsches, jetzt mitten auf der Almfläche. In dieser Richtung mit dem Glas suchend, sah ich einen anscheinend schwächeren Hirsch von acht oder zehn Enden auf dem Wechsel dahertrollen, den vorher das Rudel genommen hatte. Ein paar Minuten später war auch er in die Fichten hineingetaucht, und es war Tag geworden, düsterer, unfroher, regentropfender Tag.

Ich kann nicht von all den Birschen im einzelnen erzählen, die diesen beiden folgten, und nicht von den vielen behaglichen Stunden, während das nicht enden wollende Regenwetter mich im Herrenkaser festhielt. Allzu viele spannende Jägererlebnisse haben sich dabei auch nicht abgespielt. Wildschatten im Frühnebel, dumpf grollende Rufe aus nebelumwallten Rauhfichtenwäldern, hoffnungsvolles und schließlich enttäuschtes Warten in das Zwielicht des Abends hinein und aus dem des Morgens heraus, mit solchen Eindrücken ungefähr gingen mir die Tage hin. Ein regelrechtes Birschen, etwa in den Alpenwald hinein, oder ein langsam vorantastendes, herumschleichendes Erkunden in die umliegenden Wälder und Schläge, ließ der ständig wechselnde Schlechtwetterwind und die mit ihm verbündete Nebelhexe kaum zu. Den Vierzehnender sah ich noch einmal ein einzelnes Stuck treiben, und zwar auf der Niederalm selbst, als ich heimkehrend die Almlichtung betrat. Aber noch eh' ihn die nässebeschlagenen Linsen des Zielfernrohrs richtig fassen konnten, hatte er sein Schmaltier wieder in die triefenden Fichten zurückgesprengt. Von den andern Hirschen hörte ich nur noch die Stimmen und oft so unklar und verworren, daß ich nicht unterscheiden konnte, welchem jeweils sie angehörten.

Für allen Mißerfolg, für verzichtenden, durchnäßten und durchkälteten Rückzug entschädigte immer wieder die Heimkehr in den Herrenkaser, zu harzig knackender und knisternder Herdwärme, zum Tabak, zum heißen Getränk, zu beglückenden Büchern und zu hoffnungsfroh abwartendem Planen. Aber auch in der Hütte fehlte es in den Abend- oder Nachtstunden nicht an jagdlichem Erleben. Dann schrie nämlich, trotz Holzrauchs und Funkenstiebens aus dem Blechkamin, ab und zu ein Hirsch nahe bei der Hütte. Einmal waren es sogar zwei Hälse, von denen der bessere, der durch mehr als eine Stunde immer wieder in nächster Nähe auftönte, wahrscheinlich dem Vierzehnender angehörte. Der andere etwas schwächere kreiste, in wohlgewahrtem Abstand von ihm, ruhelos rund um die Alm und kreuzte auf ihr umher.

In einer Nacht aber muß die Unbill des schneevermengten Regens einen mir bis dahin Unbekannten, oder besser gesagt sein Kahlwild, aus fernen Latschenfeldern herabgedrückt und zu kurzem Gastaufenthalt auf der Niederalm veranlaßt haben. Unvergeßlich ist mir diese Stimme. Ein schwarzer, wie aus tiefen Schlünden herauftönender Baß war's und immer derselbe kurze, halb unwirsch, halb träg hervorgestoßene Schrei. Nur ein-, zweimal grollte er lauter auf während dieser langen Herbstnacht. Ich fand am Morgen die beunruhigende, mit der Stimme irgendwie wesensverwandte, breite Fährte des Hirsches im Kuhdung, zehn Schritt hinter der Stalltür, und ich habe ihn nie wieder vernommen oder gefährtet. Das war einer der ganz wenigen Urhirsche unserer Berge, wie nur über Hunderte von Hektare sich hinziehende Latschenfelder sie bergen. Sie leben, kämpfen und lieben fast ungehört und nie geschaut bis zu ihrem späten Ende. Ich glaube, daß sie ein Alter von zwei Jahrzehnten erreichen und sogar überschreiten.

Dieser war der einzige, in dessen Nähe ich mich je befunden habe.

Unbeschreiblicher Zauber umgibt solch tiefnächtlichen Besuch des röhrenden Hirsches mit seinem Rudel nahe bei den Almkasern. Wenn ich den ersten, durch die dicke Steinmauer gedämpften Schrei vernahm, schraubte ich die Lampe herab und schlich mich, vom Hund gefolgt, in den pechdunklen, vom starken Geruch des Kuhdungs erfüllten Stall hinaus, an die offene Scharerluke, durch die von Nässe gesättigte kalte Regenluft hereinwehte. Dort stand ich lange und lauschte, hörte ab und zu das dumpfe Rumpeln der flüchtigen Schalen beim Treiben, ja zuweilen sogar das Rupfen des äsenden Kahlwildes und immer wieder, aber oft erst nach langer Stummpause, den gewaltigen Hirschschrei, der mir, aus solcher Nähe durch das gleichmäßige Klatschen des Regens und Rieseln der Traufe hindurchbrechend, jedesmal einen Schlag aufs Herz gab. Mit einem beseligten Gefühl des Geborgenseins so nah am Wild stand ich und stand und horchte, bis die Kälte mich veranlaßte, leise, wie ich gekommen, zu Herd und Lampenlicht zurückzukehren.

Allzuviel Wetterpech aber verdrießt trotz alledem. Man wird des Lesens, Rauchens und seinen Gedanken Nachhängens einmal überdrüssig. Zudem war es mein durch manche schlechte Erfahrung stark gewordener Grundsatz, bei ungünstigem Wetter und Wind ein Revier, in dem man Erfolg haben will, zu meiden. Das Kahlwild zieht ab oder wird sehr heimlich, wenn es immer wieder, sei's auf nahe, sei's auf weitere Entfernung, einen Windfang voll Jäger- und Hundewittrung erwischt. So sperrte ich eines Mittags nach wild verregneten Morgenstunden die Tür des Herrenkasers mit einem riesigen Rostschlüssel zu, nicht ohne vorher alles darin säuberlich aufgeräumt und verstaut zu haben, und stieg so schnell zu Tal, daß die Regenkotze hinter mir her wehte, als sei ich ein geflügelter Drache.

Auch ein wohldurchwärmtes Schloß, voll von Gästen und Freunden, hat seine erfreulichen Seiten, mit Bad, behaglichem Gespräch und langen Bridgepartien am aufklappbaren grünen Tisch. Dann ist auch der Stall noch da, mit seinen rund und glänzend von der Alm heimgekehrten Rindern, den man besuchen kann. Und wenn man wirklich wieder Lust danach verspürt, sich vom Wind ausblasen und seinen Mantel vom Regen durchnässen zu lassen, dann kann man auf einem dunklen Moorsee vom schaukelnden Kahn aus den Blinker nach Hechten werfen.

Auch die anderen Gäste hatten nur wenig oder gar kein Heil gehabt. Mein nächster Nachbar aus einem nördlich an mein Revier anstoßenden Jagdgebiet war ein sehr kühner Jäger, ein forscher Draufgänger, der angeblich alle Mittel, den Hirsch zu erjagen, beherrschte. Er hatte trotz schlechten Wetters Rufbirschen unternommen und auch versucht, sich einen »Kapitalen« vom Jäger zudrücken zu lassen. Des unsteten Windes halber waren seine glänzend angelegten Pläne nicht erfolgreich gewesen und ich glaube fast, ich war ihm zu großem Dank verpflichtet, und er war der Urheber meines heimlichen Glücks drüben auf der Niederalm. Jetzt sei dort oben »nischt los«, schloß der an seinen Erfolgen im Wirtschaftsleben gewachsene Mann, ein echter Typ rheinisch-westfälischer Machtvollkommenheit, seinen Bericht, und er wolle seinen Jagdherrn, unseren Jagdpachter, bitten, ihm ein anderes Revier zuzuteilen. Mir war es recht, so oder so. Ich hätte mir keinen besseren Reviernachbarn wünschen können als diesen Mann der Tat, wenigstens so lange nicht, als es stürmte und regnete.

Ich versäumte nichts unten im Tal. Der blaue Zeiger des Barometers wollte und wollte nicht die Kraft finden, sich wieder zur Höhe aufzuschwingen und auch nur den Kamm mit dem Pünktchen »Veränderlich« zu überschreiten. Der Fluß, der unten vorbeizog, wälzte gelbgraue Wasser, und lesen und rauchen konnte ich, wenn ich wollte, in meinem Turmzimmer ebenso ungestört wie in der getäfelten Kammer des vor Jahrhunderten selig entschlafenen Benediktinerabtes. Als aber der Dienstag kam und die Berge zwar in Nebel gehüllt blieben, aber nur einzelne feine Tropfen mehr vom schwer und grau verhängten Himmel niederfielen und etwas wie Schneegeruch in der Luft lag, fuhr ich doch wieder mit dem Jagdwagen ins Tal hinein und stieg am frühen Nachmittag zur Niederalm hinauf.

Diesmal sah ich unten wie in einer Art umnebelten Schlafes das Dorf liegen, ein Hund schlug irgendwo an, und Rinderglocken tönten tief schwermütig herauf durch die nässegesättigte Luft, die allem ein seltsam visionäres Aussehen gab. Heute sollte der Michl mir nachkommen, der Kutscher wollte ihn erst noch verständigen, und diesem Umstand, daß niemand vor mir auf dem Weg gewesen war, hatte ich ein recht erfreuliches, mich aus Schwermut und geisterhafter Stimmung schlagartig befreiendes Erlebnis zu verdanken.

Die Schlucht, von der ich früher schon erzählte, ist mit sehr hochwüchsigen alten Hölzern bestanden, Mischwald aus Buche, Tanne, Fichte und Lärche, dazwischen Ahorn und Esche, alle hochschäftig aus dem sonnenarmen Düster ihres Standortes zu lichterer Höhe strebend. Man sah an vielen Stellen weit über hundert Meter in das räume Altholz hinein bis hinunter zum weißschäumenden Bach. Der Boden war bedeckt mit vor Nässe glänzendem Fallaub, und plötzlich fiel mir auf einer der wenigen grünen Blößen ein steingrauer Fleck auf, über dem sich etwas bewegt hatte. Im Blickfeld des Glases hatte ich dann sofort ein Stück Rehwild, eine ziemlich starke Geiß, die anscheinend schon Wind bekommen hatte und in recht unbequemer Stellung über die Schulter nach rückwärts äugend zu mir her verhoffte. Gleichzeitig erscholl oberhalb von ihr der tiefe, rauh bellende Schrei des kleinen Waldgeistes, des Vizekönigs deutscher Wälder, des wehrhaften Rehbocks. Mit einer unglaublich hoch über straff gespitzten Lauschern aufragenden Sechserkrone löste sich federnden Sprunges ein starker, auch schon völlig verfärbter Bock aus dem Dunkel zwischen ein paar Fichtenstämmen und strebte hochflüchtig abwärts, der Sohle des Grabens zu. Die Geiß folgte ihm, jetzt ebenfalls schmälend, und gleich darauf folgte auch seinem weiß wippenden Spiegel der schwarze Zielstachel meines Büchsenfernrohres. Für einen Augenblick verhielten beide am Felsufer des angeschwollenen Baches, der Bock stand breit in einer schmalen Lücke, verhoffte herauf und schreckte abermals schon in den hellen Knall meines Schusses hinein, auf den er dann aber jählings zusammenkippte. Seine Hinterläufe umspülten die zornigen Bergwasser, als ich herantrat und die Krone begehrlich prüfenden Auges aus dem nassen Laub hob: Ein alter Bock war es, langrumpfig mit gedrungenem Hals, sehr großen, aber kaum abgedachten Rosen, tief eingebettet ins schwärzliche Krollhaar der Stirn; die Stangen waren glatt, nur mit vereinzelten langen Perlentropfen besetzt, nicht sehr stark, auch nicht allzu schön gestellt, aber weit über spannenhoch und mit je drei erst über Luserhöhe ansetzenden und deshalb kreuzartig zusammengedrängten kleinfingerlangen Enden bewehrt. Ganz so einer, wie er dem Bergjäger Freude macht, alt und kampferprobt, mit zwei geschlitzten Lauschern und mit einem breitstirnigen Gesicht, das auch von der grauen Winterdecke noch weiß abstach.

Als ich ihn gerade auf dem Zugweg oben hatte, kam der Michl mir nachgestiegen. Er meinte, wir sollten den Bock in einem nahen Rindenkobel verstecken, und auf dem Heimweg wollte er ihn ins Tal mit hinunternehmen. Er kannte mich schlecht! Ich band mir den Geschränkten auf mein nicht allzu schweres Bündel und trug ihn den nur noch kurzen Weg zum Herrenkaser hinauf. Dort hängte ich ihn neben der Tür mit dem Sechserend an einen eisernen Haken uralter Machart und hatte, immer wieder vor die Hütte tretend, durch viele Stunden eine Freude an ihm, mit mir der treue Vasco, der ab und zu sich von seinem Platz am Herd erhob, zur angelehnten Kasertür hinauszwängte und mit dem schwarzen Fang behutsam die herabhängenden gespreizten Schalen des starken Wildes betupfte. Die etwas angebleite Leber behielt ich bei mir, den übrigen Aufbruch trug sich der Michl nach Hause.

Der Nebel aber wich nicht und hing bis auf zweihundert Meter oberhalb der Käser regungslos in die Alm herein. Aus ihm heraus drang nur ein einziges Mal ein verschlafener Brummer.

Es war erst halb fünf Uhr, als der Michl mich verließ, aber diese tiefe, grauweiße Wolkendecke ließ keine erfolgversprechende Unternehmung zu.

In solchem Fall hadere ich nicht mit dem Geschick, wenn ich erst einmal die Hütte bezogen und die ungestörte Einsamkeit der Wälder gewonnen habe, und wenn, das freilich gehört dazu, Zeit, viel Zeit vor mir ist, die durch keine außerhalb von Wild und Wald liegenden Umstände begrenzt und beschnitten wird. Ich ließ den mit grüner Ölfarbe gestrichenen Klapptisch, der über der Bank an der Außenwand meiner Hütte angebracht war, herunter und machte mich daran, die Leberknödel für die schon wieder auf dem Herd leis' brodelnde Abendsuppe zu bereiten. Das war ein gemütliches Schneiden und Schaben und Wiegen, ein Mischen und Würzen, bei dem allerlei getrocknete Kräutlein aus Wald und Garten besondere Bedeutung hatten und schließlich ein Kneten und Formen und Runden. Dabei wanderte der Blick immer wieder zu dem starken Herbstreh hinüber, dem der sattgrüne letzte Bissen so gut zu Gesicht und Gehörn stand und auf dessen graunadeliger Decke das siegellackrote Einschußmal sich farbenfroh abhob. Kein Wunsch und keine Unruh' trübte mir diese Stunde, und ich freute mich schon auf Lampenschein und Buch, als plötzlich drüben am Grenzhang ein Hirschschrei ertönte. Auf das erste Anhören hin schien die Stimme gut. Beim zweiten wollte sie mir nicht recht gefallen, aber ich wusch doch schnell die Hände, zog die Joppe über den Wolljanker an, hängte die Büchse um, nahm Muschel und Doppelglas und eilte, vom rasch angeleinten Hund gefolgt, über die Lichtung hinunter zum Almweg.

Der Hirsch stand am jenseitigen Hang der Schlucht, anscheinend inmitten eines dicht mit Schwarzerlen bewachsenen größeren Schlages und mußte aus dem Nachbarland Tirol soeben erst hereingewechselt sein. Er schien im Begriff, gegen die Sohle des Grabens hinunterzuziehen, vermutlich mit der Absicht, sie irgendwo zu überschreiten. Wenn ich mich beeilte, konnte ich ihn vielleicht noch auf der freien Fläche in Anblick bekommen. Hatte er aber erst den diesseitigen Hang erreicht, dann war das Gelände nicht mehr sichtig, und er mußte sogar Wind von mir bekommen, wenn er tiefer stand als ich. So lautlos wie möglich lief ich auf dem Almweg etwa zweihundert Meter talein und hörte dann wieder einen langgezogenen, ziemlich tiefen Schrei, jetzt mir gerade gegenüber. Mit ein paar Sätzen war ich unten am Bachufer und hatte dort freie Sicht auf den Erlenschlag. Kein Anblick von Wild bot sich aber dem aufmerksam suchenden Auge.

In der Sorge, der Hirsch könne schon durchgezogen sein, ahmte ich rasch das Mahnen von Kahlwild nach. Da teilten sich die Erlenbüsche kaum sechzig Gänge links oberhalb von meinem Stand und heraus trat der suchende Hirsch, den ich auf den ersten Blick schon als jungen Achter ansprechen konnte. Wie ein Kapitalhirsch mit seinen schöngestellten, weitgabeligen Stangen wiegend, zog er auf mich zu, blieb kaum vierzig Schritt von mir entfernt stehen und röhrte einen Schrei ins Rauschen des Bergbachs hinein, der ihm fünf Jahre später bei seinen Damen und bei den ihn verfolgenden Jägern noch Ehre gemacht hätte. Dann setzte er mit einer bei aller Wucht von Rumpf und Hals doch leicht und gazellenhaft wirkenden Flucht über den Graben auf mein Ufer herüber, blieb auf erneutes leises Mahnen hin hoch aufgerichtet verhoffend stehen, eräugte plötzlich den Hund und brach mit krachender Flucht schräg von mir weg durch den Waldhang davon. Aber schon nach fünfzig Metern verhielt er wieder, äugte unschlüssig auf uns zurück, stieß einen Laut hervor, der eine sonderbare Mischung von Schrecken und Röhren war, und verzog sich schließlich im raschen Troll gegen die Ackeralm hin. Viel schien ihm der unvermittelte Schreck nicht geschadet zu haben, denn schon nach wenigen Minuten hörte ich wieder seinen sehr ernsthaft gemeinten Brunftschrei, der sich ein paar Mal wiederholte, dann nur noch im Hall von der anderen Grabenseite her zu vernehmen war und sich schließlich ganz in der Ferne verlor.

Befriedigt über den guten Anblick und Verlauf unserer kurzen Birsch kehrten wir beide, der Vasco und ich, zu unserem Herrenkaser zurück, vorfroh der herabsinkenden Nebeldämmerung, dem rotgoldenen Lampenschein, der knisternden Herdwärme und den Klößen aus der frischen Leber des Rehbocks in der dampfenden Suppe entgegensehend.

Über das Verdiente und Unverdiente am Erfolg oder am Mißerfolg haben sich schon viele Historiker und andere weise Männer den Kopf zerbrochen.

Die Astrologen sehen den Grund für Gelingen oder Mißlingen in der Stellung der Gestirne, die nur mit kühlem Verstand Richtenden sagen, daß allein die Tüchtigkeit des Handelnden den Ausschlag gibt. Recht haben wahrscheinlich beide. Denn auch der Tüchtige wird seine schlechten Zeiten erleben und auf sich lasten haben, in denen er dann eben weniger leistet. Sicher erscheint es mir aber, daß kleine, vom Zufall herbeigeführte Glücksfalle für den Strebenden, Suchenden, Sorgenden oder Kämpfenden oft schon Ursache einer sich anschließenden Kette glücklicher Erfolge wurden.

Am nächsten Morgen war es still um die Hütte, als ich aufwachte. Aber durchs Fenster spähend sah ich nicht das ersehnte Sterngefunkel am nächtlichen Himmelszelt, und als ich die Hüttentür öffnete, fing sich der Lichtstrahl im weißen Rauch des Nebels, der sich anscheinend gesenkt hatte und nun auch die Käser der Niederalm umlagerte. Mit Hund und Büchse schließlich in der Nacht stehend, wollte es mir so vorkommen, als wenn irgendwo hoch oben über dem weißen Brodem es lichter sein müsse. Es war ganz ruhig ringsum, und ich fühlte auf der Haut das Auf- und Niederwogen der dichten feuchtkühlen Luft, in der ich stand. Da faßte ich einen raschen Entschluß, versagte mir den Birschgang zur Oberwiesenalm hinüber, die mich mit starker Verlockung anzog, und bog nach links ab auf den Weg, der zur Jagdhütte und von dort zur Schneid hinaufführte.

Ich mußte mit gut anderthalb Stunden langsamen, aber stetigen Steigens rechnen, um auf den Kamm zu kommen, dessen Nordflanke nicht so wie auf meiner Seite, der südlichen, in steilen Almhängen, sondern in sehr zerklüfteten Felswänden und großen zusammenhängenden Latschenfeldern abfiel. Das Wild sehnt sich nach Sonne, wenn es tagelang durch Sturm und Regen seine Wechsel ziehen mußte. Und wenn ich auch nicht annahm, daß mein Brunftrudel aus dem großen Alpenwald bis zur Schneid hinaufziehen würde, so hoffte ich doch, daß noch vereinzeltes Rotwild aus den Latschenfeldern herauf und über den Kamm auf meine Seite hereingewechselt sei und daß es sich deshalb lohnen könnte, auch den obersten Teil meines Reviers einmal einer genauen Besichtigung zu unterziehen. Der, wenn auch sehr erfreuliche, so doch für den Hirschjäger nicht voll ausreichende Erfolg des Vorabends hatte die bei allem menschlichen Tun nachteilige einseitige Verbissenheit in den Gedanken, daß es gerade der Platzhirsch der Oberwiesenalm sein müsse, ein wenig gelockert, und ich stieg, mit guten Vorgefühlen und durch ein neues Ziel beschwingt, rasch im stockfinsteren Hochwald bergan.

Am Rand der Blöße, auf der die Jagdhütte stand, angekommen, bezog ich Stellung auf einem kleinen Felskopf, von dem aus ich, wenn ich zur Hahnenbalz dort oben nächtigte, an manchen Abenden ins heilige Land Tirol hinübergeschaut, dem Frühlingsgesang der Vögel und den irgendwo vorbeibalzenden Schnepfen gelauscht und das Schwinden des Lichtes und das Aufbrennen der Sterne durchkostet hatte. Als es endlich zu tagen anfing, befragte ich meine immer noch in milchiges Grau gehüllte Umgebung mit dem Ruf, bekam aber keine Antwort und stieg schließlich weiter an der in ihrer stummen Abgeschiedenheit ganz unheimlich wirkenden kleinen Hütte vorbei und höher hinauf bis zur Schneid. Durch nur noch hundert Meter Steilhang von ihr getrennt, verschnaufte ich einmal, und dabei tauchte für ein paar Sekunden ihre scharfe Kante aus dem Nebel und ein erlöschender Stern war für kurze Zeit im mattblauen Himmel der scheidenden Nacht sichtbar. Mit dem Regen war's also für heute vorbei. Diese freudige Gewißheit konnte ich auf alle Fälle wieder mit mir hinunternehmen.

Eine andere Frage war allerdings die, ob jetzt nicht der Nebel, der gefährliche Herbstgast unserer Berge, tagelang liegenbleiben und die Aussichten auf jagdliche Erfolge noch ungünstiger gestalten würde als Regen und Sturm. Während ich dies noch überdachte, hörte ich einen fernen Hirschschrei diesseits der Schneid aus der Richtung, in die ich meine Birsch fortsetzen wollte. Ich warf alle Wettersorgen von mir, stieg vollends bis zum Grat hinauf und auf ihm entlang gegen Osten. Ab und zu rief ich mit der Muschel wieder in den Nebel hinein, ohne eine Antwort zu erhalten. Und als ich in die Gegend gekommen war, in der ich den Hirsch, der vorher geschrieen hatte, vermutete, durchquerte ich noch ein kleines Latschenfeld, das von drüben über die Schneid hereingewuchert zu sein schien, und setzte mich, von seinen Randwedeln überschirmt, auf einen trockenen Platz, um abzuwarten, ob nicht der Aufgang der Sonne Bewegung in den wieder dicht geschlossenen weißen Nebelvorhang bringen würde. Und so geschah's! Erst war's, als ob er sich rostrot färben wollte, dann aber glühte es hinter ihm feurig auf, und das heraufsteigende Tagesgestirn blendete mir entgegen. In sanft wogenden und wehenden Schleiern begann der Nebel sich zu bewegen, rauchte rötlich um die zeitweilig schon völlig frei daliegende Schneid und ihre feuchten Fels- und Geröllfelder, ihre Latschenbeete und verkrüppelten Fichten, zog sich nur noch leicht verhüllend wieder über ihr zusammen oder schlug wie die weißen, abwehrenden Arme einer bedrängten Frau hoch in den blauen Himmel hinauf.

Der Nebel war in Bewegung und mit ihm auch der Wind. Dies hatte zur Folge, daß es halbrechts vor mir in der noch ganz unsichtigen Bergflanke zu rieseln und zu steineln begann von den Schalen wegflüchtenden Wildes, das Wind von mir bekommen hatte. Und sehr bald erscholl auch in geringer Entfernung, aber leise, nicht wie sonst manchmal zornmütig und laut, der Gamspfiff. Eine Art heimliche Warnung war es an die Brüder und Schwestern, die der durch die Luft wahrgenommene Feind selbst gar nicht hören sollte. Dann wurde mir ein seltsamer, unvergeßlicher Anblick zuteil. Etwa achtzig Meter von mir entfernt stand plötzlich ein Gams auf der Schneid, von den gerade an dieser Stelle herüberblendenden Sonnenstrahlen, die noch der letzte feine Nebelhauch dämpfte, wie von einer Gloriole umsprüht. Es verhoffte, Körper und Schatten zugleich, ziemlich vertraut zu mir her, ließ sich als mittleren Bock ansprechen und tauchte lautlos auf die andere Seite des Bergkammes hinab. Genau an der Stelle, wo es gestanden hatte, stand aber unmittelbar darauf ein zweites Gams, ein ungefähr gleich starker Bock, nur mit weiter gestellten Schläuchen. Er verhielt etwas kürzer und versank, dem ersten folgend, im Nebelmeer. Und dann kam ein dritter und vierter und dann ein fünfter, die sich weniger Zeit ließen und die ich nur mühsam und rasch als gute Böcke ansprechen konnte. Und der nächste, der wieder etwas länger verhielt, war ein Kapitalbock. So weit und hoch schweiften sich seine Krücken nach beiden Seiten über die Lauscherspitzen hinaus, daß ich erst nach ein paar Sekunden des Schauens an die Wirklichkeit dieses Gewächses glauben konnte und rasch zur Büchse griff.

Das immer eindringlicher werdende, blendende Licht der das Wild umgebenden nebelgedämpften Sonnenstrahlen machte das kurze Zielen schwer. Aber nach dem hellen Hinauspeitschen des Schusses stellte sich das Fabelwesen drüben auf der Schneid ganz langsam wie ein dressierter Lipizzaner auf die Hinterläufe, kam wieder herunter, schnellte sich nochmals ab und überschlug sich, Steine lösend, gegen mich her in den steilen Hang herein. Mit dem Schuß war der wundersame Zauber schlagartig zerstört, der Nebel sank jäh hinab ins Tal, und vor mir lag im Frühsonnengold weithin übersehbar die Schneid und ein Teil der bis zu ihr aufsteigenden Almhänge und dahinter ein Meer von Schneebergen, von Kämmen und Kuppen und nebelfeucht glitzernden Felsgipfeln. Ich wollte nicht gleich hingehen und zündete mir die erste Pfeife dieses Tages an, so in der Sonne die allmähliche Lösung der großen Spannung genießend und nochmals dies einmalige Erlebnis durchkostend. Dem Hund war das nicht recht, er winselte ein wenig und versuchte gar, sich in den Riemen zu legen und mich damit zum Aufstehen zu veranlassen. Aber er mußte sich dann doch wieder auf den Wettermantel bequemen und die Viertelstunde vorübergehen lassen, die für mich zum Schönsten im Jägerleben gehört.

Auf einmal schrie in geringer Entfernung ein Hirsch, und als ich in die Richtung schaute, sah ich vier Stück Hochwild aus einem schmalen Alpenwaldstreifen herausziehen und sich schräg von mir weg, trollend und wieder verhoffend, auf die Schneid zubewegen. Ihnen folgte ein Hirsch, ein guter, wie es auf den ersten Blick hin scheinen wollte. Aber schon sein Umriß gefiel mir nicht recht, und das Glas belehrte mich rasch darüber, daß es ein jüngerer Zehner mit langen Enden und auch langen, aber ziemlich dünnen Stangen war. Die ganze Gesellschaft zog auf etwa hundertfünfzig Meter Entfernung vor mir über den Kamm, und der Hirsch blieb, eh' er in die

Nordseite einstieg, wie aus rötlicher Bronze gegossen und frei vom blaugoldenen Himmelszelt sich abhebend, noch einmal stehen und röhrte stolz und herrscherhaft in die Berge hinein.

Während ich dann meinem Gamsbock, an dessen Krucke ich vierzehn Jahresringe zählte und der einer der besten meines Jägerlebens geblieben ist, die ehrende Wacht hielt, dachte ich darüber nach, was wohl der Grund für die von mir schon öfters beobachtete Tatsache sei, daß ein verhältnismäßig junger Hirsch, den man sich sehr wohl als Beihirsch denken könnte, ungestörter Beherrscher eines größeren Rudels ist, während auf nahe gelegenen anderen Brunftplätzen wesentlich stärkere als er um ein anderes Brunftrudel kämpfen. Dieser Zehner hätte auf hundert Meter Entfernung Reißaus nehmen müssen, wenn einer der drei Guten, die ich neulich auf der Oberwiesenalm beobachtet hatte, aufgetaucht wäre, um ihm seinen Harem abzujagen. Es kam aber keiner. Keiner trennte sich vom Hauptplatz und vom Hauptrudel. Es scheint doch auch im Liebesleben des Rotwildes so zu sein, daß es einzelne besonders heißumworbene Schöne gibt, um die die Besten des Reviers in ähnlich heftige Nebenbuhlerschaft treten wie bei uns Menschen die Größen des Landes um – eine reiche Erbin. Nicht jedes Stück Kahlwild scheint für jeden Hirsch zu taugen, wenigstens so lange nicht, als er die Möglichkeit der Auswahl hat. Und die Auswahl des Besten hat die Natur wahrscheinlich nicht allein durch den Sieg des stärkeren Hirsches gesichert, sondern auch dadurch, daß um die besten weiblichen Stücke ein Kampf der stärksten männlichen entbrennen muß.

Ein alter Rehbock rechts, ein alter Gamsbock links der rund überwölbten Tür eines ehrwürdigen Almkasers an hohem Hauptschmuck aufgehängt, das ist ein beglückender Anblick, dem gegenüber man gern im langersehnten Sonnenschein liegt und zu dem man immer wieder unter den schlafschweren Lidern hinüberschaut. »Jetzt fehlt nur noch ein Hirsch«, sagte der Michl nach kurzer Sprachlosigkeit vor diesem erlesenen Paar, das in den von seinem Schwiegervater lang betreuten und vielgerühmten Wäldern und Latschenfeldern herangereift war. Ja, der fehlte noch, und der war schließlich die Hauptsache, jetzt in der zweiten Oktoberwoche, in der bei uns die bis dahin hochgehenden Wellen der Brunft sich allmählich wieder zu glätten beginnen. Aber er würde nicht mehr lange fehlen, denn zwei der mächtigsten Hirschhüter, Regen und Sturm, hatten der Sonne das Feld räumen müssen, und der dritte, nicht minderstarke, der Nebel, hatte sich ziemlich weit hinab in die Täler verzogen. Wunderbar würzigfeucht war die Herbstluft, die Überfülle von Nässe, die sich im Boden angesammelt hatte, stieg da und dort noch als dünne Rauchfahne über die Wipfel des Hochwaldes auf, zerflatterte im Ostwind oder zerschmolz vor den kraftvollen Strahlen der Sonne. Und über der Niederalm, ziemlich hoch oben im Alpenwald, röhrte ein Hirsch mit guter Stimme in längeren Zeitabständen den ganzen Vormittag hindurch.

Schon früh am Nachmittag, gleich nachdem der Wind angefangen hatte, talwärts zu ziehen, saß ich am Rand der Oberwiesenalm. Ich hatte ein Buch mitgenommen, denn es konnte mehr als eine Stunde dauern, eh' das Rotwild, von der rasch sich durchsetzenden Wärme des Sonnentags träg geworden, ins Ziehen kommen würde. Etwa eine halbe Stunde bevor der Michl mit schwerer Doppellast zutal gestiegen war, hatte ich noch einen rauhen Trenzer oben im Alpenwaldgebiet gehört, dann war es still geworden. Aber schon um halb fünf Uhr fing der Hirsch wieder zu melden an und kam, wie ich mit freudiger Spannung alsbald feststellte, langsam gegen die Alm her gezogen. Kurz nach fünf Uhr, als es gerade anfing, kalt zu werden und der köstliche kühle Herbstduft des Fallaubes aus dem Wald herauswehte, traten etwa hundert Meter oberhalb des mir von meiner ersten Birsch her bekannt gewordenen Wechsels die vordersten Stücke des Rudels auf die Alm heraus und begannen zu äsen. Dahinter, dicht am Waldrand, aber unsichtbar, brummte und stöhnte und warb der Hirsch mit dunklem Hals um ein brunftiges Stuck, das nicht auf die Alm hinaustreten wollte oder das er nicht ausziehen ließ. Manchmal vernahm ich trotz der Entfernung von mehr als zweihundert Metern das Anstreichen seiner Stangen an den rauhen Wedeln der Fichten, das Splittern oder Zurückschnellen eines Astes und das Abrollen eines Steins. Ein paarmal schienen Hirsch und Tier ein gut Stück waldeinwärts gezogen zu sein, näherten sich dann wieder, und schließlich wurde das Röhren des Hirsches spärlicher, nur ein kurzes Anstoßen beim Sprengen ließ sich noch hin und wieder hören, und plötzlich ward es still. Alsbald kam ein vollkommen grauverfärbtes, starkes Stück Kahlwild langsam aus den Randfichten herausgezogen und gesellte sich, eifrig das fahle Almgras äsend, den Schwestern zu.

Ich wußte, was geschehen war. Der Hirsch hatte sein Stuck beschlagen und sich unmittelbar danach niedergetan. Und ich wußte auch, was ich jetzt zu befürchten hatte, nämlich, daß vor dem Hirsch die Nacht kommen würde. Und so kam es auch. Als ich die inzwischen zu den Almhütten hinuntergewechselten Tiere nur noch bei genauem Hinschauen mit dem Glas aus ihrer graugrünen Umgebung herauslösen konnte, kam auf meinen wiederholten Muschelruf endlich die erste Antwort, ein leiser, finsterer Brummer vom Waldrand her, und mühsam unterschied ich, in der Richtung suchend, aus der Steingeriesel hörbar wurde, die schwere Gestalt des Hirsches, als er über eine lichtere Stelle des von Rinnen und Gräben zerrissenen Hanges langsam hinüberzog. Einen sicher gezielten Schuß oder gar ein Ansprechen ließ die fast völlige Nacht nicht mehr zu.

Während ich, zum erstenmal in dieser Hirschbrunft unter fernem Sterngefunkel, auf dem Steig zur Niederalm zurückbirschte, erscholl plötzlich in meiner nächsten Nähe ein rauher Hirschschrei. Ich blieb stehen, hörte das feine Knistern von Schalen auf dem Reisig des Waldbodens und das Anschlagen von Geweihstangen an Aste schräg vor mir. Nach ein paar Sekunden der Stille röhrte der Hirsch noch einmal bös und dunkel, jetzt nicht mehr als dreißig Schritte entfernt, und in fast gleicher Höhe mit mir, so daß ich befürchtete, er würde weiter abwärts und über den Steig ziehen. Da er auf mich zukam, mußte er dabei schließlich in meinen Wind treten.

Aber er wendete wieder bergwärts und wechselte etwa zwanzig Gänge ober mir durch. Ich war auf einem der ziemlich dicht mit Buchenüberhältern bestandenen schmalen Schläge und ahnte mit in die Nacht sich bohrendem Blick das lautlose Vorübergleiten seines mächtigen Schattens. Er röhrte noch zweimal, daß es mir kalt über den Rücken lief und ein drittes Mal weiter entfernt schon gegen Oberwiesen zu.

Im Lampenlicht dieses Hüttenabends las ich ein Buch über Richard Wagner und die Parzivalsage, wie er sie gefaßt hat. Und da wir Menschen, bewußt oder unbewußt, alles, was uns begegnet, auf unser eigenes Leben, auf unser Tun und Lassen beziehen, so begann ich alsbald Verbindungen herzustellen zwischen den Schicksalen dieses reinen Toren und späteren Königs auf Monsalvat und meinen eigenen Wegen auf der Niederalm. Herzeleides unbelehrter Sohn mußte, eh' er sein Werk am Gral vollbringen durfte, ein halbes Menschenalter lang der Irrnis und der Leiden Pfade wandern, als Sühne dafür, daß er beim ersten Betreten der heiligen Halle nicht das erlösende Wort für den todwunden Amfortas gefunden hatte. Ich habe nie verstanden, wieso er durch eine, wenn auch mitleidige, so doch sehr überflüssige Frage den kranken König hätte erlösen können, aber es hat mich die aus der alten Sage zu ziehende Lehre, daß uns das Schicksal zuweilen ein Geschenk machen will und uns bestraft, wenn wir nur zögernd danach greifen, dennoch immer nachdenklich gemacht.

Denn es ist wahr: Manche vom Glück dargebotene und nicht gleich wahrgenommene Gunst geht unwiederbringlich verloren, manche kann nur durch harte Mühe auf weitem Umweg zurückgewonnen werden. Mag sein, daß Weisheit, daß Sinn in der sich daraus ergebenden Lehre enthalten ist, gefallen hat sie mir nie: Das Schicksal gesehen als eine leicht erzürnbare Gouvernante, die dem unaufmerksamen Kind den ihm zugedachten Kuchen entzieht, weil es die Hand nicht schnell und happig genug danach ausstreckt! Ward nicht der in Versuchung und harten Kämpfen gereifte Ritter ein würdigerer König, als es ein dummer und ungeschlachter Naturbursche je hätte sein können? Und hatten mich diese zehn Tage ohne Hirsch nicht reicher gemacht als ein rascher Erfolg am ersten Abend? Der rheinisch-westfälische Tausendsassa, der jetzt wahrscheinlich auf dem Jagdhaus im Nachbartal Geschäftsbriefe schrieb, würde mir allerdings nicht recht geben, ihm war die Schicksalsgouvernante lieb und wert; denn er war ein musterhafter Knabe, der seine »Schanxen« wahrzunehmen wußte.

Vielleicht war es meine Philosophie allein, vielleicht trug auch ein mit großer Sorgfalt gebrauter Schlaftrunk aus Tee und Rotwein, Zitronensaft und altem Arrak mit dazu bei, daß ich mein seelisches Gleichgewicht trotz des erneuten Mißerfolges sehr bald wiederfand und, ausgesöhnt mit allem, was ich hier oben erlebt hatte und noch erleben würde, frühzeitig in wohlverdienten Schlummer sank.

Fast hätte ich am nächsten Morgen verschlafen, was ich ein paar Stunden später weniger bedauert haben würde, als in dem Augenblick, in dem ich vor die Hütte und in eine prachtvolle Herbstnacht hinaustrat. Es hatte gereift, in der Schlucht lag völlig bewegungslos eine Wolke dünnen Bodennebels, Stern glitzerte an Stern, und drüben am Berghang, durch den die Grenze lief, brach sich das Röhren der Hirsche von der Oberwiesenalm her. Ich mußte mich beeilen, denn im äußersten Notfall hätte ich auf freier Blöße bis auf fünfzig, sechzig Schritt schon schießen, wenn auch noch nicht ansprechen können. Es ist auf der Jagd immer von Übel, wenn man sich hetzen muß. Ich erlebte das auch heute. Meine Erfahrung hätte mir sagen müssen, daß an diesem ersten wirklichen Sonnenmorgen das Rotwild lange auf freier Almfläche stehen bleiben würde, um die seit Tagen entbehrte Wärme des goldenen Lichts zu genießen.

Aber der gekürzte Schlaf der letzten zwei Wochen fing an, sich auf mein Denkvermögen auszuwirken, und außerdem läßt man sich immer wieder vom zunehmenden Büchsenlicht zur Eile treiben, vor allem dann, wenn unser erregendster Sinn, das Ohr, mit im Spiel ist. Vor mir auf der Alm meldeten nämlich mehrere Hirsche, ich glaubte unter dem Vorwärtsbirschen mindestens drei Stimmen zu unterscheiden, ziemlich lebhaft durcheinander.

Ich hatte die Lichtung schon beinahe erreicht, da wurde ich durch das Benehmen des Hundes darauf hingewiesen, daß in unserer nächsten Nähe Wild stehen mußte. Er hatte den Fang gehoben, sicherte aufgeregt und sehr aufmerksam nach oben und ging nicht mehr von der Stelle. Ich folgte seinem

Beispiel und fuhr im nächsten Augenblick unter einem zornigen Schrei zusammen, der aus unmittelbarer Nähe vom Almrand her erscholl. Ein paar Sekunden später huschte es lautlos und grau zwischen den Schirmästen der Fichten daher, ich sah in einer Lücke kurze Zeit das schmale langluserige Haupt eines Alttiers, welches nach rückwärts verhoffte, und dann ertönte dicht dahinter wieder ein Schrei. Das Alttier verschwand, ein paar helle Endenspitzen tauchten in derselben Lücke auf, um ebenfalls gleich wieder in die schwarzen Wedel unterständiger Fichten hineinzutauchen, und dann hörte ich Hirsch und Stuck ungefähr auf dem gleichen Wechsel, auf dem gestern zu nächtlicher Stunde der Hirsch an mir vorübergekommen war, waldeinwärts ziehen.

Was für ein Hirsch war das gewesen? Ich hatte ihn nicht ansprechen können, aber die paar Linien von Geweih und Gestalt, die das Auge im Zwielicht hatte einfangen können, sprachen für einen starken Hirsch. Ein mächtiger Schrei draußen auf der Alm vertrieb mir die Befürchtung, daß es der Platzhirsch selbst gewesen sei, der mit einem einzelnen Stuck so früh zu Holz gezogen war, und ich beeilte mich, die restlichen hundert Meter bis zum Almrand behutsam, aber weitausschreitend hinter mich zu bringen. Schon sah ich im kaltblauen Dämmerlicht die steinbeschwerten Schindeldächer der Hütten auftauchen, als dicht unter meinem Steig mit lautem Krachen und Gepolter ein weiteres Stück Hochwild wegbrach und kurz danach einen rauhen Schrecklaut ausstieß. Jetzt war das geschehen, was ich durch viele Birschen zu vermeiden gewußt hatte. Der Großalarm war geschlagen, das Mißtrauen geweckt. Wenn ich jetzt nicht noch schnell eine Gelegenheit zum Schuß erhaschte, dann würde ich die nächsten Tage vielleicht damit zubringen müssen, auf die Suche nach dem neuen Einstand dieses Brunftrudels zu gehen. Mit ein paar Sätzen war ich vorn bei meinem Ameisenhaufen und hörte, als ich mich hinter ihm niederkauerte, den zweiten, den dritten, den vierten zornig alarmierenden Schrecklaut des Kälbertiers, welches ich weggetreten hatte und welches in langem, förderndem Troll schräg von mir fort auf die Käser zuhielt. In der Alm begann es zu rieseln, zu knirschen und dumpf zu knallen von abgehendem Gestein, und jetzt entdeckte ich auch endlich das Rudel, welches in einem der steilen Wassergräben unschlüssig, aber doch ziemlich schnell aufwärts flüchtete.

Wo war der Hirsch? Ich suchte fieberhaft mit dem Glas nach den schwankenden Ästen seines Geweihs, die doch irgendwo im Rudel oder hinter ihm her aus der Versenkung herausragen mußten. Jetzt entstieg die ganze Gesellschaft dem Graben und blieb, etwa zweihundert Meter von mir entfernt, auf dem Rücken zwischen dieser und der nächsten Rinne unruhig verhoffend, stehen. Ich zählte drei Stucke und zwei Kälber, aber der Hirsch, so stellte ich mit tiefer Enttäuschung fest, war nicht bei ihnen. Und da nahm ich unten jenseits der Almhütten eine Bewegung wahr, und ich konnte gerade noch erkennen, daß ein starker Hirsch, vermutlich der Zehner- und Platzhirsch, mit zwei einzelnen Tieren jenseits der Almhütten in die Spitze eines alten Fichtenbestandes hineinflüchtete, der sich bis zur Sohle der Schlucht hinabzog und drüben auf dem Gegenhang bis dicht unter die Landesgrenze in einem schmalen, aber ungeheuer dichten Fichtenjungwald sich fortsetzte.

Aus dem Bestand heraus ertönte ein paar Minuten später nochmals ein letzter ferner Schrecklaut, und dann war es still. Vorsichtig, immer wieder stehen bleibend, bewegte sich das Kahlwild drüben in der Steillehne seinem alten Einstand, dem Alpenwald, zu und tauchte schließlich, ein Stuck hinter dem anderen, darin unter; das letzte sehr starke Stuck, wohl ein altes Gelttier, schien von der Kletterei erschöpft zu sein und verhielt ein paar Minuten lang im Schatten der Schirmfichtenäste, nur an den hellen Keulen und den orangefarbenen Nadeln unter dem Wedel noch erkennbar.

Dieser Hüttentag wurde mir lang. Es beruhigte mich zwar ein wenig, daß um die Mittagszeit oben im Alpenwald zwei Hirsche eine Zeitlang meldeten. Der eine von ihnen war zweifellos der, der mir gestern abend und heute morgen nahe beim Steig begegnet war. Der andere hatte eine schwache Stimme, bewegte sich unausgesetzt röhrend hin und her und war sicher keiner von den drei starken, die ich am ersten Abend hatte ansprechen können.

Die Trostworte des Michl und die Siesta in der Sonne, während er neben mir auf der Bank das Geschirr abspülte, wollten mich nicht recht glücklich machen, und es war immer nur eine Frage, die mir bei alledem durch den Kopf ging, nämlich, ob der Platzhirsch, oder besser gesagt, sein Kahlwild, am Abend oder doch im Lauf der Nacht wieder gegen Oberwiesen herwechseln würde. Ja, wäre der Zehner ein jüngerer Hirsch in der Vollkraft gewesen, dann hätte ich berechtigte Hoffnungen hegen dürfen, daß er die durch den morgendlichen Schrecken von ihm getrennten Stucke seines Rudels mit den ihm verbliebenen würde wieder vereinigen wollen. Der Rivale, der jetzt oben im Alpenwald von Zeit zu Zeit träg seinen schartigrauhen Schrei ertönen ließ, würde ihn sicher veranlaßt haben, schon in der folgenden Nacht die wohlerworbenen Herrscherrechte wiederherzustellen. Aber der Zehner war ein alter Hirsch, und die hohe Zeit ging langsam ihrem Ende zu. An den bei ihm verbliebenen beiden starken Tieren würde er für den Rest dieser Brunft genug haben, bei ihnen würde er bleiben und ihnen auf dem Wechsel folgen, den sie heute abend einschlugen. Wahrscheinlich hatte sich auch die Warnerin, die tieferschrockene Matrone, die ich weggetreten hatte, zu ihnen gesellt, und ich konnte nicht daran glauben, daß dieses Kahlwild heute abend oder während der Nacht seinen Wechsel gegen Oberwiesen her nehmen würde. Allzu viele andere Almen standen offen, jenseits der Waldspitze die Ackeralmen oder gar jenseits der Grenze die tirolerische Baumgartenalm oder noch weiter hinten der Sulzingkessel. Und der alte Platzhirsch, jetzt allmählich des Kampfes und der Verteidigung müde, würde vielleicht auch von sich aus einen Luft- und Äsungswechsel zur geruhsamen Beendigung seiner Brautzeit vornehmen.

Ich hatte mit dem Michl, eh' er zu Tal stieg, eine lange Unterredung, setzte ihm alles nochmals anschaulich auseinander, und bat ihn, doch den alten Drixl zu fragen, wo er die neuen Wechsel des Platzhirsches suchen und was er zu dieser veränderten Lage sagen und raten möchte. Dann rüstete ich mit recht geringen Hoffnungen zum Aufbruch. Es blieb mir nichts anderes übrig, als meinen alten Stand wieder zu beziehen. Vielleicht verriet mir die Stimme den Wechsel des Hirsches, denn ich hatte während der ganzen verflossenen Tage nirgends anders einen Hirsch melden hören als droben im Alpenwald und draußen auf der Oberwiesenalm. Aber während ich gerade die Hüttentür absperrte und den Schlüssel im Holzstoß daneben versteckte, bemerkte ich am kurz vorher wieder aufgelebten Röhren des starken Hirsches oben im Alpenwald, daß dieser heute seinen Wechsel nicht auf die Oberwiesenalm zu einschlug, sondern den Berg anpackte und sich ziemlich zügig aufwärts bewegte. Da änderte ich meinen Entschluß und schaute, daß auch ich hinaufkam auf den kleinen Felskopf, der guten Ausblick gegen die Jagdhütte und die dahinter liegenden Suhlen gewährte. Als ich endlich dort oben im Licht der langsam sinkenden Sonne saß und in einem prachtvollen, eisblauen Abendhimmel die Bergdohlen ihre Flugspiele vollführen sah, da wurde es mir wieder leichter ums Jägerherz. Noch schrieen die Hirsche, noch war die hohe Zeit des Bergjägers nicht vorbei, noch konnte ich horchen und hoffen und handeln.

Der Hirsch im Alpenwald, den ich während des Aufstiegs ein paarmal undeutlich vernommen hatte, war seit einer Weile verstummt, und so zog ich, nachdem ich mir eine Zigarre angezündet hatte, ein Buch aus dem Rucksack und begann, wohlgedeckt von Fels und Fichtengeäst, zu lesen. Aber ich war noch nicht weit über die erste Seite hinausgekommen, als ich dem Hund anmerkte, daß vor uns auf der Blöße irgend etwas los sein mußte. Und sehr bald bemerkte ich einen starken Fuchsrüden, der zwischen Tümpeln und Lachen und Rinnsalen der großen Suhle umhersuchte auf der Jagd nach irgendeinem Kleinwild, nach Mäusen vielleicht oder nach einem Berghasen, dessen Spur ihm in die Quere gekommen sein mochte. Er war – wie um diese Zeit bei uns fast alle alten Füchse – schon gut im Balg, und es hätte mich sehr gelockt, ihm auf hundert Schritt das Vollmantelgeschoß durch den Halsansatz zu jagen. Aber ich tat es nicht, denn die Begegnung mit dem Fuchs im Wald, das ist einer meiner abergläubischen Lehrsätze, hat mir von jeher Glück gebracht. So ließ ich ihn schleichen und mit dem spitzen Fang ins Zinnkraut tupfen und mit der prachtvollen weißen Luntenquaste zucken und schlagen und im scheidenden Sonnenlicht einmal gelb, einmal grau und dann wieder feuerrot aufblitzen und sich schließlich in gemächlichem Trott, die Lunte, die fast so breit wie sein Rücken war, waagerecht hinter sich hertragend, nach dem die Blöße abschließenden Jungwald hin verziehen.

Als er verschwunden war und ich das Glas von den Augen nahm, sah ich am talwärtigen Waldrand schon wieder Bewegung, und diesmal war's Hochwild. Ein Alttier trat hinter ein paar verkrüppelten Fichten hervor und äugte mit langsam spielenden Lauschern auf die Blöße hinaus. Gleichzeitig, mein Herz zog sich in freudigem Schrecken zusammen, brummte in seiner nächsten Nähe ein Hirsch mit guter, tiefer Stimme. Und dann trat, Stück für Stück, das ganze Rudel, das ich am Morgen gesehen hatte, vermehrt um ein einzelnes graues Alttier, auf die Lichtung heraus und begann zu äsen, während der Hirsch einen zweiten, jetzt klaren und majestätischen Schrei ausstieß und man ihn unmittelbar hinter dem Waldrand heftig mit dem Geweih an sperrigen Unterästen umherschlagen hörte. Im nächsten Augenblick stand auch er auf der Blöße, sprengte sein graues Stuck mitten in diese hinein und warf sich dann in eine der Suhlen, so daß die rötlichen Wasser hoch aufspritzten. Es war der Vierzehnender! Er schien sich schon am Tag vorher hier irgendwo gesuhlt zu haben, denn sein schwarzes Geweih war grau und lehmfarben geworden. Auch seine Decke war nicht mehr rot wie bei unserer ersten Begegnung, sondern ganz überzogen und verklebt vom trocken gewordenen grauen Schlamm der Suhle.

So also lagen die Dinge! Der Platzhirsch hatte, wie ich richtig vermutete, das Hauptrudel verlassen, und der starke Beihirsch hatte es ohne Kampf übernommen. Die Büchse ruhte auf der Felsbrüstung meiner natürlichen Kanzel, über die ich vorher noch den Wettermantel gebreitet hatte. Die Sicherung schnappte ganz leise nach vorn, und als sich der Hirsch schließlich triefend wieder aus der Suhle erhob und, von der Sonne beschienen, eine Zeitlang dösend stehen blieb, saß ihm der Zielstachel ohne leisestes Schwanken mitten auf dem Blatt, ein paar Sekunden, eine halbe Minute lang, dann schnappte die Sicherung zurück und ich legte die Büchse weg und griff wieder zum Glas.

Ich weiß nicht recht warum, aber ich konnte mich nicht entschließen, diesen sehr achtbaren, an Schönheit und Wucht des Geweihs dem alten Zehner überlegenen und auch keineswegs mehr jungen Berghirsch zu schießen. Es war nicht so, daß ich ihn unbedingt leben lassen wollte. Ja, ich beschloß sogar, daß er in dieser Brunft noch fallen sollte, aber vorher mußte ich Klarheit darüber haben, ob mir der andere, der stärkere und ältere wirklich unerreichbar geworden und zurückgetaucht war in das rätselhafte Dunkel des Waldes, aus dem ihn die diesjährige Brunft heraus- und in das Gebiet der Niederalm hergeführt hatte.

Kurz darauf sah ich den Vierzehnender sein Stuck beschlagen und sich erneut in einer der Suhlen niedertun, während um ihn her seine Frauen teils niedergetan waren, teils langsam umherziehend, von den sauren Gräsern ästen. Über dieses nicht allzuoft dem Auge des Jägers vergönnte Bild spann allmählich die Dämmerung ihre Schleier, ein feiner weißer Dunst hob sich aus dem feuchten Grund, sanft und friedlich schoben sich die immer farbloser werdenden Wildgestalten auf der Blöße durcheinander, ein-, zweimal noch brummte der Hirsch wie in befriedetem Traum vor sich hin, und schließlich brannten oben über der Schneid die ersten winzigen Sterne an, und ich zog mich lautlos zurück, vom enttäuschten Vasco gefolgt, der sich noch schwerer als ich von diesem Bild und der ihn zutiefst erregenden Wittrung trennte.

Das allererste Dämmern des nächsten Morgens fand mich wieder auf meinem alten Platz hinter dem Ameisenhaufen am Rand der Oberwiesenalm. Schlaftrunken und ohne Hoffnung auf Anblick war ich den mir nun sehr geläufigen Steig hergetappt, und nachdem ich mich hingekauert hatte, überkam mich noch einmal die Müdigkeit, und ich dämmerte und döste im Halbschlaf vor mich hin. Weder beim Abstieg am Abend noch beim Hinauslauschen aus der Hütte, bevor ich zur Ruhe ging, hatte ich einen Hirschschrei vernommen; dies freilich besagte nicht viel. Die Zeit heftiger

Kämpfe war beendet, der Harem war geteilt, das Kahlwild, das sich genau dem Kräftezustand des darum werbenden Hirsches anzupassen weiß, brauchte nur noch langsam vor dem träg ihm folgenden Gebieter wegzuziehen, und wenn nicht irgendein Neuer hinzukam, der auf anderen Plätzen bislang keine rechte Erfüllung seiner drängenden Wünsche gefunden hatte und mit geschonteren Kräften auf den Plan trat, dann würden die noch verbleibenden Tage dieser Brunft hier ziemlich still, ohne Kampf und Unrast und feuriges Werben, zu Ende gehen.

Ich war maßlos erstaunt, als sich, es war noch lange nicht schußhell, mitten auf der Alm eine gute Stimme vernehmen ließ. Also doch! Der Zehner war zurückgekehrt, sein Kahlwild hatte den alten Äsungsplatz wieder angenommen, die schon fast aufgegebene Hoffnung, ihm noch einmal zu begegnen, wurde aufs neue lebendig. Immer wieder röhrte der Hirsch vor mir auf der Alm, müde und verdrossen, vermutlich einem seiner Tiere folgend, dessen Zeit sich noch nicht erfüllt hatte. Endlich wurde es heller, und dann zeigten mir die rastlos suchenden und alles abtastenden Linsen des Glases hoch oben in der Alm ein Stück Kahlwild, das niedergetan war. In einer Mulde, dicht darunter, schien der Hirsch zu stehen, vielleicht war auch er dort niedergetan. In großen Zwischenräumen brummte er ungut und schläfrig vor sich hin. Endlich wurde das Stuck hoch und setzte sich in Bewegung, aber nicht gegen mich her und auf den Alpenwald zu, sondern schräg abwärts in Richtung auf die Waldspitze, in die hinein gestern der Platzhirsch mit seinen beiden Tieren geflüchtet war. Eh' ich mich's versah, stand auch plötzlich der Hirsch hinter dem Stuck und brummte, den Hals weit nach vorn gestreckt, müd' und zärtlich zu ihm hin. Es war weit bis dort hinüber. Von dreihundert Metern fehlte nicht viel. Das Licht war schlecht und das Wild von nun ab ständig in Bewegung. Hirsch und Stuck zogen auf eine ebene Fläche zu, auf der das Almgras aus irgendwelchen Gründen, wahrscheinlich weil es auf trockenem kiesigem Grund sproßte, wesentlich heller war als das der Umgebung. Dort, wenn die beiden einen Augenblick verhielten, konnte es glücken. Denn ich war entschlossen zu schießen, obwohl ich das Geweih immer noch nicht genau hatte ansprechen können.

Ich zweifelte nicht daran, daß ich den alten Platzhirsch vor mir hatte. Ich sah den schweren Rumpf, die lehmfarbene Decke, die enge Stellung des sehr hohen Geweihs, und jetzt endlich hoben sich die Stangen ein paar Sekunden lang vom weißen Hintergrund einer steinigen Wasserrinne ab. Er war es! Und bei dieser Gewißheit erfaßte mich ein wildes Hirschfieber. Ich tat alles, um seiner Herr zu werden, denn bei einem so weiten Schuß auf solch edles Wild durfte die Mündung der Waffe nicht zittern.

Aber jetzt hatte wieder der Teufel seine Hand im Spiel. Ein zweites Stück Kahlwild gesellte sich von irgendwoher aus einer verschatteten Senke den beiden zu und begann, wohl eingedenk des gestrigen Schreckens, plötzlich sehr schnell abwärts zu trollen. Der Zehner und sein Stuck hatten anscheinend auch noch die ihnen vor vierundzwanzig Stunden zugefügte Störung schreckhaft in den Knochen, denn sie taten auf einmal, als wenn sie etwas gemerkt hätten, und nun trollte das Kleeblatt, Steine lösend und immer schneller werdend, dem Waldrand zu und war sehr bald außer Schußweite. Unten erst, kurz bevor sie ins Dunkel der Fichten tauchten, beruhigten sie sich wieder. Ja, der Hirsch stieß sogar noch einen kurzen groben Schrei aus, die Tiere rupften flüchtig ein paar Kräuter, und dann erst zogen sie, eines nach dem andern, in die Waldspitze ein, vor deren schwarzgrüner Wand ich das inzwischen auch hell und lehmig gewordene turmhohe Geweih des alten Platzhirsches deutlich ansprechen konnte.

Es war besser so, als wenn ich zu Schuß gekommen wäre und den Hirsch gefehlt hätte. Aber es lag wieder ein langer Tag vor mir, den ich nicht recht nutzen konnte. Ich hätte wohl nach modernem Rezept eine Rufbirsch in den vermutlichen neuen Einstand des Zehners hinein unternehmen können, aber ich wußte schon damals, was für ein zweifelhaftes Unterfangen solch gewaltsames Eindringen in den Tag- und Ruhbereich eines alten Hirsches ist. Es war durchaus möglich, daß er mir gar keine Antwort gab und ich unverrichteter Dinge die Dickung drunten im Graben wieder verlassen mußte mit dem unguten Bewußtsein, daß ich ihm nun wahrscheinlich auch diesen Einstand verstänkert und verleidet hatte. Da war mir die unmoderne, die alte Weise schon lieber, die des Augenoffenhaltens, Abfährtens und Ausspekulierens und anschließenden Sitzens und Wartens. Wenn man kein großes Abschußprogramm zu erfüllen hat und nur das sich wünscht, was einem wirklich reif erscheint, dann führt sie besser und – wenn man's im ganzen betrachtet – nicht minder aufregend zum Ziel.

Ach, die Welt war schön! Der Herbstwald brannte in zauberischen Farben, der Reif zerrann festlich in funkelnde Wassertropfen, und oben im Alpenwald röhrte ein paarmal, mit seiner Schar zufrieden heimkehrend, der Vierzehnender. Und der Zehner war nicht ausgewechselt, sondern er suchte wieder des Nachts mit seinem klein gewordenen Rudel den ihm vertrauten Äsungsplatz auf, und ich war allein und glücklich in dieser Bergeinsamkeit. Was wollte ich mehr!? Ja, etwas mehr wollte ich schon: Einen starken Hirsch wollte ich schießen. Aber auch diesem Wunsch konnte noch Erfüllung werden.

Es war früh am Morgen, und es mußte noch gut zwei Stunden dauern, bis der Michl heraufkam. So konnte ich unten im Brunnentrog ein eiskaltes Vollbad nehmen, eh' ich mir in der kleinen Kippmaschine meinen Morgenkaffee kochte. Aber trotz aller Erfrischung fingen mir die Lider schon an schwer zu werden, während ich den köstlichen, dunkelbernsteinfarbenen Honig aus den Blüten des Bergfichtenwaldes auf die gerösteten Weißbrotscheiben träufeln ließ, und meinen Morgentabak rauchte ich heute nicht ganz zu Ende, sondern zog mich bald zurück in die Mönchskammer und fiel in jenen wunderbar tiefen Morgenschlaf, der wahrscheinlich nur dem Bergjäger vergönnt ist, wenn irgendeine hohe Jagdzeit des Jahres ihrem Ende zugeht.

Ich wachte erst auf, als zwölf Uhr schon vorüber war und der Michl mich weckte, wahrscheinlich weil er wissen wollte, was ich zu Mittag essen würde. Er hatte ein paar Forellen mitgebracht, und die kamen mir, nicht nur weil heute Freitag war, gerade recht. Gegen meine mittägliche Hüttengepflogenheit wollte ich, um sie würdig einzunehmen, eine Flasche entkorken, auf deren Etikett irgendwelche sonnigen Uferhänge der Mosel abgebildet waren.

Der Michl hatte aber noch einen anderen Grund, warum er nicht abgewartet hatte, bis ich von selbst aufwachte. Er brachte Botschaft vom alten Drixl. Also, der Patriarch wußte genau, wo der Zehner sich tagsüber barg: jenseits des Grabens in der dort sich lang hinziehenden Dickung, die – weil ja der Jungwald in hohen schneereichen Lagen nur langsam wächst und sich schließt – schon zu Zeiten drixlschen Wandelns und Waidwerkens hier oben ein guter Einstand gewesen war. Und wenn er mir damit auch nur bestätigte, was ich schon wußte, so freute ich mich doch an der gründlichen Kenntnis und am guten Gedächtnis dieses Altmeisters, der seit nahezu einem Jahrzehnt nicht mehr hier heraufgekommen war in sein altes Reich. Er schien mir aber noch etwas kundtun zu wollen, denn der Michl beendete seine Botschaft mit den Worten: »Der Vater sagt, der Vater sagt, Sie sollten, owakemma sollten S' dazua. Er hätt' Eahna noch ebbas zum sagn, aber des möcht er Enk selber sagn. Wenn's Zeit ham, sollen S' owakemma!«

Topper, das war ein Vorschlag, der sich hören ließ! Ich hatte ohnedies keine Lust, jetzt noch drei Stunden vor der Hütte in der Sonne zu sitzen, um dann bis in die sinkende Nacht hinein mir die leere Fläche der Oberwiesenalm anzuschauen. Im übrigen, wenn ich mich beeilte, dann konnte ich zur späten Abendbirsch rechtzeitig wieder heroben sein. Und gleich nach der Einnahme von Blauforelle und Moselwein, während der Michl abräumte und Wasser zum Spülen holte, hing ich mir die Büchse unter die Achsel, setzte den Hut auf und wanderte frohgemut talab, von der Mitte des Weges weg einen steilen Viehtrieb benützend, der mich schon nach einer guten halben Stunde auf die Halde oberhalb des drixlschen Anwesens hinunterführte.

Der Alte schien mein Kommen erwartet und mehrmals schon nach mir Ausschau gehalten zu haben, denn er stand, auf seinen Hackelstock gestützt, unten an der Ecke des Hauses und winkte mir schon auf hundert Meter Entfernung einen freudigen Willkomm entgegen.

Der Drixl war nicht der Typ eines Gebirglers, wie er auf allen möglichen Jäger- und Schützenbildern dargestellt und in zahlreichen Romanen beschrieben wird, kein Adlerkönig Dorn mit Hakennase, wallendem Vollbart und kühn blitzendem Aug. Er war ein schwerer, untersetzter Mann mit wuchtigem Schädel, breitem Doppelkinn und einem gewaltigen Satthals. Er trug auch keinen Vollbart, sondern nur einen dicken, nicht allzulang ausgezogenen Schnurrbart, der ihm jetzt im Alter ein wenig wüst und borstig über die Oberlippe hereinhing. Sein Auge freilich war gletscherblau, mit winziger Pupille, und hatte unter dickbuschigen, weißen Brauen und schweren, faltigen Lidern hervorschauend, etwas seltsam Abwesendes, in die Ferne Gerichtetes. Die Sonne schien ihm von rückwärts ins dünn gewordene schlohweiße Haar, das von einem Luftzug hochgeweht wurde, während er mir die noch immer schwielige, aber schon ein wenig alterskalte Hand reichte, von deren einstiger Riesenkraft allerhand rühmliche Geschichten umgingen.

»Kumm eina«, sagte er, in der ersten Freude den ihm sonst eigenen respektvollen Ton seiner guten alten Schule vergessend, »d' Lies hat drinn a bißl was herg'richt, weil mir scho denkt ham, daß S' kemmant.«

Der Tisch in der Efeustube war mit weißem Linnen gedeckt und mit einem bunten Zinnienstrauß geschmückt. Auf einem großen Teller türmte sich ein ganzer Berg mattglänzender Schmalznudeln, und eine himmelblaue Glasflasche, mit goldenen Ranken verziert, stand dabei. Aus ihr füllte die Lies, die resolute, grau bezopfte Tochter meines Gönners, die stets ein schwarzes Samtband im Haar trug, zwei kleine Spitzgläser mit Vogelbeergeist, eh' sie sich, den Rat der Männer nicht zu stören, in ihre Küche zurückzog.

»Also, pfiat Eahna God und Waidmannsheil und machen S' es a so, wia i g'sagt hab. Werden S' seh'n, a so geht's. Sie derfen an alten Drixl an Lugenschüppl hoaßen, wann's net a so is, wia i sag.« Das waren die Abschiedsworte des alten Reisjägers, als ich nach einer guten Stunde, während der er mir eines seiner wertvollsten Waldgeheimnisse anvertraut hatte, wieder von ihm fortging. Ich nickte ihm voll Dankbarkeit zu und wandte mich bergwärts, ein wenig schwer in den Knien vom guten Vogelbeergeist und sehr in Gedanken versunken.

Die Sache war die: Der Drixl hatte mir einen bei gutem Wind und Wetter seiner Aussage nach todsicheren Wechsel verraten, auf dem mir jeder Hirsch, der in der schmalen langgezogenen Dickung jenseits des Grabens stand, kommen mußte, wenn man ihn von oben her vorsichtig anging oder geschickt mit dem Schweißhund lancierte. Ich glaubte ihm gern, was er mir sagte, nämlich, daß er der einzige Mensch sei, der davon etwas wußte. Vor fünfundzwanzig Jahren etwa hatte ein junger Jagdgast meiner Großmutter auf sommerlicher Birsch einen Achterhirsch angeschweißt. Der Drixl führte damals nicht selbst, sondern begleitete nur als Träger den jungen Herrn und seinen gestrengen Führer, den alten Oberförster Schrobenhauser.

Der Oberförster besaß zu der Zeit einen Schweißhund, der im ersten Behang stand, die mehrere Stunden alte Schweißfährte gut und bedächtig gearbeitet hatte, von der Ackeralm bis hinunter an den Rand des Baches, auf dessen anderer Seite eben jene Dickung, nach des Drixl Aussage ein schon damals sehr beliebter Einstand des Rotwildes, lag. Dort hatte der Oberförster die Nachsuche zunächst abgebrochen. Er fürchtete, daß der kranke Hirsch über die Landesgrenze wechseln könnte, und postierte sich und seinen Kavalier oberhalb des Jungwaldes in das damals dort noch stehende Altholz. Der Reisjäger bekam den Auftrag, mit dem Hund auf der Rotfährte weiter nachzuhängen. Der Achterhirsch, der einen Laufschuß hatte, kam damals nicht zur Strecke. Er wurde hoch, bald nachdem der Drixl mit dem Hund in die Dickung eingedrungen war, flüchtete parallel zum Hang ein langes Stück geradeaus, und brach dann, trotz des Vorderlaufschusses und obwohl die beiden Schützen oberhalb guten Wind hatten, nach *unten* aus. Der junge Hund, den der Drixl schließlich schnallte, versagte und ließ immer wieder vom kranken Hirsch, den er nur kurz stellte, ab, vermutlich deshalb, weil ihn nicht sein Herr, sondern der ihm noch wenig bekannte Hilfsjäger führte.

Es wollte dem Drixl damals gar nicht in den Kopf, daß das kranke Wild einen so sonderbaren Fluchtwechsel eingeschlagen hatte, und er studierte und sinnierte tagelang über die ganze Geschichte nach. Schließlich kroch er nochmals in die Dickung hinein und fand des Rätsels Lösung, nämlich ein von den Jungfichten schon überwachsenes, fast völlig verborgenes, etwa zimmerhohes Wandl, das, wie die unten im Wald gelegenen Felswände es häufig sind, sehr schroff und dabei ein wenig überhängend und abweisend war und vom Graben her im spitzen Winkel zum Wechsel verlief. Am unteren Rand dieser natürlichen Mauer führte ein alter, wenn auch wenig begangener Wildpfad. Wenn man sich die Sache genau ansah, dann mußte man zu dem Ergebnis kommen, daß aus dieser Dickung alles Rotwild nur abwärts ausbrechen würde. Denn auch wenn es einem kranken oder gesunden Stück gelang, das glatte überhängende Wandl irgendwo zu bezwingen, dann mußte es oberhalb desselben wieder umkehren und im spitzen Winkel gegen die Tiroler Grenze zurückflüchten, weil ein zweites und sehr mächtiges Bollwerk, der sogenannte Lehstein, eine für Rotwild unzugängliche, kantige Felsenfestung, am Ende des hier immer schmaler werdenden Dickungsstreifens aus dem Hochwald emporwächst.

Drüben im Tirolerischen, wo der Drixl in seiner Kindheit eine Zeitlang Hüterbub gewesen war und sich gut auskannte, war übrigens auch nirgends ein größerer Einstand in der Nähe, dem man für einen kranken oder gesunden Hirsch Anziehungskraft hätte zutrauen können. Nach unten aber, gegen unseren Wald hinein, lief der besagte Wechsel wie ein gemütlicher Steig aus. Der Bach mußte sich zwischen dem Waldhang, in welchem ich den Rehbock geschossen hatte, und den steil abfallenden Wänden des Lehsteins durch eine Art Klamm zwängen und stürzte an die zwanzig Meter als Wasserfall durch eine senkrechte Rinne ab. Oberhalb dieses Wasserfalls war sein Bett sehr breit und kiesig, und von da weg verlief der Wechsel beinahe eben in die große Dickung des Weißenbergs hinein, in jenen Wald, durch den herauf der Zugweg zur Niederalm führte.

Der Drixl durfte früher jedes Jahr einen Hirsch schießen, wenn er ihn dahinten irgendwo haben konnte. Aber, diese Bedingung machte der absolut neidlose, jedoch auf strenge Hege bedachte Oberförster, der Hirsch durfte nicht mehr als höchstens acht Enden aufhaben; ob er dann alt oder jung war, danach wurde zu jener Zeit nicht allzuviel gefragt. Jagdbar oder doch angehend jagdbar, war nach alter Auffassung der Hirsch von dem Jahr an, da er zehn Enden trug. Nun war aber der Drixl nicht der einzige Jäger, der in diesem Grenzteil der großen südlichen Forstei einen Hirsch freibekam, der Forstwart und der eine oder andere Jagdaufseher probierten es auch zur rechten Zeit, wenn sie Erlaubnis hatten. Aber sie gaben es fast immer nach kurzen Versuchen wieder auf und erfüllten ihren Abschuß an anderen Plätzen, wo das Rotwild nicht so dünn gesät war. Nur der Drixl brachte fast in jedem Jahr seinen Hirsch zur Strecke, und mehr als einmal war es dann ein alter, hochjagdbarer Sechser oder Achter, von dem außer ihm niemand etwas gewußt hatte. Er war auch stets besorgt, den Hirsch so bald wie möglich ins Tal zu liefern, damit ihm keiner auf das Geheimnis käme, wo und auf welchem Wechsel er sein Waidmannsheil gehabt hatte. Und dieser Wechsel war gerade bei den alten Hirschen der, auf dem damals der angeschweißte Achterhirsch des jungen Jagdkavaliers ausgebrochen war.

Außer dem Drixl wußten nur noch seine Frau und die Lies von diesem Geheimnis, denn wenn er durch Abfahrten oder Beobachten von irgendwoher festgestellt hatte, daß ein Hirsch in der Dickung über dem Graben Einstand nahm, dann holte er seine brave Lebensgefährtin und als diese nicht mehr so rüstig und sicher auf den Füßen war, seine Tochter herauf, beschrieb ihnen genau den Weg, den sie in der Dickung zu machen hatten und stellte sich unten vor. Freilich, das Wetter mußte stimmen und der Wind, denn in den Gegenhang und in die Dickung hinein konnte man nicht schießen, schon deshalb nicht, weil es dort so unsichtig war, daß man nicht ansprechen konnte. Und wenn man etwas Verkehrtes lieferte, dann verstand der alte Schrobenhauser keinen Spaß, und der Drixl mochte sich das Wohlwollen und die Wertschätzung seiner jagdlichen Fähigkeiten bei seinem Vorgesetzten nicht verscherzen. Deshalb hatte er einen Stand gesucht und schließlich auch gefunden, von dem aus genaues Ansprechen und sauberes Hinhalten möglich war. Einen schwachen Büchsenschuß waldeinwärts von der Stelle, an der der Wechsel das kiesige Bachbett überquerte, war eine winzige Waldwiese, die Herrenwiese genannt, aus Gründen und Ereignissen heraus, zu denen die mündliche Überlieferung, diese einzige Geschichtsquelle der Bergbauern, nicht mehr zurückreicht. Ganz sicher aber hat auch dieser Fleck Erde, wie ein Teil der umliegenden Wälder, in alter Zeit einmal zur Niederalm und somit den Mönchen, den »Herren«, gehört. Und mitten darin lag ein kleiner, nicht mehr als zimmergroßer See, und genau am bergseitigen Rand seines Wasserspiegels führte der Wechsel entlang. Oberhalb davon war auch wieder ein Felsen, der guten Überblick gewährte. Sollte es wirklich einmal vorkommen, dem Drixl ist es ein einziges Mal passiert, bei dem uralten dünnstangigen Sechser, mit den geraden Augsprossen, der dort zwischen den zwei Fenstern an der Wand hing, daß ein Hirsch die Blöße umging und oberhalb davon durchwechselte, dann kam er auf nahe Entfernung im Hochholz auch dort am Köpferl vorbei, man durfte in diesem Fall nur nicht zu lange mit dem Schuß zögern, weil der Hirsch Wind kriegen mußte, sobald er über dem Stand des Schützen durchzog.

Das also war die geheimnisvolle Enthüllung, derentwegen ich zu dem Alten hatte hinunterkommen sollen. Ich glaube heute noch, daß der Michl bis dahin nichts davon gewußt hatte, obwohl ihm die Lies eine treusorgende und liebende Gattin und der Drixl ein ihn hochschätzender Schwiegervater war. Des Drixl Rat ging dahin, daß ich am nächsten Morgen mit meinem Schweißhund feststellen sollte, ob der Hirsch wieder in die schmale Dickung eingewechselt sei. Vielleicht verriet ihn auch irgendein Brummer im Jungwald, und dann sollte ich den Stand unten auf der Herrenwiese beziehen und der Michl mir die Dickung durchgehen.

Ich hatte keinen Zweifel daran, daß alles, was mir da vom Drixlvater mitgeteilt worden war, seine Richtigkeit hatte. Aber es machte mir trotzdem schweres Kopfzerbrechen, ob ich seinem Rat folgen sollte. Wohl ging die Brunft zur Neige, wohl mußte ich übermorgen, also am Sonntag, auf ein paar Stunden ins Tal hinunter, die Messe hören und an der Mittagstafel teilnehmen, so wie es im Hause meines Vaters zu den Jagdzeiten guter Brauch war, aber ich hatte immerhin noch zwei, drei volle Tage vor mir, die ich dazu nutzen konnte, dem alten Zehner und seinem Rudel am Wechsel vorzupassen, wenn nicht die zunehmende Müdigkeit der Spätbrunft die ganze Gesellschaft doch einmal veranlassen würde, auf freier Alm den Sonnenschein abzuwarten.

Mißlang der Versuch, mir den Zehner zudrücken zu lassen, und es gab auch auf sicherstem Wechsel für den Teufel allerhand Möglichkeiten, den Erfolg zu vereiteln, dann war mir dieser Hirsch heuer auf alle Fälle verloren. Die verbleibende Zeit der Brunft, der damit verbundenen Bewegung unter dem Rotwild, der geringeren Vorsicht und Heimlichkeit bei den Hirschen war zu kurz, als daß ich den von mir Erwählten nochmals hätte suchen können. Zudem wußte ich aus Erfahrung, daß ein alter Hirsch, wenn er sich am Ende der Brunft einmal vom Rudel abgesondert hat oder von ihm abgesprengt wird, fast immer den Reigen beendet und einen abgelegenen Nachbrunfteinstand bezieht, wo er, wenn nicht ein Zufall hilft, unauffindbar bleibt. Andererseits kam ich auch nicht darum herum, daß wenigstens der alte Platzhirsch seine diesjährige Brautfahrt von einem Tag zum anderen beschließen und sich, auch ohne Anlaß gebende Störung, irgendwohin ins Reich der Fichten oder Latschen in tiefe Verborgenheit zurückziehen konnte.

Mein ganzes Leben lang habe ich die Menschen beneidet, die, vor solche Wahlen gestellt, einen raschen Entschluß fassen können, den sie, wenn er sich später auch als falsch erweist, nicht bereuen, da sie nach bestem Wissen sich entschieden haben. Mir hat das Fällen solcher Entscheidungen immer lange Qualen des Für- und Widerwägens, des Keinem-den-Vorzug-geben-Könnens bereitet, und auch nachher gibt mein Denkkasten keine rechte Ruhe und versucht, wenn es mit dem schwer erkämpften Entschluß schiefgegangen ist, mir zu beweisen, daß dieser eben doch der verkehrte war. Solange es sich nur um die Mittel und Wege handelt, mit denen und auf denen ein starkes Wild erbeutet werden soll, solange lassen sich die Selbstvorwürfe ja noch ertragen; nach ein paar gut ausgeschlafenen Nächten stellt eine gerechte und dankbare Rückschau alle Ziele und Werte wieder auf den richtigen Platz. Aber das Leben besteht nicht nur aus der Jagd, wiewohl der echte Jäger, der seine ganze Persönlichkeit in diese freudige Leidenschaft hineinlegt, viel mehr Weisheit und Erfahrung für das übrige Leben daraus gewinnt, als der Uneingeweihte ahnen kann.

Ich hätte mir gern die kleine Herrenwiese, an der mein steiler Aufstieg nicht allzufern vorbeiführte, und den Stand auf dem Felskopf noch an diesem Abend einmal genau angesehen, um vielleicht durch die gewonnenen Eindrücke von dem, was ich dort vorfand, nach irgendeiner Seite hin überzeugt und belehrt zu werden. Den Platz kannte ich wohl von der Blattzeit her. Mehr als einmal hatte ich am Wiesenrand mein Heil mit dem Blatt, freilich stets ohne Erfolg, erprobt. Aber auf seine Eigenschaft als Zwangswechsel für einen aus der Gegend des Lehsteins kommenden Hirsch ihn zu prüfen, daran hatte ich nie gedacht. Ich mußte mir jedoch den kleinen Umweg versagen und schauen, daß ich zu den Almen hinaufkam, denn schon fielen die Sonnenstrahlen schräg ins hohe Holz und zauberten auf den von feuchtem Fallaub bedeckten Waldboden eine Farbenpracht, die einem das Herz mit Jubel erfüllte.

Ich stieg gar nicht mehr erst zum Herrenkaser hinauf, sondern blieb unten auf dem breiten Almweg, der in hier nur noch geringer Entfernung vom Bachbett durch Schläge und alte Hölzer bis zur Ackeralm führt. Der Drixl hatte mich darauf aufmerksam gemacht, daß der Hauptwechsel zu den Almen etwa im oberen Drittel dieser Wegstrecke aus der Dickung heraus und über den Bach lief, nahe der Stelle, an der eine jetzt lang schon vermoderte Brücke sich befunden hatte, über die – wie er mir erzählte – vor mehr als vierzig Jahren der alte Pertaller, ein reicher Händler, das wertvolle Holz von den jetzt wieder mit Jungfichten bestandenen Schlägen oben an der Tiroler Grenze heruntergebracht hatte. Dort irgendwo wollte ich mich im Hochholz, durch das mein Almpfad führte, ansetzen und versuchen, dem gegen die Oberwiesenalm zu etwa ausziehenden Platzhirsch den Wechsel abzuschneiden.

Schon lag der Graben in kühlfeuchten Schatten, als ich, einen Schrotschuß unterhalb der nur noch an einigen vom Ufer hereinragenden grünvermoosten Rundlingsstümpfen erkennbaren Brücke, lautlos meinen Ansitzplatz bezog. Obwohl ich die letzten zweihundert Meter ganz vorsichtig und langsam, Schritt für Schritt, herangebirscht war, hatte ich keinen Laut aus der Dickung vernommen, aber der Hund hob ein paarmal mit seltsam hintastender Bewegung den Fang in Richtung auf den am Gegenhang schwarzgrün aufsteigenden Jungfichtenwald. Und nachdem wir etwa eine Viertelstunde lang im Wurzelnest einer Rotfichte eng aneinandergelehnt regungslos dagesessen waren, wurde der Treue plötzlich aufmerksam, er faltete die Stirn und hob den Behang, während die feuchten Nüstern seines Windfangs lebhaft arbeiteten. Nach einer Weile wurde er wieder etwas ruhiger, blieb aber auf den Keulen sitzen und äugte gespannt bachaufwärts.

Ich suchte immer wieder mit dem Glas den Rand der Dickung und das Bachbett ab, aber außer den in Urwelttönen halblaut plaudernden Wellen des eilig talwärts drängenden Wassers rührte sich nichts. Da nahm ich endlich meine Muschel aus dem Rucksack und tat durch ihren gewundenen Schallweg ein paar verdrossene Brummer, so wie sie der schon stark abgebrunftete Hirsch manchmal hören läßt, wenn er sich, allein durch den Wald ziehend, aus dumpfer Verschlafenheit heraus daran zu erinnern scheint, daß die hohe Zeit seines Jahres noch nicht ganz vorüber ist. Zwei-, dreimal wiederholte ich es so in langen Pausen, und plötzlich kam von drüben die Antwort, noch viel verschlafener, als ich sie herausgefordert hatte, aber für mich doch so überraschend, daß ich unter dem kurzen Brummer schreckhaft zusammenfuhr.

Jetzt schrie ich den Hirsch heftiger an und brachte ihn nach etwa zehn Minuten dazu, einen vollen, wenn auch recht heiseren Schrei herüberzusenden. Allerdings schien er sich bisher noch nicht von der Stelle bewegt zu haben. Immer aus der gleichen Richtung und Höhe gab er mir Antwort. Es wurde grau im hohen Holz, schiefergraue Schatten legten sich auch drüben über die Fichten, und dann blieb mir der Hirsch eine Zeitlang die Antwort schuldig. Ich überlegte, ob ich mich nicht verziehen wollte. Wenn der Hirsch oder auch nur ein einziges Stück seines Rudels entgegen aller Wahrscheinlichkeit und aller drixlschen Weisheit einen anderen Wechsel annehmen und in meinem Rücken durchziehen sollte, dann mußten sie Wind bekommen und waren vergrämt. Meine frische Fährte auf dem Almweg würde sie vielleicht weniger stören, weil ja bis vor zwei Wochen dort täglich Menschen auf- und abgegangen waren: die Bauern, wenn sie nachschauen kamen, wie sich ihr Vieh herausgeweidet habe, der mulibespannte Almkarren, der Lebensmittel, Salz und Zusatzfutter hinauffuhr, die küh- und schafsuchenden Hüterbuben, die Sennerinnen, die sich gegenseitig zum Almtratsch besuchten oder am Freitagabend beim hochragenden Kruzifix auf der Ackeralm zur Andacht zusammenfanden unter Leitung der vorbetenden Almältesten, im Zwielicht dann die Schmuggler mit der Kraxe, auf der hochgetürmt Weinfäßchen, Lodenstoffe und Tabake verstaut waren, und endlich zur Nachtzeit auf Liebespfaden die Sennen und die aus dem Dorf heraufsteigenden Burschen.

Ich griff zum Stutzen und prüfte das Abkommen in der immer mehr sich verdichtenden blaßgrauen Dämmerung des hohen Holzes. Noch fünf Minuten, und das Büchsenlicht war erloschen. Ich ließ sie verstreichen und wollte gerade zusammenpacken, da erhob sich mit einem plötzlichen Ruck der Hund, viel aufgeregter als vorher in die alte Richtung verhoffend. Gleich danach bemerkte ich zwischen Ufer und Dickung eine gleitende Bewegung, ein großer dunkler Wildkörper schob sich über das helle Bachbett hinüber, dann noch einer. Gegen den fast weißen Hintergrund erkannte ich in diesem zweiten ein Stück Kahlwild, welches kurz bachabwärts verhoffte und dann mit leichter Flucht auf das ziemlich steile diesseitige Ufer herübersetzte. Wenn der Hirsch an der gleichen Stelle den Graben überfiel, dann war, obwohl es im Holz schon Nacht geworden, auf die Entfernung von etwa hundert Metern doch noch ein Abkommen möglich. Ich hob die

Büchsflinte und richtete den Zielstachel genau auf die Stelle, über die das Kahlwild gewechselt war.

Etwa eine Minute blieb ich im Anschlag, dann kam mir ein guter Gedanke, ich legte die Waffe rasch wieder über die Knie und griff noch einmal zum Ruf. Das würde auch diesem müde gewordenen Alten zuviel sein und ihn mindestens zu beschleunigter Folge veranlassen, wenn in der Nähe des vor ihm herziehenden Rudels ein anderer Hirsch sich vernehmen ließ. Ziemlich laut stieß ich einen kurzen Kampfruf hervor und knörte gereizt und geärgert noch ein wenig nach. Und da erlebte ich nochmals eine der vielen Überraschungen im Verlauf der Birschen dieser Brunftzeit. Der Hirsch gab sofort rauhdröhnend und gefährlich Antwort, aber nicht jenseits des Baches, sondern knapp hundert Schritt vor mir auf meinem schon in nächtliche Schleier gehüllten Hang. Irgendwo war er durchgewechselt, während ich die helle Stelle anvisierte, an der das zweite Stück Kahlwild das Bachbett überquert hatte. Und jetzt schien er endlich zum Leben erwacht, ein kurzer Schrei folgte dem anderen, bergaufwärts von mir weg bewegte er sich, seinem Kahlwild nachziehend, auf die Oberwiesenalm zu, und nach ein paar Minuten gespannten Lauschens wurde es mir klar, daß seine Erregung nicht so sehr durch mein Reizen hervorgerufen worden war, als durch das Röhren eines zweiten Hirsches, das, von dazwischenliegenden Mulden gedämpft, aus Richtung der Alm sich grollend vernehmen ließ.

Während ich, ebenso langsam, vorsichtig und leise, wie ich hergekommen, heimwärts birschte, hörte ich noch ab und zu die beiden Hirsche sich, lebhafter als man es um diese Zeit noch gewöhnt ist, anröhren.

Obwohl ich im Hüttenherd noch ein wenig Glut vorfand, mir bald wieder die freundliche Lampe schien und ein knackendes Feuer durch die Herdringe hindurch allerhand Schattenspiele an der Decke vollführte, kam für mich an diesem Abend keine rechte innerliche Behaglichkeit auf. Morgen war Samstag. Wenn ich morgen nicht nach dem Feldzugsplan des alten Drixl zum Angriff überging, dann würde, eh' ich dazu ansetzen konnte, ein weiterer langer Tag, der Sonntag, noch verstreichen. Und während zweier

Birschen, die ich ausfallen lassen mußte, verlor ich die Verbindung mit dem begehrten Wild und würde sie dann erst wieder suchen und aufnehmen müssen. Und doch sah ich die Möglichkeit für einen Birscherfolg nach dem Erlebnis des heutigen Abends jetzt wesentlich günstiger an als vor ein paar Stunden. Was tun? Wem den Vorzug geben, der Geduld oder der Gewalt, dem Zuwarten oder dem Zupacken, dem Ausharren oder dem Angreifen? Nun, jedenfalls wollte ich morgen eine Frühbirsch machen, dann aber sollte, wenn sie noch notwendig war, die endgültige Entscheidung fallen. Durch diesen Zwischenbeschluß einigermaßen beruhigt, fand ich bald den von der Bedrängnis sich widerstreitender Überlegungen erlösenden Schlaf.

Am Morgen, will heißen, eine Stunde, eh' es zu tagen begann, erwachte ich auch diesmal so rechtzeitig, daß ich am Wecker den Hebel stellen und mir seinen aufdringlichen Lärm ersparen konnte. Müde, aber hellwach, machte ich mich zur Birsch fertig. Ich wollte versuchen, auf dem Almweg behutsam vorantastend, dem Hirsch den Wechsel abzuschneiden. Hielt er heute nur so lange auf der Alm aus wie gestern früh, dann konnte dies gelingen. Irgendwo im räumen Altholz mußten wir uns begegnen, und wenn das Licht zum Schusse langte, so würde sein Schicksal besiegelt sein. Von diesem zuversichtlichen Plan erfüllt, trat ich aus der Hütte hinaus, nachdem ich vorher das Licht gelöscht hatte und – stand abermals vor einer völlig veränderten Lage. Über mir leuchteten mit ruhigem Glanz unendlich viele Sterne am schwarzblauen Himmel, die dünne Sichel des abnehmenden Mondes kam gerade über die Schneid herauf, von Oberwiesen her vernahm ich, wenn auch noch ungewiß, einen Hirschschrei, ich selbst aber stand bis etwa zu den Knien im Nebel. Die Schlucht zu meiner Rechten füllte ein völlig regungsloser, milchig wässeriger See, dessen Oberfläche flockig gekräuselt und zugleich zum Gletscher erstarrt zu sein schien.

Daran freilich hatte ich gestern nicht gedacht, daß der Hirschhüter vom Inntal her sich aufmachen und lautlos bis zu mir heraufschleichen würde. Zwar hegte ich gleich eine starke Hoffnung, er würde sich mit dem Aufwachen des Tages wieder verziehen und in die tiefsten Täler hinabdrücken müssen, aber mein gestriger Ansitzplatz lag jetzt im Nebel, und selbst wenn der Nebel weichen mußte, würde gerade ums Tagwerden dort die Luft sehr bewegt und der Wind unstetig sein. Ich durfte den Erfolg dieser besonders wichtigen Birsch nicht aufs Spiel setzen und mußte oberhalb der Nebelgrenze bleiben. So nahm ich denn mein altes Steiglein wieder an, das mich, ein paar hundert Meter oberhalb des Almwegs in etwa gleicher Richtung mit ihm verlaufend, an den Rand der Oberwiesenalm führte.

Ungefähr auf halbem Weg zwischen der Niederalm und Oberwiesen querte dieser Steig einen ziemlich tiefen Graben. Sollte ich bemerken, daß es unten im Bachbett ums Tagwerden nebelfrei wurde, dann konnte ich von meinem Auslug beim Ameisenhaufen immer noch rasch zurückbirschen und, ohne etwas zu vergrämen, in diesem alles Geräusch verschluckenden Graben schnell bis zum Almweg absteigen, um so den ursprünglichen Plan für diese Morgenbirsch in letzter Minute noch zur Ausführung zu bringen. In irgendeinem Winkel meines Herzens war ich für den unerwarteten Einbruch des Nebels in mein Vorhaben sogar dankbar, denn eine kaum zu bändigende Neugierde trieb mich an den diesjährigen Hauptbrunftplatz des Reviers, um nachzusehen, was für ein Treffen dort am gestrigen Abend stattgefunden hatte und – wie ich, näher herankommend, allmählich feststellte – auch jetzt noch nicht beendet war.

Ich will es kurz machen: Noch hatte ich den Platz beim Ameisenhaufen nicht erreicht, da stand ich schon im Nebel, der statt vor dem jungen Tag zu entfliehen, sich sehnsüchtig ihm entgegenhob. Vor mir auf der Alm und sicherlich in Reichweite meiner fernhin treffenden Büchse röhrten sich, nicht mehr als hundertfünfzig Meter voneinander entfernt, zwei starke Hirsche beinahe unausgesetzt an, ein oder zwei schwache Stimmen mengten sich manchmal, mehr wichtigtuend als mit ernster Absicht, von weiter oben her in diesen Austrag. Es war längst hellichter Tag, und die Hirsche standen immer noch röhrend auf der freien Alm. Ein paar Minuten lang jubelte ich innerlich auf, denn ich sah den Nebel abwärts wallen und zwischen seinen umherschweifenden Schwaden tauchte das Blau des klaren

Himmels auf. Jetzt mußte ich der beiden ansichtig werden, denn ihr Hüter würde schneller in die Tiefe sinken, als sie den Waldrand erreichen konnten. Außerdem freut sich auch das Wild des wiedergeschenkten freien Ausblicks und klaren Lichts und will beides noch eine Weile auf freier Blöße genießen. Aber gleich danach schien es, als würden die lichtblauen Seidentücher aus den sie umhüllenden weißen Schleiern von unsichtbarer Hand herausgezogen, das Licht veränderte sich jäh, wurde stumpf und die Luft wieder feucht und dicht. Nicht einen Schrotschuß weit konnte ich mehr sehen und merkte schließlich, es war schon fast sieben Uhr, daß die bessere Stimme nach unten ins Hochholz und gegen das Bachbett zu sich entfernte, während der andere, fast gleich starke Hals, ganz verschwieg.

Heimweg durch einen fast greifbar verdichteten grauen Brodem, der, als ob man sich darin im Kreis bewegte, kein Ende nehmen wollte, in dem nur wie eingegossen in milchiges Glas irgendwelche dunkle Umrisse auftauchten und verschwammen, bis endlich, wenige Meter vor mir, die weiße Wand meiner Almhütte mir entgegenwuchs und groß vor mir stand wie die Wallmauer einer Burg. Heute war ich verdrossen und fühlte, daß keine noch so liebevoll geröstete Mischung aus Paprikaspeck und Eiern, kein Kräuterkäse, keine Sardinen und kein blumig duftender Honig mir die Laune würden aufheitern können und auch kein Tabak. Ich hatte nur einen sicheren Tröster, und zum Glück ließ mich der nicht im Stich, der lebhaft sich meldende, durch das fröstelnde Hocken in grauer Unsichtigkeit schon lange heraufbeschworene Schlaf.

In schlechten Zeiten oder nach unerfreulichen Erlebnissen habe ich, wie der bärtige Mann auf Moritz von Schwinds hübschem Bild »Der Traum des Gefangenen«, meist schöne und beglückende Träume. Auch diesmal erging es mir so.

Die freundlichste und gütigste Gestalt meiner Kindheit war mein Großvater. Wenn wir allsommerlich für ein paar Wochen auf sein Gut im Frankenwald zu Besuch kamen, dann hatte er immer eine Menge schönster Überraschungen für uns vorbereitet: unsere kleinen Hütten vor dem großen Sandhaufen oben im Park neu ausstaffiert, die Voliere mit neuen Vögeln und Tieren besetzt, und irgendwo wartete noch ein zahmes Rehkitz, ein Pony oder sonst eine der riesengroßen Freuden, denen gegenüber alle Glücksgeschenke des späteren Lebens klein erscheinen, weil unsere Ansprüche mit uns und unseren Jahren unverhältnismäßig gewachsen sind. Und jetzt träumte ich also vom Großvater und einer Reise mit ihm ins Ferien- und Märchenland seines fränkischen Waldgutes. Ein strahlender Sommermorgen war angebrochen, und ich fuhr mit einem Viergespann von Apfelschimmeln bei seiner Münchner Wohnung am Rand des Englischen Gartens vor. Seite an Seite saßen wir dann oben auf dem Bock unserer leichten Reisekutsche, und dahin ging's hügelauf, hügelab, in einer beflügelten Geschwindigkeit, die nur geträumte Pferdehufe erreichen. Eine liebliche Landschaft durchfuhren wir, waldige Täler, parkartige, von kleinen Bächlein durchmurmelte Wiesen, weithin wogende Ährenfelder, aus denen da und dort weiße Kirchtürme und die roten Dächer von Gehöften herausragten. Der Großvater lobte mich ob meiner guten Fortschritte in der Fahrkunst, deren Anfangsgründe er mich gelehrt hatte, und auch die Pferde – Trakehner seien es, sagte er – gefielen ihm. Er wollte gleich nach unserer Ankunft Weisung geben, daß die nun schon lang leerstehenden vier großen Boxen in seiner Stallung für sie hergerichtet würden.

Mein Herz war voll Ferienglück! Die Fahrt auf dieser einsamen Straße, die uns allein zu gehören schien und an deren Ende neue Freuden auf mich warteten, sie durfte noch lange währen. Wenn etwas mich störte, dann war es nur die Sonne, die mir hoch aus dem Himmel entgegenschien und mich blendete. Das freie Umherschauen war mir mit einmal erschwert, und die Schimmel waren zu schnell, als daß man sie mit geschlossenen Augen hätte lenken dürfen. Nein, wie das blendete! Aber ich mußte die Augen offen halten, sonst bestand Gefahr, daß ich in den Graben fuhr und mir das soeben empfangene Lob damit gleich wieder verscherzte. So riß ich sie denn auf und wußte nicht gleich, wo ich hingeraten war. Die Sonne schien mir immer noch ins Gesicht, aber der Großvater war nicht mehr bei mir, Rosse und Wagen hatte ich verloren – die purpurschwarze Holzwand dort drüben mußte ich schon einmal gesehen haben?! – Und dann wußte ich, daß ich in der Abtkammer des Herrenkasers auf dem schmalen Bett lag und daß durch das kleine Fensterquadrat die siegreich gewordene Sonne schien. Der Nebel hatte ihr, als sie höher gestiegen war, also doch weichen müssen.

Nebenan in der Küche hörte ich Tritte von behutsam auf den Holzboden gesetzten Nagelschuhsohlen, und die groben Zeiger im Zifferblatt meiner kupfernen Weckuhr, die ich für vier Mark fünfzig Pfennig auf dem Aschauer Jahrmarkt erstanden hatte, belehrten mich darüber, daß es halb elf Uhr war.

Strahlend, in allen Tönen des Herbstes glänzend und nebelnaß glitzernd unter mittäglichem Sonnenlicht, lag die Berglandschaft vor mir, als ich aus der Hütte trat. Hoch oben im Himmelsblau strich mit fauchendem Schwingenschlag gerade der Kolkrabe vorbei, ließ mehrmals seinen weichen, mildtrockenen Ruf ertönen, um sich dann im plötzlichen Sturz- und Gleitflug hinabfallen zu lassen in das Wipfelmeer der weiten Wälder. Ich aber zog die Bergschuhe an, steckte den Schweißriemen, die Muschel, das Perspektiv, einen Wolljanker, ein schmales Insel-Bändchen, die Schnapsflasche und zwei Äpfel in den Rucksack, leinte den Hund an, nahm Büchse und Bergstock und stieg, vom Michl gefolgt, zum Almweg hinunter.

Wir gingen langsam den lehmigen Weg, der aber durch das warme Wetter der letzten drei Tage schon wieder hart und krustig geworden war und auf dem man nicht mehr abfährten konnte, hinauf, bis in die Höhe der zerfallenen Brücke des seligen Pertaller. Dort ließ ich den Michl zurück und birschte vorsichtig weiter, die steile Böschung links von mir genau mit den Augen absuchend. Schon nach fünfzig Metern bemerkte ich unter älteren Hochwildfährten in der feuchten Walderde frische Schalenabdrücke. Ein Stück Kahlwild war hier durchgezogen und hatte mit einer langen Flucht den Almweg überfallen. Zwanzig Schritte weiter aufwärts fand ich eine nagelfrische, sehr starke Hirschfährte, die, wie sich unschwer feststellen ließ, der ebenfalls starken Fährte eines Alttieres folgte. Der Hund fiel sie sogleich mit lebhaftem Interesse an. Um absolute Sicherheit zu haben, folgte ich dem Wechsel noch bis hinunter zum Bach. Im feinen, feuchten Sand des Ufers fand ich dann nochmals die Fährte des Hirsches. Das von unten her in den einen Schalenabdruck eingedrungene Wasser war noch trüb.

Jetzt ging ich zum Michl zurück, den ich schon vor dem Aufbruch auf der Hütte feierlich in den Plan dieser Lancierjagd eingeweiht hatte, und gab ihm im Flüsterton noch die letzten Weisungen und eindringlichen Ratschläge. Dann legte ich dem Hund die andere am Schweißriemen befestigte Halsung an, streichelte ihm ein paarmal die in sorgenvolle Falten gezogene Stirn und versuchte ihm klarzumachen, zu welch wichtigem Zweck wir uns jetzt auf eine Weile trennen mußten. Und schließlich richtete der Michl noch seine dicke silberne Uhr im Gehäuse aus Nickel und gelbem Marienglas genau nach der meinen, und dann stieg ich leise, aber zügig talab der Herrenwiese zu. Einmal wandte ich mich noch um, der Hund hatte mich nicht ganz verstanden, schaute mir mit einem mißtrauischen, unglücklichen Gesicht und aufmerksam hochgezogenen Behängen nach, wedelte vor Freude, weil er hoffte, jetzt doch noch zum Herrn zurückgerufen zu werden, und machte ein paar Schritte auf mich zu, als ich mich schließlich wieder abwandte.

Nach einer guten halben Stunde hatte ich meinen Stand, den Felskopf unten über dem kleinen See, erreicht. Es birschte sich gut an diesem Mittag. Der Wald triefte und tropfte von der Nässe des erst vor kurzem entflohenen Nebels.

Die Wiese liegt auf dem Grund einer ziemlich tiefen Mulde, und man hat von ihr aus keinen Ausblick ins Tal, weil die ihren unteren Rand bildende Felskante von mageren, aber sehr dicht stehenden Fichten und Buchen bestockt ist. Der anscheinend undurchlässige Grund hat hier den kleinwinzigen Bergsee entstehen lassen, dessen Abfluß als dünnes Rinnsal gegen die Klamm hinunter verläuft. Das bergseitige Ufer ist zunächst flach, mit Disteln und saurem Gras bewachsen, dann steigt es steil gegen den hier sehr licht stehenden Hochwald an, in den man gut hundert Meter weit durch breite Lücken Einblick und Schußfeld hat. Mitten auf dieser Blöße, vom Seeufer etwa vierzig Schritt, vom Waldrand ebenso weit entfernt, liegt ein massiger Felsbrocken, der vor langer Zeit einmal aus den viele hundert Meter oberhalb gelegenen Wänden herabgestürzt ist und sich tief in den weichen Boden eingebohrt hat. Ein paar auf seinem Rücken fußende alte Buchen umwinden ihn mit ihren Wurzeln bis hinab in den Wiesengrund und lassen auf seinem eingedrückten Scheitel so viel Raum frei, daß sich ein vorpassender Jäger bequem dort einsassen kann. Der alte Drixl, der sich nicht gern in den Suppentopf schauen ließ, hatte dort kein Bankerl errichtet, wie es der Bergjäger an solchen Plätzen mit Vorliebe tut, aber er hatte, mißtrauisch wie Indianer auf dem Kriegspfad, einige Steinplatten unauffällig und doch so günstig auf- und nebeneinander geschichtet, daß man sich, bei darübergebreitetem Wettermantel mit guter Anschlagsmöglichkeit gegen die Wiese hin, zu langem Ansitz auf ihnen niederlassen konnte. Ich fand auch nirgends einen vor noch so langer Zeit gekappten oder abgesägten Ast, ein paar alte Storren freilich sahen so aus, als sei von ihnen der die Sicht behindernde Ast einst durch des Drixl eiserne Fäuste abgedreht worden.

In der Nähe des Felsens stand am Wiesenrand ein Nußbaum, der etwa fünfzig Jahre alt sein mochte und von der Jugend des nur eine Wegstunde entfernten Dorfes anscheinend noch niemals entdeckt worden war; denn um ihn her lagen zahlreiche lichtbraun aus der geplatzten faulenden Schale herausschauende Walnüsse im Gras, mit denen ich mir die Taschen füllte, eh' ich meinen Stand bezog.

In unserem Alpenabschnitt wechselt der Bergwald auf seinem Weg zur Höhe mehrmals das Gesicht. Wer ihn nur als zottiges Fichtenholz auf felsigem Grund zu kennen meint, der weiß nicht viel von ihm. Gleich oberhalb der saftigen Talwiesen und ihrer Ausläufer in die Bergflanken hinein, der sogenannten Ötzen, erheben sich schon die ersten, schroffen, glatten und düster anmutenden Wände. Ihre Köpfe und Kämme und die sie durchlaufenden Bänder sind mit sperren Felsfichten, mit knorrig krummen Buchen,

Krüppelahornen, einzelnen Maulbeerbäumen, Eiben und Haselstauden bewaldet. Weiter oben erst beginnt der eigentliche Hochwald; Nadelholz zumeist, in der Jugend frisch und wüchsig, mit oft meterlangem Gipfeltrieb, im reifen Alter hochschäftig, ernstfeierlich, zieht er sich, auf fruchtbarem Boden stehend, bis zum lichten und luftigen Reich der Almen und ihrer Wetterfichten hinauf. Und am oberen Almenrand erst finden wir das, was der Bergwanderer einen Bergwald und der Forstmann einen Alpenwald nennt; hohe, schmal beastete, flechtenrauhe Schirmfichten, silberschäftige Tannen, wahre Ursäulen von Buchen mit majestätischen Kronen, deren jede selbst so etwas wie ein kleiner Wald ist, in den Himmel ragende Lärchen, kleine rundkronige Ebereschen und gedrungene Bergahorne mit knorrig ausladendem Geäst, all das zäh und langsam durch die Jahrhunderte der kargen, aber ewig jungen Erde unter dem Felsgetrümmer entwachsen.

Erst gegen die Baumgrenze hin schwinden die mächtigen Maße zusammen, bis die Zirbe und schließlich die Latsche ihre Herrschaft antreten.

Die Herrenwiese lag genau an der Grenze zwischen dem schroffen, sehr romantischen, aber wenig freundlichen Gebiet jener bewaldeten Felsköpfe und -gehänge, die da beginnen, wo Wiesen und Talweiden aufhören, und dem geschlossenen hohen Wald.

Es ist, als trauerte und grämte sich dieses tief unten liegende Gestein über das ihm zugefallene Los, jahrtausendelang unter dem Eis der Gletscher und im blauen Dämmer ihrer Wasser geschlafen zu haben und jetzt im Reich der Schatten und in der Kühle rauschender Sturzbäche gelegen zu sein, während die Felsbrüder da oben frei und friedlich atmen im Licht der Gestirne – Welt der Titanen, die nicht hinaufzureichen vermag in die lichtvolle Welt der Götter. Als der höchste und finsterste Turm dieser feindseligen Felsscharen ragte vor mir der Lehstein so hoch in den blauen Himmel, daß ich nur mit zurückgebogenem Nacken seine obere Kante sehen konnte, die gekrönt war von nadelspitzigen, auf erdarmem Boden kleingebliebenen Fichten. Dort oben lag noch das volle Licht der Sonne, und auch die schiefergrauen feuchten Wände zwischen aufwärts sich drängenden Bäumen glitzerten in ihrem Licht. Unten in der Klamm aber hatte jetzt im Oktober schon die Herrschaft des Schattens begonnen. Tieftraurig, gleichzeitig wild und ungestüm rauschte der Gießbach durch die Schlucht. Seine Wasser drängten zu Tal, um bald, bald, heute noch drunten im Wiesengrund dem Sonnenlicht wieder zu begegnen und es auf ihren Wellenkämmen sein Spiel treiben zu lassen. Auch meine Felskanzel lag in der Sonne, und meine kleine Lichtung schien dem finsteren Reich gar nicht anzugehören: Eine Waldwiese des Vorgebirgs, eine kleine Parkwiese nah' einem weißen Jagdschloß hätte sie sein können.

Ich hatte noch lange Zeit, die ich mir damit vertrieb, daß ich, nachdem ich Schußfeld und Anschlag genau geprüft hatte, meine Nüsse mit dem Gnicker aufbrach, die Kerne sorgfältig schälte und verzehrte. Um zwei Uhr sollte der Michl sich vom fährtensicheren Vasco in die Dickung führen lassen und langsam auf dem Wechsel nachhängen, um schließlich, wenn kein Schuß gefallen wäre, ins Bachbett herunterzusteigen und mich abzuholen. Ich kannte diese Art des Zudrückens und Lancierens, die in sieben von zehn Fällen damit endet, daß der durchgehende Jäger irgendwo mit Steingepolter und Ästekrachen auftaucht und einem eine lange Geschichte erzählt, der Hirsch oder das Kahlwild sei zwanzig Schritte neben ihm zurückgeflüchtet und irgendwo an einer Stelle, wo kein vernünftiger Jägermensch es vermutet hätte, ausgebrochen! Ich befand mich auf dem Osthang, die Sonne schien warm von Südwesten herein, der Wind zog aufwärts und weil er, zuvor durch die Klamm beengt, sich hier sozusagen wieder besser ausbreiten konnte, mir beinahe ins Gesicht. Ich schaute auf die Uhr: Es blieb mir Zeit, mindestens eine Nuß noch zu öffnen und geruhsam zu zerkauen. Denn bis der Vasco den Michl zum erstenmal in die Nähe des Hirsches brachte, würde einige Zeit verstreichen. Und selbst, wenn sich der Hirsch dann sofort entschloß, den Wechsel zum Lehstein anzunehmen, brauchte er noch eine kleine Weile, bis er auf die Herrnwiese austrat, dort durch die Lücke vielleicht zwischen den beiden Ahornen oder oberhalb durch das schmale, schwarze Tor unter dem gotischen Spitzbogen aus zottigem Nadelgezweig!?

Mit dieser letzten Nuß war es ziemlich schnell gegangen, und ich konnte zu der nun endgültig allerletzten greifen. Ich hatte die eilig gesammelten Früchte auf eine Steinplatte neben mir sorgfältig hingereiht, um mir mit genauer Auswahl jetzt vorläufig einmal die schönsten herauszugreifen. Und während ich mit den Augen unter ihnen auf die Suche ging, fühlte ich mehr, als ich sie sah, eine Bewegung auf der Wiese. Den Blick mit jenem nur dem Jäger bekannten tiefen Erschrecken bestätigter Erwartung dorthin wendend, erkannte ich, fünfzig Schritte von mir entfernt, mitten auf der sonnenbeschienenen Blöße, frei bis fast auf die Schalen mir entgegenziehend, – einen Hirsch – den Vierzehnender! Also wieder er! Die nebelnassen rauhen Zweige der Dickung hatten ihn von allen Resten der Suhle reingewaschen, dunkelhirschrot mit grauschwarzer starker Mähne und pechschwarzem weißendigem Geweih stand er da, ohne Argwohn zu mir her verhoffend. Sein Äser war fest geschlossen und seine Flanken, das konnte ich auf die kurze Entfernung genau erkennen, waren völlig ruhig. Diesmal überlegte ich nicht mehr. Aus irgendwelchen Gründen war es der Wille des Waldgeistes, daß er mein würde, der mir jetzt schon zum dritten Mal vor der Büchse stand, reif und kraftvoll wie die ihn umgebende herbstliche Sonnenlandschaft.

Bis ich die Büchse zur Schulter heraufbekam, hatte er sich schon wieder in Bewegung gesetzt, verhoffte dann aber nochmals, diesmal nicht zufällig und gleichgültig, sondern mißtrauisch erschrocken, mit drohenden dunklen Lichtern den Felskopf prüfend, von dem herab das feine Schnappen der Sicherung an seine bis dahin vertraut spielenden Lauscher gedrungen war. Er stand etwas hangauf, zeigte mir aber nicht das Blatt, und ich kam zwischen seinem linken Schulterknochen, der sich klar unter der kurznadeligen grauroten Decke abzeichnete, und dem Ansatz des Brunfthalses ab. Im gellenden Schrei des Schusses sah ich, daß seine Vorderläufe zusammenknickten, als habe er einen Schlag aufs Kreuz bekommen. Jäh verändert war sein ganzer Ausdruck, ja seine ganze Gestalt. Kein Mißtrauen, keine kampfbereite Feindschaft mehr, der Schrecken des Todes hatte sich seiner bemächtigt, während er mit ungeheurer, das Erdreich des Wiesengrundes in großen schwarzen Fetzen davonschleudernder Flucht wegbrach, dicht an meinem Felskopf vorbei, um am Rand des hinter mir liegenden Waldes mit dumpf krachendem Aufschlag zusammenzustürzen. Noch zwei, drei stöhnende Atemzüge kamen aus dem halboffenen Äser. Der eine Vorderlauf tat eine scheue, zarte Bewegung, so wie er's getan hatte, als dieser Koloß von einem Hirsch noch ein Kalb gewesen war, das hinter der klugen Mutter her eine taunasse Wiese betrat. Dann war es still, kein Meisenzirpen, keine schnarrende Grille, keine späte Hummel, nicht einmal ein fallendes Blatt, nur das tieftraurige Rauschen der Klamm.

Ich kann nicht sagen, daß ich die Augenblicke nach der Erlegung eines so edlen Wildes, wie der starke Hirsch es ist, wirklich genieße. Sein Verenden und gar aus solcher Nähe miterlebt, greift mir zu sehr ans Herz. Aber ich lasse sie auf mich wirken, diese Minuten der abklingenden Spannung, des seltsamen Widerstreits zwischen Freude und Einsicht. Bis schließlich beide einander sich angleichen und sich versöhnen. Ich dachte dankbar an den alten Drixl, das war das erste Zeichen dafür, daß diese Befriedung sich im rätselvollen Jägerherzen anbahnte, und dann ging ich mit noch etwas zitternden Händen daran, mein Dank- und Rauchopfer an die Geister des Waldes in Brand zu setzen.

Ich wollte gerade meinen Stand verlassen, nicht mehr fähig, den Wunsch zu bezähmen, diese schwarzen, feuchten Stangen zu betasten und zu umfassen, da meinte ich, drüben irgendwo im steilen Dickungshang, den mir die Wipfel des dazwischenstehenden Hochwaldes verdeckten, den Hals meines Hundes zu hören. Er gab, wie ich wußte, nur in langen Zeitabständen einen hellen, heiseren Hetzlaut, wenn er auf warmer Fährte jagte. Es war eigentlich ein rechter Unsinn, daß der Michl, der meinen in den Wänden des Lehsteins mit rollendem Widerhall sich brechenden Schuß gehört haben mußte, jetzt den Hund schnallte. Ihm das zu untersagen, hatte ich allerdings vergessen. Wer hätte auch an so etwas gedacht! Es war ja schön von ihm, daß er mich für einen nie fehlenden Schützen hielt, aber ich konnte schließlich doch gefehlt, ich konnte wundgeschossen haben, und der frei auf heißer Fährte nachhetzende Hund konnte dann sehr viel verderben, wenn ihm selbst auch die Hatz wenig schaden würde, denn der Vasco war einer von den klugen Hunden, die im wesentlichen immer wußten, worum es sich auf der Jagd handelte. Jetzt glaubte ich Steine poltern zu hören und jetzt krachte irgendwo klar vernehmlich ein starker Ast. Und was dann geschah, spielte sich ungeheuer schnell ab.

Noch eh' ich mir recht im klaren darüber war, daß vor mir im Wald Rotwild heranflüchtete, kam schon im scharfen Troll ein starkes, noch rotes Alttier auf die Wiese heraus. Ihm folgte ein zweites, ein wenig schwächeres, das schon ganz verfärbt war. Sie trollten nah am Seeufer genau im gleichen Wechsel, den der Vierzehnender genommen hatte, auf mich zu und blieben, zum Greifen nahe direkt unter mir, verhoffend stehen. Ich mußte mich vorbeugen, um sie nicht aus dem Blickfeld zu verlieren, und dabei bemerkte ich, daß ihr sicherndes Stillstehen nicht zufällig geschah, sondern daß das Leittier mit unschlüssig befremdetem Blick auf den verendeten Hirsch hinäugte, der frei in gewaltiger Starre auf der Blöße liegend nicht zu übersehen war. Gleichzeitig schob sich aus einer der finsteren Waldlücken heraus der Zehner lautlos auf die Blöße und verhoffte.

All dies ging zu schnell, als daß ich genau so erschrecken und in eine genau so heftige Aufregung hätte verfallen können wie eine Viertelstunde zuvor, als der erste Hirsch aufgetaucht war. Es war etwas anderes, was mir diesmal den Herzschlag aussetzen machte und gleich danach das Blut in den Kopf jagte. Es fiel mir ein, daß ich den Kugellauf der Büchsflinte noch nicht nachgeladen hatte. Schnell und so leise als möglich kippte ich die Waffe auseinander; aber nein, da steckte ja doch eine frische Patrone im Lauf, die ich gewohnheitsmäßig gleich nach dem Schuß eingeschoben hatte! Leise, leise, aber auch schnell, so schnell wie irgend tunlich, schloß ich wieder das Gewehr. Schon sah ich einen Schimmer vom Hirsch im Zielfernrohr, da schlug mit heftiger Bewegung neben mir das Leittier um, seine Läufe bohrten sich saugend und klatschend in den feuchten Grund, es preschte zurück und steil vor mir die Lehne hinauf. Und auch der Hirsch schlug um, aber auf irgendeine Weise bekam ihn der Zielstachel noch dicht hinter dem Blatt zu fassen, und seine Flucht, die eine Abflucht sein sollte, ward eine langgestreckte Todesflucht in den schwarzen Wald zurück und gleich danach gegen einen der Stämme, und dann hörte ich das Aufschlagen des Geweihs auf die Steine des Waldbodens und das Schnellen der Läufe im krachenden Fallholz. Und in diese mit ungehemmtem Jubel vernommenen Laute mischten sich jetzt noch andere, ein leises Winseln, ein helles Aufjaulen und jauchzen und dann, nach etwa einer halben Minute, als habe sich der brave Hund auf seine Pflicht besonnen, Schlag auf Schlag, dunkel und glockig, der feierliche, im Unterklang noch erregte, aber nicht mehr zornige Standlaut des Totverbellens.

Und damit ist die Geschichte von der Niederalm eigentlich zu Ende. Es wird ein Geheimnis bleiben, ob der Vierzehnender zufällig des Wechsels kam, noch eh' der Michl, der ein wenig zugewartet, die Dickung betreten hatte, oder ob ihn das unausgesetzte Winseln des Hundes, dem die Zeit oben am Almweg allzulange wurde, ins Ziehen gebracht hatte. Meine Annahme aber, daß der Michl auf meinen Schuß hin den Vasco geschnallt habe, erwies sich als irrig. Bei einem Widergang hatte sich der Schweißriemen so vielfach um das sperrige Gestämm des Jungholzes geschlungen, daß der Michl, solcher Arbeit kaum gewohnt, dem Hund nur für einen Augenblick die Halsung abnahm, um die Leine schneller freizukriegen. Und dieser Augenblick hatte genügt für die sicher schon vorher gefaßten Ausrückpläne des schlauen Vasco, der aber, wie fast immer, wußte, worum es ging und was ihm weiter zu tun oblag.

Die Herrenwiese hatte so etwas wahrscheinlich noch nie erlebt. Zwei kapitale alte Hirsche, denn auch der Vierzehnender war alt, wesentlich älter, als ich geglaubt hatte, lagen im rotgoldenen Abendlicht auf der kleinen Blöße.

Der Michl und ich hatten sie mit vieler Mühe so weit geschleift, daß wir sie nah am Ufer nebeneinander strecken konnten. Rechts lag der Gekrönte, links der Turmhohe. Beide hatten im Äser den erlesenen Bruch aus dem

Geäst der Eibe, den der vor Freude ganz schweigsam gewordene Michl schnell aus den Wänden des Lehstein geholt hatte. Einen allzu großen dritten Bruch überreichte er mir auf seinem pechigen Hut mit der weißen Gockelfeder, ein wenig unsicher und unbeholfen, aber doch nach streng gewahrtem alten Brauch, wie der Drixlvater es ihm wohl beigebracht hatte. Diesen Bruch teilte ich und gab eine Hälfte dem Michl zurück, auf daß er sie dem Drixl überbringe.

Ich mag den Ruf des Hornes in unseren Bergen nicht, aber hier auf dieser kleinen Parkwiese hätt' ich's doch gern gehört, wenn einer mir die seltene Strecke verblasen hätte. Wir saßen lange am Fuß des Felskopfes und schauten das Bild in uns hinein, von dem ich genau wußte, daß ich's so nicht wieder würde sehen und genießen dürfen. Es hatte mich noch gestern abend, als ich den Weg vom Drixl zurückkam, in Gedanken gestört, daß so ein Berghirsch nicht oben auf sonniger Almfläche fallen sollte, entsprechend den Bildern und Birschen der letzten zwei Wochen. Aber jetzt wußte ich, daß es so viel schöner war. Hier war der rechte Platz für die letzte Ruhe solcher Waldkönige, ein Platz, ganz aus der Seele der Wälder geboren, nicht von Menschenhand gerodet und geschaffen. Es ging eine Feierlichkeit von ihm aus, der man verfiel, ob man wollte oder nicht, eine zwingende und ergreifende Schönheit.

Wir rührten uns nicht, der Michl und ich, und sogen nur langsam wie zur Weihe den Rauch aus unseren Pfeifen. Auch der Vasco gehörte zu diesem Bild, der ernste rote Todeshund mit der schwarzsamtenen Maske. Immer wieder erhob er sich, suchte mit tiefem Windfang zu den beiden Hirschen hin, leckte am Mal der Kugeln, betupfte mit sich weitenden Nüstern das lockige Stirnhaar und die geperlten Stangen der beiden Gefällten. Schließlich erlosch das Sonnenlicht auf den roten Decken und auf den weißen Enden, auf dem gelbfahlen Gras, auf dem kupfernen und messingnen Blätterregen, der darüber verstreut lag und zum Teil auch auf dem Spiegel des kleinen, dunklen Sees schwamm, der nun plötzlich schwarz wie Onyx wurde, während der blaue Dunst der aufkommenden Nacht sich über Farben und Formen legte.

Der Michl ging ins Tal hinunter und brachte dem alten Drixl eine der letzten großen Frohbotschaften seines zur Neige gehenden reichen Lebens. Ich stieg allein, vom müden Hund gefolgt, zur Niederalm und zum Herrenkaser hinauf. Ich hatte mir oft ausgemalt, wie ich diesen endlichen Erfolg in einsamer Feier begehen und daß ich dann noch ein paar Tage oben bleiben und den Ausklang ohne besondere Wünsche und Ziele genießen wollte. Aber es war nach dem einfachen Mahl nur ein einziger großer Silberbecher voll roten Weins, den ich leerte und nicht dem Erfolg, sondern dem Erlebnis weihte.

Früh am nächsten Tag stieg ich durch die bunt gewordenen Wälder zu Tal. Ich habe niemals wieder eine Hirschbrunft dahinten im Grenzrevier mitgemacht, und heute ist die Niederalm auch nicht mehr mein eigen. Es ist gut so, denn was sich damals im Bereich jener Wälder und Almen begab, steht in meiner Erinnerung gesondert von allem anderen jagdlichen Erleben. Die Nornen schwangen und knüpften die Fäden meines Jägerschicksals in jenen Tagen zu einem Gewebe voll von Schönheit und Glück, so wie es unserer Rückschau nur selten vergönnt ist.

Diesem Kunstwerk ihrer Hände hab' ich nachzutasten und nachzulauschen versucht, indem ich dies schrieb.

Bildnachweis
Mit 9 historischen Fotos von Max Baur

Impressum
Umschlaggestaltung von Stefanie Wawer, Grafik & Illustration unter Verwendung eines Fotos aus »C. Hinkelmann, J. Barfod, H. M. F. Syskowski: Natur und Jagd in der Malerei von Gerhard Löbenberg« (Hrsg. Ostpreußisches Landesmuseum, Lüneburg), Neumann-Neudamm 2004. Das Foto zeigt ein Gemälde von Prof. h. c. Gerhard Löbenberg.

Mit 9 historischen Fotos

Gedruckt auf chlorfrei gebleichtem Papier

ISBN 978-3-440-17264-3
Redaktion: Ekkehard Ophoven / Miriam Lanzinger
Gestaltung: Stefanie Wawer Grafik & Illustration, Münster
Satz: DOPPELPUNKT, Stuttgart
Produktion: Angela List
Druck und Bindung: Finidr, s.r.o., Český Těšín
Printed in The Czech Republic / Imprimé en République Tchèque